丛书总主编　陈宜瑜
丛书副总主编　于贵瑞　何洪林

中国生态系统定位观测与研究数据集

农田生态系统卷

江西鹰潭站

（2005—2015）

刘晓利　陈　玲　孙　波　主编

中国农业出版社
北京

丛书指导委员会

丛书编委会

编 委 会

主　编　刘晓利　陈　玲　孙　波

编　委　樊剑波　蒋瑞霁　刘　明　田芷源

　　　　王晓玥　宗海宏　朱绪超　刘晓利

　　　　陈　玲　孙　波

进入 20 世纪 80 年代以来，生态系统对全球变化的反馈与响应、可持续发展成为生态系统生态学研究的热点，通过观测、分析、模拟生态系统的生态学过程，可为实现生态系统可持续发展提供管理与决策依据。长期监测数据的获取与开放共享已成为生态系统研究网络的长期性、基础性工作。

国际上，美国长期生态系统研究网络（US LTER）于 2004 年启动了 Eco Trends 项目，依托 US LTER 站点积累的观测数据，发表了生态系统（跨站点）长期变化趋势及其对全球变化响应的科学研究报告。英国环境变化网络（UK ECN）于 2016 年在 *Ecological Indicators* 发表专辑，系统报道了 UK ECN 的 20 年长期联网监测数据推动了生态系统稳定性和恢复力研究，并发表和出版了系列的数据集和数据论文。长期生态监测数据的开放共享、出版和挖掘越来越重要。

在国内，国家生态系统观测研究网络（National Ecosystem Research Network of China，简称 CNERN）及中国生态系统研究网络（Chinese Ecosystem Research Network，简称 CERN）的各野外站在长期的科学观测研究中积累了丰富的科学数据，这些数据是生态系统生态学研究领域的重要资产，特别是 CNERN/CERN 长达 20 年的生态系统长期联网监测数据不仅反映了中国各类生态站水分、土壤、大气、生物要素的长期变化趋势，同时也能为生态系统过程和功能动态研究提供数据支撑，为生态学模型的验证和发展、遥感产品地面真实性检验提供数据支撑。通过集成分析这些数据，CNERN/CERN 内外的科研人员发表了很多重要科研成果，支撑了国家生态文明建设的重大需求。

近年来，数据出版已成为国内外数据发布和共享，实现"可发现、可访问、可理解、可重用"（即 FAIR）目标的重要手段和渠道。CNERN/CERN 继 2011 年出版"中国生态系统定位观测与研究数据集"丛书后再次出版新一期数据集丛书，旨在以出版方式提升数据质量、明确数据知识产权，推动融合专业理论或知识的更高层级的数据产品的开发挖掘，促进 CNERN/CERN 开放共享由数据服务向知识服务转变。

该丛书包括农田生态系统、草地与荒漠生态系统、森林生态系统以及湖泊湿地海湾生态系统共 4 卷（51 册）以及森林生态系统图集 1 册，各册收集了野外台站的观测样地与观测设施信息，水分、土壤、大气和生物联网观测数据以及特色研究数据。本次数据出版工作必将促进 CNERN/CERN 数据的长期保存、开放共享，充分发挥生态长期监测数据的价值，支撑长期生态学以及生态系统生态学的科学研究工作，为国家生态文明建设提供支撑。

2021 年 7 月

　　科学数据是科学发现和知识创新的重要依据与基石。大数据时代，科技创新越来越依赖于科学数据综合分析。2018 年 3 月，国家颁布了《科学数据管理办法》，提出要进一步加强和规范科学数据管理，保障科学数据安全，提高开放共享水平，更好地为国家科技创新、经济社会发展提供支撑，标志着我国正式在国家层面加强和规范科学数据管理工作。

　　随着全球变化、区域可持续发展等生态问题的日趋严重以及物联网、大数据和云计算技术的发展，生态学进入"大科学、大数据"时代，生态数据开放共享已经成为推动生态学科发展创新的重要动力。

　　国家生态系统观测研究网络（National Ecosystem Research Network of China，简称 CNERN）是一个数据密集型的野外科技平台，各野外台站在长期的科学研究中，积累了丰富的科学数据。2011 年，CNERN 组织出版了"中国生态系统定位观测与研究数据集"丛书。该丛书共 4 卷、51 册，系统收集整理了 2008 年以前的各野外台站元数据，观测样地信息与水分、土壤、大气和生物监测以及相关研究成果的数据。该丛书的出版，拓展了 CNERN 生态数据资源共享模式，为我国生态系统研究、资源环境的保护利用与治理以及农、林、牧、渔业相关生产活动提供了重要的数据支撑。

　　2009 年以来，CNERN 又积累了 10 年的观测与研究数据，同时国家生态科学数据中心于 2019 年正式成立。中心以 CNERN 野外台站为基础，生态系统观测研究数据为核心，拓展部门台站、专项观测网络、科技计划项目、科研团队等数据来源渠道，推进生态科学数据开放共享、产品加工和分析应用。为了开发特色数据资源产品、整合与挖掘生态数据，国家生态科学数据中心立足国家野外生态观测台站长期监测数据，组织开展了新一版的观测与研究数据集的出版工作。

本次出版的数据集主要围绕"生态系统服务功能评估""生态系统过程与变化"等主题进行了指标筛选，规范了数据的质控、处理方法，并参考数据论文的体例进行编写，以翔实地展现数据产生过程，拓展数据的应用范围。

该丛书包括农田生态系统、草地与荒漠生态系统、森林生态系统以及湖泊湿地海湾生态系统共 4 卷（51 册）以及图集 1 本，各册收集了野外台站的观测样地与观测设施信息，水分、土壤、大气和生物联网观测数据以及特色研究数据。该套丛书的再一次出版，必将更好地发挥野外台站长期观测数据的价值，推动我国生态科学数据的开放共享和科研范式的转变，为国家生态文明建设提供支撑。

2021 年 8 月

国家生态系统观测研究网络（CNERN）是一个数据密集型的野外科技平台。为了进一步促进长期观测数据的共享，CNERN 组织各野外台站对 2015 年以前的长期联网观测数据与研究数据进行整理，开展数据集的编辑出版工作，为我国生态系统研究和相关生产活动提供重要的数据支持。

2005—2015 年，江西鹰潭农田生态系统国家野外科学观测站（鹰潭红壤站）又积累了 10 年的观测与研究数据；同时在大数据时代，以国家生态服务评估、大尺度生态过程和机理研究等重大需求为导向，CNERN 数据共享需要从特色数据资源产品开发、生态数据深度服务等方面进行建设。因此，有必要组织开展 CNERN 新的观测与研究数据集的出版工作。

本数据集依据中国生态系统定位观测与研究数据集编写指南，组织编撰了江西鹰潭农田生态系统国家野外科学观测研究数据集。本数据集是在对站上大量野外实测数据的统计汇编和精简编撰的基础上整合而成，内容涵盖鹰潭红壤站主要数据资源目录、观测场地和样地信息、2005—2015 年以来承担 CERN 监测任务的数据（水分、土壤、气象、生物）和鹰潭红壤站长期积累的台站本底数据、围绕红壤生态系统的发展战略与对策、生态结构发展模式与优化、物质循环过程与调控，以及资源潜力与持续利用和退化与恢复等专题的长、短期试验数据等。

本数据集由孙波站长组织相关人员进行撰写和编辑。其中水、土、气、生长期监测数据的收集和整理由刘晓利负责，数据集出版格式调整由陈玲负责。孙波站长同时负责数据集出版前的审核。

　　本数据集可供大专院校、科研院所和对其涉及的研究领域或者区域感兴趣的广大科技工作者等作为参考和使用。如果在数据使用过程中存在任何问题或者需要了解更多的信息和共享其他时间段的数据，请直接联系江西鹰潭农田生态系统国家野外科学观测研究站或者相关内容编写者或者登录鹰潭站数据共享信息系统进行浏览和数据申请（http：//yta.cern.ac.cn）。

中国科学院南京土壤研究所

江西鹰潭农田生态系统国家野外科学观测研究站

2023 年 5 月

CONTENTS 目 录

第1章

台 站 介 绍

1.1 概况

江西鹰潭农田生态系统国家野外科学观测研究站（中国科学院红壤生态实验站）位于江西省余江区刘家站，地理位置为：$116°55'30''E$，$28°15'20''N$，距南昌市 135 km，距鹰潭市 13 km。鹰潭站隶属于中国科学院南京土壤研究所，是中国科学院在我国红壤地区设置的一个长期的、综合性的农业、资源、生态与环境多学科的综合研究基地，也是集区域生态系统定位观测与研究、资源高效利用与农业可持续发展模式示范、优秀科研人才培养等功能于一体的大型野外开放研究实验站。

1985 年，在总结几十年红壤研究经验与教训的基础上，中国科学院根据布点的需要决定在江西省余江区建立红壤生态实验站；1988 年实验站初步建成；1989 年该站成为中国生态研究网络（CERN）的重点农业站；1990 年被中国科学院批准为院属的野外重点站并对外开放，成为我国南方第一个开放实验站；1991 年起承担国家攻关任务，成为攻关试区站之一；2002 年被批准为江西省红壤生态重点实验室，是中国科学院与地方联合筹建的第一个联合开放实验站；2005 年正式进入国家生态系统野外科学观测研究站序列，又为鹰潭站的发展提供了一个新的平台和层面；继而，2007 年 3 月被批准为第一批"水利部水土保持科技示范园区"，2007 年末"科技部星火计划专家大院"项目获得批准，鹰潭红壤站农业科技专家大院项目成功申报并获得鹰潭市政府资助。2019 年被批准为农业农村部国家农业环境观测站，为鹰潭站的示范工作的开展开辟了更宽广的研究范围。

1.2 定位与目标

鹰潭站以可变电荷土壤为核心，以复合农林果生态系统为重点，以土壤圈和关键带为核心理论，以红壤生态过程长期监测为基础；面对红壤质量退化、季节性干旱、丘陵人工林果作系统退化、农业生态经济可持续发展模式不确定 4 个方面的问题，系统研究红壤生态环境要素演变规律、红壤生态系统结构和功能的演变机制、红壤生态环境效应退化机理与调控技术、红壤生态高值农业发展模式与配套技术。

1.3 研究领域

围绕四大研究领域（资源、农业、环境安全、生物健康），配合和支撑土壤研究所"创新 2020"中"十三五"规划的具体落实，重点开展两个突破方向的集成研究：红壤地力提升的理论与技术体系、红壤丘陵复合系统氮素高效利用和综合管理；重点培育 3 个学科增长点：红壤-生物系统功能与应用、可变电荷土壤界面化学、红壤丘陵区生态高值农业新肥料创制与精准施肥技术。规划建设和完善 5 个长期试验地：红壤多源碳配比提升地力、红壤轮作多样性、红壤生物多样性调控、红壤酸度的有机-无机复合改良，马尾松纯林水土流失观测。申请主持和参加 10 个以上国家级别项目，引进 1 名千人计划，开展关键带土壤水文循环研究；引进 1 名百人计划，开展实验生物进化学研究。

1.4　研究设施

鹰潭站工作、生活和科研基础设施齐全、良好。建有面积为 5 019 m² 包括实验楼、办公楼、公寓楼以及食堂、车库为一体的综合大楼，其中生活用房面积为 1 318 m²，科研用房 3 049 m²，办公用房为 652 m²。公寓楼有标准客房 24 间，装备有线电视、宽带网络、空调、热水设备等生活设施。具备同时接待 50 余人到站工作和举办小型国际和国内会议的能力。

新建成的土壤样本库提升了土壤和植物样品的存放和处理能力，可容纳 2 万个土样和植物样品的长期存放。实验楼西扩和宿舍楼外接工程增加了台站实验用房和住宿房间（9 间），新增面积 2 219.5 m²。这些配套设施的完成大大提高了野外台站的接待能力和对外服务水平。

鹰潭站现有土地面积 113 hm²，其中包括旱耕地 20 hm²、果园 8 hm²、苗圃 3.3 hm²、茶园 3 hm²、牧草地 0.6 hm²、水耕田 4 hm²、水面 5.7 hm²，此外建有基础设施良好的不同规格和类型的试验用地 10 hm²，其余为林草地（主要包括马尾松林地和针阔混交林地）。

鹰潭站拥有 1 500 m² 的实验大楼，设有常规理化分析室、生物培养室、物质循环模拟室和仪器分析室等 10 多个实验室以及样品处理室和长期样品陈列间；配有原子吸收光谱仪、原子荧光光度计连续流动分析仪（AA3）、TOC 分析仪、紫外-可见分光光度计、高效液相色谱仪、多参数水质分析仪、水样 COD 测定仪、六联定氮仪、土壤压力膜、各类感量的电子天平等一系列实验室常规理化分析仪器以及工作站、激光投影机及其他计算机外设设备。同时配备了用于野外观测的叶面积仪、叶面蒸散测定仪、露点水势计、植物气孔导度仪、中子水分测定仪、TDR 土壤水分测定仪、多参数水质观测仪、水位计等仪器设备。同时，鹰潭站新安装并调试完成了可无线传输的野外定位自动观测设备，如土壤水分自动观测系统和土壤涡度相关系统。鹰潭站建有一个气象观测场，配备 VAISALA（MAWS301）自动气象站。

1.5　研究成果

鹰潭红壤站 2005 年成为国家站以来，取得了大量的成果。其中"低丘红壤区节水农业综合技术体系集成与示范"2008 年获得江西省科学技术进步二等奖、"红壤丘陵区花生连作障碍阻控及高产高效关键技术研究与应用"2015 年获得江西省科学技术进步二等奖、"我国典型红壤区农田酸化特征及防治关键技术构建与应用"2018 年获得国家科学技术进步二等奖，形成了我国红壤区酸化、节水和花生连作障碍的一系列技术成果。"江西省耕地保育与持续高效现代农业技术研究与示范"2011 年获得江西省科学技术进步二等奖，"低分子量有机酸在可变电荷土壤（红壤）中的化学行为"2011 年获得江西省自然科学三等奖。"重金属超标农田和稀土尾矿地安全利用关键技术及应用"2017 年获得江西省科学技术进步一等奖，植物对酸性土壤铝毒及其共存胁迫因子的协同适应机制"2017 年获得第十届中国土壤学会科学技术一等奖。"江西省耕地质量提升关键技术与集成应用"2021 年获得江西省科学技术进步二等奖，"水稻降镉低成本轻简化安全利用关键技术创新及应用"2022 年获得江西省科学技术进步二等奖。近年来发表论文 446 篇，其中 SCI 论文 243 篇（1 区 TOP 66 篇，2 区 TOP 24 篇），EI 论文 5 篇，中文核心期刊论文 198 篇，制定国家标准 2 项，授权专利 21 项。

第2章

主要样地与观测设施

2.1 概述

鹰潭站设置6个观测场,9个红壤区域农田生态系统长期观测采样地,39个水、土、气、生观测采样点。6个观测场包括①第一综合观测场(又名旱地综合观测场、主观测场),②第二综合观测场(又名水田综合观测场),③气象观测场,④第一辅助观测场,⑤第二辅助观测场,⑥第三辅助观测场。9个长期观测采样地包括2个综合观测场水土生长期观测采样地包括①典型红壤旱耕地农田生态系统水土生长期观测采样地,②红壤性水稻土农田生态系统水土生长期观测采样地,3个红壤旱地辅助观测场土生长期观测采样地包括①红壤旱耕地农田生态系统农户常规管理模式土生长期观测采样地,②红壤旱耕地农田生态系统秸秆还田(有机肥)施肥管理模式土生长期观测采样地,③红壤旱耕地农田生态系统不施肥管理模式土生长期观测采样地,4个站区调查点长期观测采样地包括站区调查点①和站区调查点③:2个红壤旱耕地农田生态系统典型农户管理模式下土生长期观测采样地,即调查点②和站区调查点④:2个红壤区域水稻土农田生态系统典型农户管理模式下土生长期观测采样地。

另外,在旱地综合观测场周边设置气象观测场,进行气象要素综合监测,在站区设置流动地表水和静止地表水长期观测采样地(点)等。鹰潭农田站设置水、土、气、生等各类观测场长期观测采样地(点)共计39个,见表2-1。

表2-1 鹰潭红壤站观测场、采样地及信息一览表

观测场类型名称	观测场长期观测采样地名称	观测场代码	长期观测采样地代码	长期采样地点地理位置(经度/纬度/海拔)	长期采样地点详细地址 江西省余江区
旱地综合观测场	典型红壤旱耕地农田生态系统水土生长期观测采样地	YTAZH01	YTAZH01ABC_01	116°55′40″E, 28°12′21″N, 46 m	刘家垦殖场一分场:中国科学院红壤站院内
旱地综合观测场	红壤旱耕地土壤水水质监测长期采样点	YTAZH01	YTAZH01CTR_01	116°55′40″E, 28°12′21″N, 45 m	在旱地综合长期观测采样地内
旱地综合观测场	红壤岗坡地潜水水质观测调查点,新饮用水井	YTAZH01	YTAZH01CDX_01	116°55′40″E, 28°12′21″N, 46 m	在长期观测采样地东北角
旱地综合观测场	红壤旱耕地1号中子管	YTAZH01	YTAZH01CTS_01_01	116°55′40″E, 28°12′21″N, 46 m	在长期观测采样地东北角

（续）

观测场类型名称	观测场长期观测采样地名称	观测场代码	长期观测采样地代码	长期采样地点地理位置（经度/纬度/海拔）	长期采样地点详细地址 江西省余江区
旱地综合观测场	红壤旱耕地2号中子管	YTAZH01	YTAZH01CTS_01_02	116°55′40″E，28°12′22″N，45 m	在综合场长期观测采样地中间
旱地综合观测场	红壤旱耕地3号中子管	YTAZH01	YTAZH01CTS_01_03	116°55′41″E，28°12′21″N，46 m	在综合观测场长期观测采样地西南角
水田综合观测场	红壤水稻田生态系统水土生长期观测采样地	YTAZH02	YTAZH02ABC_01	116°55′27″E，28°12′21″N，42 m	刘家垦殖场一分场：中国科学院红壤站院内
水田综合观测场	水田1号中子管	YTAZH02	YTAZH02CTS_01_01	116°55′26″E，28°12′21″N，42 m	水田综合观测场东北部
水田综合观测场	水田2号中子管	YTAZH02	YTAZH02CTS_01_02	116°55′27″E，28°12′21″N，42 m	水田综合观测场东北-西南对角线的中部
水田综合观测场	水田3号中子管	YTAZH02	YTAZH02CTS_01_03	116°55′27″E，28°12′20″N，42 m	水田综合观测场东北-西南对角线的西南
气象观测场	气象综合观测场	YTAQX01	YTAQX01	116°55′30″E，28°12′18″N，45 m	红壤生态实验站院东大门西南100 m
气象观测场	雨水水质集水器长期采样点	YTAQX01	YTAQX01CYS_01	116°55′18″E，28°12′18″N，45 m	红壤生态实验站院内气象观测场内
气象观测场	水分监测E601蒸发皿	YTAQX01	YTAQX01CZF_01	116°55′41″E，28°12′18″N，45 m	红壤生态实验站院内气象观测场内
气象观测场	红壤旱地地下水位长期观测点（观测井）	YTAQX01	YTAQX01CDX_01	116°55′41″E，28°12′18″N，45 m	红壤生态实验站院内气象观测场南边
气象观测场	气象观测场1号中子管	YTAQX01	YTAQX01CTS_01_01	116°55′41″E，28°12′19″N，45 m	在气象场东北角
气象观测场	气象观测场2号中子管	YTAQX01	YTAQX01CTS_01_02	116°55′41″E，28°12′18″N，45 m	在气象场东南角
气象观测场	气象观测场3号中子管	YTAQX01	YTAQX01CTS_01_03	116°55′41″E，28°12′18″N，45 m	在气象场西南角

（续）

观测场类型名称	观测场长期观测采样地名称	观测场代码	长期观测采样地代码	长期采样地点地理位置（经度/纬度/海拔）	长期采样地点详细地址 江西省余江区
第一辅助观测场	红壤旱耕地化肥加秸秆还田下土壤生物要素长期观测采样地	YTAFZ01	YTAFZ01AB0＿01	116°55′40″E，28°12′18″N，44 m	紧临气象站西边，小路南第一块
第二辅助观测场	红壤旱耕地单施有机肥下土壤生物要素长期观测采样地	YTAFZ02	YTAFZ02AB0＿01	116°55′41″E，28°12′17″N，48 m	紧临气象站西南角旱耕地（原吴苗圃地）
第三辅助观测场	红壤旱耕地零施肥土壤生物要素长期观测采样地	YTAFZ03	YTAFZ03AB0＿01	116°55′41″E，28°12′17″N，48 m	气象站西偏南第一块旱耕地（老综合旱地）
站区土生调查点1	站区生物、土壤监测第一长期观测采样地（旱地）	YTAZQ01	YTAZQ01AB0＿01	116°53′44″E，28°14′20″N，64 m	刘垦场三分场（孙家）四队居民点西500 m
站区土生调查点2	站区生物、土壤监测第二长期观测采样地（水田）	YTAZQ02	YTAZQ02AB0＿01	116°57′36″E，28°14′1″N，44 m	洪湖乡姚村良种场组居民点北350 m，灌溉水沟下第三块水田
站区土生调查点3	站区生物、土壤监测第三长期观测采样地（旱地）	YTAZQ03	YTAZQ03AB0＿01	116°56′42″E，28°12′2″N，46 m	刘垦场一分场上庄村老屋底组路边地
站区土生调查点4	站区生物、土壤监测第四长期观测采样地（水田）	YTAZQ04	YTAZQ04AB0＿01	116°54′3″E，28°11′18″N，47 m	洪湖乡新湖村山背源组吴家冲田小路下第3块水田
站区潜水水质调查点1	红壤丘岗区岗地地下水/潜水水质监测点	YTAFZ10	YTAFZ10CDX＿01	116°55′31″E，28°12′42″N，井口面海拔为38 m，水位埋深7 m	刘垦一分场杨家村小组官小英家院内水井
站区潜水水质调查点2	红壤丘岗区谷地地下水/潜水水质监测点	YTAFZ11	YTAFZ11CDX＿01	116°55′34″E，28°12′37″N，井口面海拔为34 m，水位埋深4 m	刘垦一分场杨家村祝建伟户院内水井
站区潜水水质监测点3（备用）	静止地表水对应点	YTAFZ12	YTAFZ12CDX＿01	116°55′38″E，28°12′23″N，井口面海拔为41 m，水位埋深2 m	红壤站院内水塘边老饮用水井
站区灌溉地表水水质调查点1	白塔渠灌溉地表水水质监测长期观测采样点	YTAFZ13	YTAFZ13CGB＿01	116°55′E，28°12′8″N，47 m	洪湖乡中心小学西南300 m，闸口上5 m

（续）

观测场类型名称	观测场长期观测采样地名称	观测场代码	长期观测采样地代码	长期采样地点地理位置（经度/纬度/海拔）	长期采样地点详细地址江西省余江区
站区灌溉地表水水质调查点 2	站内灌溉水水质监测长期观测采样点	YTAFZ14	YTAFZ14CGB_01	116°55′28″E, 28°12′16″N, 46 m	红壤站西门灌溉渠水入口处
站区静止地表水水质监测点 1	红壤丘岗地谷坡积水池塘水质调查点	YTAFZ15	YTAFZ15CJB_01	116°55′38″E, 28°12′23″N, 41 m	红壤站院内老饮用水井边（南六）水塘
站区静止地表水水质监测点 2	红壤丘岗地谷坡积水池塘水质调查点	YTAFZ16	YTAFZ16CJB_01	116°55′36″E, 28°12′17″N, 43 m	红壤站院内（南二）水塘
站区流动地表水水质调查点 1	白塔河东河水质监测点	YTAFZ17	YTAFZ17CLB_01	116°49′27″E, 28°11′57″N, 34 m	邓埠镇中洲白塔河东河采砂场口上游 50 m
站区流动地表水水质调查点 2	白塔河西河水质监测点	YTAFZ18	YTAFZ18CLB_01	116°49′22″E, 28°12′11″N, 32 m	邓埠镇中洲白塔河西河县城自来水取水口下 100 m
站区流动地表水水质调查点 3	白塔河邓埠镇下游水质监测点	YTAFZ19	YTAFZ19CLB_01	116°50′1″E, 28°13′17″N, 30 m	邓埠镇白塔河县城 320 国道桥下 100 m
站区流动地表水水质调查点 4（备用）	龙虎山风景区泸溪河水质化学要素监测长期观测采样点	YTAFZ20	YTAFZ20CLB_01	116°58′20″E, 28°04′2″N, 55 m	龙虎山风景区泸溪河蔡家村-正一观大桥
旱地综合观测场水分蒸渗仪观测	红壤旱耕地水分平衡观测，大型蒸渗仪（Lysimeter）	YTAZH01	YTAZH01CZS_01	116°55′28″E, 28°12′16″N, 46 m	红壤站院内靠近西大门
旱地综合观测场	烘干法土壤水分采样点 1（1 号中子管水分校正点）	YTAZH01	YTAZH01CHG_01_01	116°55′40″E, 28°12′21″N, 46 m	旱地综合观测场长期观测采样地东北角。1 号中子管周边
旱地综合观测场	烘干法土壤水分采样点 2（2 号中子管水分校正点）	YTAZH01	YTAZH01CHG_01_02	116°55′40″E, 28°12′22″N, 44 m	旱地综合观测场长期观测采样地中间。2 号中子管周边
旱地综合观测场	烘干法土壤水分采样点 3（3 号中子管水分校正点）	YTAZH01	YTAZH01CHG_01_03	116°55′41″E, 28°12′17″N, 42 m	旱地综合观测场长期观测采样地西南角。3 号中子管周边

2.2　鹰潭站长期观测采样地介绍

2.2.1　第一综合观测场（水土生长期观测采样地）

　　鹰潭站第一综合观测场（旱地综合观测场）长期采样地名称为红壤旱耕地农田生态系统水土生长期观测采样地，样地代码为 YTAZH01ABC_01，面积为 40 m×80 m，代表鹰潭站所在区域的典型农田类型即典型低丘红壤岗坡地农田。进行红壤区域旱耕地典型管理模式下水分、土壤和生物等要素长期观测与采集。观测场周边用 10 cm 厚、60 cm 宽的水泥隔板设置 3.5 m 宽的保护行，水泥隔板埋深 40 cm，地上高度 20 cm。在观测样区内，设置 40 m×40 m 的采样区，分成 16 个 10 m×10 m 的中心采样小区。同时，在样地中部设置 16 个土壤溶液取样装置，采集作物不同生长季节的土壤溶液，沿对角线方向安置 3 个中子管土壤水分实时测定装置（图 2 - 1）。

20 世纪 80 年代前期，该样地由低丘荒草岗地红壤开垦为农用旱地，母质为第四纪红黏土。80 年代后期种植沙田柚树，2000 年改种花生至今。2005 年起作为鹰潭站主观测场长期采样地（YTAZH01ABC _ 01）使用。利用方式：花生（4 月初至 8 月初）-冬闲（8 月中旬至翌年 3 月底）。花生施肥量 N 125～215 kg/hm²，P₂O₅ 90～135 kg/hm²，K₂O 125～175 kg/hm²，施肥品种为尿素，钙镁磷肥和氯化钾或氮磷钾三元复合肥，花生年产量 2 250～3 500 kg/hm²。在该样地区域，对土壤中旱地土壤质量、花生生物量与主要养分吸收状况、土壤水分状况、土壤淋溶液中的氮磷钾等元素含量进行长期定位监测。

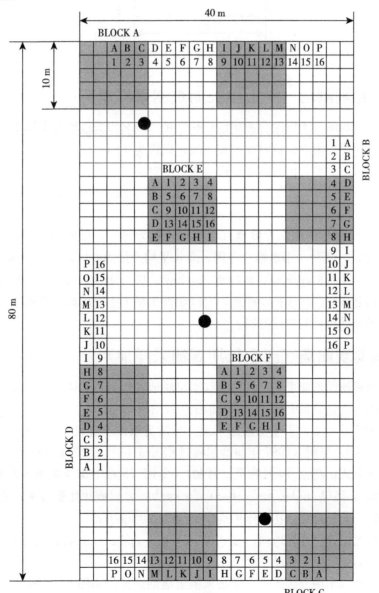

图 2 - 1　旱地综合观测场长期样地概图（圆点表示中子管位置）

土壤剖面样采样设计：选择 A/D/F/K/M/P 6 个采样小区（10 m×10 m）。见图 2-1（BLOCK A～BLOCK F），每次采样在 6 个小区内获得 6 组样品，在每个样方内选 5 点进行土钻法采样，形成一个混合样品。

土壤表层样采样设计：选择 A/D/F/K/M/P 6 个样方区（10 m×10 m），如图 2-1 的 BLOCK A、D、F、K、M、P，每个样方区中选择 3 个 2 m×2 m 微区，在每个微区内随机取 5～6 点，如图 2-2 所示，形成一个混合样。

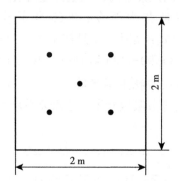

图 2-2　旱地综合观测场长期样地采样样方

2.2.2　第二综合观测场（水土生长期观测采样地）

鹰潭站第二综合观测场（水田综合观测场）长期采样地名称为红壤性水稻土农田生态系统水土生长期观测采样地，样地代码为 YTAZH02ABC_01，面积为 40 m×80 m，代表鹰潭站所在区域低丘红壤发育的红壤性水稻田类型农田。在观测样区内，沿对角线方向安置 3 个中子管土壤水分实时测定装置。共设置 36 个 8 m×8 m 的采样小区，小区之间用水泥隔板隔开，地下深度 50 cm，地上部分 20 cm。

该长期采样地是 1993 年由低丘荒坡地红壤堆积开垦为梯田，母质为第四纪红黏土发育的红壤。1998 年开始长期观测，一年种一季水稻，冬闲，多年平均产量为 6 000～7 500 kg/hm²；以施化肥为主，多年平均施肥量：N 255 kg/hm²，P_2O_5 90 kg/hm²，K_2O 95 kg/hm²，主要为尿素、钙镁磷肥和氯化钾或氮磷钾三元复合肥。在该长期样地，对红壤性水稻土土壤质量、水稻生物量与主要养分吸收状况、土壤水分状况等进行长期定位监测。

2.2.3　第一辅助观测场（土生长期观测采样地）

鹰潭站第一辅助观测场长期采样地名称为红壤旱耕地农田生态系统农户常规管理模式土生长期观测采样地，样地代码为 YTAFZ01AB0_01，面积为 22 m×35 m。

1987 年由低丘荒草岗地红壤开垦为农用旱地，母质为第四纪红黏土。一年种一季花生（1996 年前偶尔种过芝麻、荞麦），冬闲（1997 年前偶尔种过肥田萝卜）。2005 年开始作为鹰潭站第一辅助观测场长期样地。利用方式：花生（4 月初至 8 月初）-冬闲（8 月中旬至翌年 3 月底）。花生多年平均施肥量 N 130 kg/hm²，P_2O_5 90 kg/hm²，K_2O 120 kg/hm²，以施用化肥为主，主要为尿素、钙镁磷肥和氯化钾或氮磷钾三元复合肥。花生年平均产量为 3 000 kg/hm²。

土壤表层土采样点设计：在样地内，按 "W" 的路线（图 2-3）布置采样点，采 30 个样点组成一个混合样。四分法后获得风干样品不少于 1.5 kg。

土壤剖面样方设计：采用分区随机采样法采集土壤剖面样，如图 2-3 所示（采集时记录样点位置，避免下次在同一位置重复采样）。

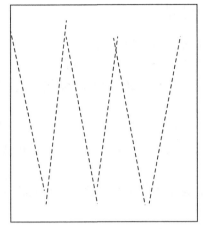 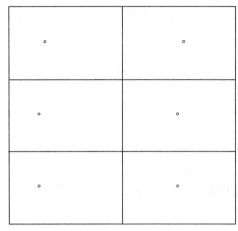

图 2-3　辅助观测场采样样方图

2.2.4　第二辅助观测场（土生长期观测采样地）

鹰潭站第二辅助观测场长期样地名称为红壤旱耕地农田生态系统秸秆还田（有机肥）施肥管理模式土生长期观测采样地，样地代码为 YTAFZ02AB0_01，面积为 24 m×29 m。

1987 年由低丘荒草岗地红壤开垦为农用旱地，母质为第四纪红黏土。一年种一季花生（1996 年前偶尔种过芝麻、荞麦），冬闲（1997 年前偶尔种过肥田萝卜）。2005 年开始作为鹰潭站第二辅助观测场长期样地。利用方式：花生（4 月初至 8 月初）-冬闲（8 月中旬至翌年 3 月底）。施用有机肥，每年施猪粪量 15 000 kg/hm²。花生年平均产量为 2 250～3 000 kg/hm²。

在施用有机肥的施肥管理模式下，对红壤旱地土壤质量、花生生物量与主要养分吸收状况等进行长期定位监测。

土壤表层土采样点设计：在样地内，按"W"的路线布置（图 2-3）采样点，采 30 个样点组成一个混合样。四分法后获得风干样品不少于 1.5 kg。

土壤剖面样方设计：采用分区随机采样法采集土壤剖面样，如图 2-3 所示。

2.2.5　第三辅助观测场（土生长期观测采样地）

鹰潭站第三辅助观测场长期样地名称为红壤旱耕地农田生态系统不施肥管理模式土生长期观测采样地，样地代码为 YTAFZ03AB0_01，面积为 25 m×35 m。

1987 年由低丘荒草岗地红壤开垦为农用旱地，母质为第四纪红黏土。一年种一季花生（1996 年前偶尔种过芝麻、荞麦），冬闲（1997 年前偶尔种过肥田萝卜）。2005 年开始作为鹰潭站第三辅助观测场长期样地。利用方式：花生（4 月初至 8 月初）-冬闲（8 月中旬至翌年 3 月底），不施肥。花生年平均产量为 750～2 250 kg/hm²。在该长期样地，在不施肥管理模式下，对红壤旱地土壤质量、花生生物量与主要养分吸收状况等进行长期定位监测。

土壤表层土采样点设计：在样地内，按"W"的路线布置（图 2-3）采样点，采 30 个样点组成一个混合样。四分法后获得风干样品不少于 1.5 kg。

土壤剖面样方设计：采用分区随机采样法采集土壤剖面样，如图 2-3 所示。

特别说明：该长期样地 1998—2004 年作为鹰潭站旱地综合观测场水土生长期观测采样地。利用方式：花生-冬闲。施肥量 N 130～150 kg/hm²，P₂O₅ 90～120 kg/hm²，K₂O 90～150 kg/hm²，以施用化肥为主，主要为尿素、钙镁磷肥和氯化钾或氮磷钾三元复合肥。另外，每隔 2～4 年施一次石灰，1 500 kg/hm²。花生年产量为 1 500～2 500 kg/hm²。

2.2.6　站区第一调查点（土生长期观测采样地）

鹰潭站站区第一调查点土壤生物长期观测采样地名称为红壤旱耕地农田生态系统典型农户管理模式下土生长期观测采样地，样地代码为 YTAZQ01AB0 _ 01，面积为 0.120 hm^2。

土壤为红壤，母质为第四纪红黏土伴生白垩纪红砂岩风化物，20 世纪 70 年代开垦，监测始年为 2005 年。

利用方式：花生（4 月初至 8 月初）-冬闲（8 月中旬至翌年 3 月底）。花生多年平均施肥量 N 130 kg/hm^2，P$_2$O$_5$ 110 kg/hm^2，K$_2$O 130 kg/hm^2，以施用化肥为主，主要为尿素、钙镁磷肥和氯化钾或氮磷钾三元复合肥。花生年平均产量为 3 400 kg/hm^2。

在该长期样地，对该管理模式下红壤旱地土壤质量、花生生物量与主要养分吸收状况等进行长期定位监测。

2.2.7　站区第二调查点（土生长期观测采样地）

鹰潭站站区第二调查点土壤生物长期观测采样地名称为红壤区域典型水稻农田生态系统典型农户管理模式下土生长期观测采样地，样地代码为 YTAZQ02AB0 _ 01，面积为 0.066 hm^2。

土壤为水稻土，母质为红砂岩坡冲积物，始种水稻在 20 世纪 30 年代，监测始年为 2005 年。

利用方式：水稻-水稻-冬闲。早稻多年平均施肥量 N 150 kg/hm^2，P$_2$O$_5$ 50 kg/hm^2，K$_2$O 90 kg/hm^2，以施用化肥为主，主要为尿素、钙镁磷肥和氯化钾或氮磷钾三元复合肥；早稻年平均产量为 6 500 kg/hm^2。晚稻多年平均施肥量 N 150 kg/hm^2，P$_2$O$_5$ 50 kg/hm^2，K$_2$O 110 kg/hm^2，以施用化肥为主，主要为尿素、钙镁磷肥和氯化钾或氮磷钾三元复合肥，晚稻年平均产量为 9 000 kg/hm^2。

在该长期样地，对该管理模式下水稻每季生长的农田土壤质量、水稻生物量与主要养分吸收状况等进行长期定位监测。

2.2.8　站区第三调查点（土生长期观测采样地）

鹰潭站站区第三调查点土壤生物长期观测采样地名称为红壤旱耕地农田生态系统典型农户管理模式下土生长期观测采样地，样地代码为 YTAZQ03AB0 _ 01，面积为 0.300 hm^2。

土壤为红壤，母质为第四纪红黏土，20 世纪 70 年代开垦利用，监测始年为 2005 年。

利用方式：花生（4 月初至 8 月初）-冬闲（8 月中旬至翌年 3 月底）。花生多年平均施肥量 N 130 kg/hm^2，P$_2$O$_5$ 100 kg/hm^2，K$_2$O 130 kg/hm^2，以施用化肥为主，主要为尿素、钙镁磷肥和氯化钾或氮磷钾三元复合肥。花生年平均产量为 3 300 kg/hm^2。

针对相关管理模式下的红壤旱地土壤质量、花生生物量与主要养分吸收状况等进行长期定位监测。

2.2.9　站区第四调查点（土生长期观测采样地）

鹰潭站站区第四调查点土壤生物长期观测采样地名称为红壤区域典型水稻农田生态系统典型农户管理模式下土生长期观测采样地，样地代码为 YTAZQ04AB0 _ 01，面积为 0.06 hm^2，观测研究样地分布见图 2-4。

土壤为水稻土，母质为第四纪红色黏土沟谷填充物，始种水稻为 20 世纪 40 年代，监测始年为 2005 年。

利用方式：水稻-水稻-冬闲。早稻多年平均施肥量 N 150 kg/hm^2，P$_2$O$_5$ 75 kg/hm^2，K$_2$O 110 kg/hm^2，以施用化肥为主，主要为尿素、钙镁磷肥和氯化钾或氮磷钾三元复合肥；早稻年平均产量为 5 500 kg/hm^2。晚稻多年平均施肥量 N 175 kg/hm^2，P$_2$O$_5$ 50 kg/hm^2，K$_2$O 90 kg/hm^2，以施用化肥为主，主要为尿素、钙镁磷肥和氯化钾或氮磷钾三元复合肥，晚稻年平均产量为

8 500 kg/hm²。

　　在该长期样地，对该管理模式下水稻每季生长的农田土壤质量、水稻生物量与主要养分吸收状况等进行长期定位监测。

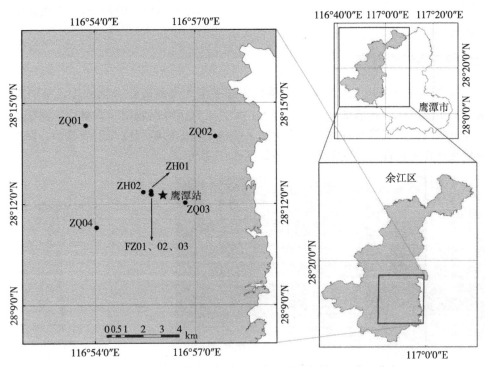

图 2-4　鹰潭站农田生态系统定位观测研究样地（点）分布

2.3　鹰潭站长期联网观测设施

2.3.1　农田土壤水碳通量观测设施

　　旱地土壤水碳通量观测开始于 2014 年。该能量平衡系统包括：风速、风向、土壤温度、二氧化碳和水等的数据采集和观测（图 2-5）。通过研究红壤和空气中水分、二氧化碳的交换量，探讨红壤农田生态系统的能量平衡特征。

图 2-5　土壤涡度相关监测系统

2.3.2　土壤水分自动观测系统

　　鹰潭红壤站目前安装了 10 套土壤水分自动观测系统（图 2-6）。分别针对不同种植条件下的土壤，长期监测不同土壤深度（5 cm、10 cm、20 cm、40 cm、60 cm、100 cm）、土壤温度、湿度和电导的数值变化情况。

2.3.3　大气沉降观测塔

　　2008 年，依托鹰潭站采用大气环境监测系统连续观测大气氮硫化合物浓度，采用雨水收集器连续采集雨水并测定氮硫化合物浓度。在此基础上，计算大气沉降向农田、森林生态系统氮硫输入通量及其动态。评价大气氮硫沉降对森林和农田生态系统硫平衡的影响程度与发展趋势，探讨大气氮硫沉降对土壤质量交互作用机理，大气沉降观测塔如图 2-7 所示。

图 2-6　土壤水分自动观测系统　　　　　　　　图 2-7　大气沉降观测塔

2.3.4　气象自动观测系统

　　鹰潭站气象观测开始于 2004 年，现有一套 MAW301 气象自动观测系统（图 2-8）。连续观测典型红壤地区各种气象要素，包括风速、风向、太阳辐射、热通量、空气温度等气象因素，为当地科研工作提供基础的背景数据。

2.3.5　植物生长节律观测系统

　　鹰潭红壤站布置了 4 套植物生长节律自动观测系统（图 2-9）。观测开始于 2014 年，用于长期观测植物生育期生长变化情况。定时、自动拍摄物候图像，弥补人工观测不足，并提供物候图像数据（RGB 相机）；定时、自动获取植物群落动态和植被指数数据（多光谱成像仪）；定时、自动获取带标尺的植物生长动态图像，开展植物生长节律联网观测研究。通过设备监控和图像管理软件实时监控设备状态，查看和管理图像。

图 2-8　气象自动观测系统

图 2-9　植物生长节律自动观测系统

第3章

鹰潭站联网长期观测数据

3.1 生物观测数据

3.1.1 农田复种指数

1. 概述

本数据集包含 2005—2015 年鹰潭站 9 个长期监测样地的观测数据（农田类型、复种指数、轮作体系、当年作物），计量单位为百分比（%）。

2. 数据采集和处理方法

4 个站区调查点的数据采集采取农户配合调查的方法，2 个综合观测场和 3 个辅助观测场的数据为自测获取。每年于收获季节详细记录农田类型、作物复种指数、轮作体系、当年作物，复种指数（%）＝全年农作物收获面积/耕地面积×100%。

3. 数据质量控制和评估

（1）原始数据的质量控制。原始数据记录是保证各种数据问题的溯源查询依据，要求做到：数据真实、记录规范、书写清晰、数据及辅助信息完整等。对于农户调查获取的数据，必须进行现场询问，避免出现笔误等问题。根据监测安排，每年制定并更新调查和分析计划表，使用铅笔或黑色碳素笔规范填写，原始数据原则上不准删除或涂改，需将原有数据轻画横线标记，并将审核后的正确数据记录在原数据旁或备注栏，并签名或盖章。

（2）数据质量评估。所有获取的数据与各项辅助信息数据以及历史数据信息进行横向和纵向的比对，评价数据的正确性、一致性、完整性、可比性和连续性。严格按照增加标准样品的数量质控数据分析数值，发现超出范围的数值及时查找原因，必要时重新测定。所有数据最终经过站长和数据管理员审核认定，批准上报。

4. 数据价值/数据使用方法和建议

复种指数是指全年农作物总收获面积占耕地面积的百分比，是衡量耕地集约化利用程度的基础性指标，其高低受当地热量、土壤、水分、肥料、作物品种、科技水平等条件的制约，对保障中国粮食安全发挥着重要作用。

鹰潭站复种指数数据集包含 2005—2015 年江西典型红壤旱地和水田的复种指数，从时间尺度上体现了南方红壤地区农业的种植制度变化情况，为当地农业种植业的发展提供了历史资料。

5. 数据

旱地、水田、辅一至辅三观测场，站区一至站区四调查点农田复种指数数据见表 3-1 至表3-9。

表 3-1　旱地综合观测场农田复种指数

单位：%

年份	农田类型	复种指数	轮作体系	当年作物
2005	旱地	100	花生-冬闲	花生
2006	旱地	100	花生-冬闲	花生
2007	旱地	100	花生-冬闲	花生
2008	旱地	100	花生-冬闲	花生
2009	旱地	100	花生-冬闲	花生
2010	旱地	100	花生-冬闲	花生
2011	旱地	100	花生-冬闲	花生
2012	旱地	100	花生-冬闲	花生
2013	旱地	100	花生-冬闲	花生
2014	旱地	100	花生-冬闲	花生
2015	旱地	100	花生-冬闲	花生

表 3-2　水田综合观测场农田复种指数

单位：%

年份	农田类型	复种指数	轮作体系	当年作物
2005	水田	100	稻-闲	水稻（中稻）
2006	水田	100	稻-闲	水稻（中稻）
2007	水田	100	稻-闲	水稻（中稻）
2008	水田	100	稻-闲	水稻（中稻）
2009	水田	100	稻-闲	水稻（中稻）
2010	水田	100	稻-闲	水稻（中稻）
2011	水田	100	稻-闲	水稻（中稻）
2012	水田	100	稻-闲	水稻（中稻）
2013	水田	100	稻-闲	水稻（中稻）
2014	水田	100	稻-闲	水稻（中稻）
2015	水田	100	稻-闲	水稻（中稻）

表 3-3　辅一观测场农田复种指数

单位：%

年份	农田类型	复种指数	轮作体系	当年作物
2005	旱地	100	花生-冬闲	花生
2006	旱地	100	花生-冬闲	花生
2007	旱地	100	花生-冬闲	花生
2008	旱地	100	花生-冬闲	花生
2009	旱地	100	花生-冬闲	花生
2010	旱地	100	花生-冬闲	花生
2011	旱地	100	花生-冬闲	花生
2012	旱地	100	花生-冬闲	花生

（续）

年份	农田类型	复种指数	轮作体系	当年作物
2013	旱地	100	花生-冬闲	花生
2014	旱地	100	花生-冬闲	花生
2015	旱地	100	花生-冬闲	花生

表3-4　辅二观测场农田复种指数

单位：%

年份	农田类型	复种指数	轮作体系	当年作物
2005	旱地	100	花生-冬闲	花生
2006	旱地	100	花生-冬闲	花生
2007	旱地	100	花生-冬闲	花生
2008	旱地	100	花生-冬闲	花生
2009	旱地	100	花生-冬闲	花生
2010	旱地	100	花生-冬闲	花生
2011	旱地	100	花生-冬闲	花生
2012	旱地	100	花生-冬闲	花生
2013	旱地	100	花生-冬闲	花生
2014	旱地	100	花生-冬闲	花生
2015	旱地	100	花生-冬闲	花生

表3-5　辅三观测场农田复种指数

单位：%

年份	农田类型	复种指数	轮作体系	当年作物
2005	旱地	100	花生-冬闲	花生
2006	旱地	100	花生-冬闲	花生
2007	旱地	100	苦麻菜-冬闲	苦麻菜
2008	旱地	100	花生-冬闲	花生
2009	旱地	100	花生-冬闲	花生
2011	旱地	100	花生-冬闲	花生
2012	旱地	100	花生-冬闲	花生
2013	旱地	100	花生-冬闲	花生
2014	旱地	100	花生-冬闲	花生
2015	旱地	100	花生-冬闲	花生

表3-6　站区一调查点农田复种指数

单位：%

年份	农田类型	复种指数	轮作体系	当年作物
2005	旱地	100	花生-冬闲	花生
2006	旱地	100	花生-冬闲	花生
2007	旱地	100	芝麻-冬闲	芝麻

（续）

年份	农田类型	复种指数	轮作体系	当年作物
2008	旱地	100	花生-冬闲	花生
2009	旱地	100	花生-冬闲	花生
2010	旱地	100	花生-冬闲	花生
2011	旱地	100	花生-冬闲	花生
2012	旱地	100	花生-冬闲	花生
2013	旱地	100	花生-冬闲	花生
2014	旱地	100	花生-冬闲	花生
2015	旱地	100	花生-冬闲	花生

表 3 - 7　站区二调查点农田复种指数

单位：%

年份	农田类型	复种指数	轮作体系	当年作物
2005	水田	200	稻-稻-闲	水稻（早稻、晚稻）
2006	水田	200	稻-稻-闲	水稻（早稻、晚稻）
2007	水田	200	稻-稻-闲	水稻（早稻、晚稻）
2008	水田	200	稻-稻-闲	水稻（早稻、晚稻）
2009	水田	200	稻-稻-闲	水稻（早稻、晚稻）
2010	水田	200	稻-稻-闲	水稻（早稻、晚稻）
2011	水田	200	稻-稻-闲	水稻（早稻、晚稻）
2012	水田	200	稻-稻-闲	水稻（早稻、晚稻）
2013	水田	100	中稻-冬闲	水稻（中稻）
2014	水田	200	稻-稻-闲	水稻（早稻、晚稻）
2015	水田	200	早稻-晚稻	水稻（早稻、晚稻）

表 3 - 8　站区三调查点农田复种指数

单位：%

年份	农田类型	复种指数	轮作体系	当年作物
2005	旱地	100	花生-冬闲	花生
2006	旱地	100	花生-冬闲	花生
2007	旱地	100	花生-冬闲	花生
2008	旱地	100	花生-冬闲	花生
2009	旱地	100	花生-冬闲	花生
2010	旱地	100	花生-冬闲	花生
2011	旱地	100	花生-冬闲	花生
2012	旱地	100	花生-冬闲	花生
2013	旱地	100	花生-冬闲	花生
2014	旱地	100	花生-冬闲	花生
2015	旱地	100	花生-冬闲	花生

表 3-9　站区四调查点农田复种指数

单位：%

年份	农田类型	复种指数	轮作体系	当年作物
2005	水田	200	稻-稻-闲	水稻（早稻、晚稻）
2006	水田	200	稻-稻-闲	水稻（早稻、晚稻）
2007	水田	200	稻-稻-闲	水稻（早稻、晚稻）
2008	水田	200	稻-稻-闲	水稻（早稻、晚稻）
2009	水田	200	稻-稻-闲	水稻（早稻、晚稻）
2010	水田	200	稻-稻-闲	水稻（早稻、晚稻）
2011	水田	200	稻-稻-闲	水稻（早稻、晚稻）
2012	水田	200	早稻-晚稻-冬闲	水稻（早稻、晚稻）
2013	水田	200	早稻-晚稻-冬闲	水稻（早稻、晚稻）
2014	水田	200	早稻-晚稻-冬闲	水稻（早稻、晚稻）
2015	水田	200	早稻-晚稻	水稻（早稻、晚稻）

3.1.2　农田灌溉制度

1. 概述

本数据集包含 2005—2015 年鹰潭站 3 个水稻长期监测样地的灌溉量数据，针对不同生育期进行灌溉总量的记录和记载，计量单位为 mm。鹰潭站旱地花生种植没有灌溉条件，因此，未进行灌溉记录。水稻采用沟渠漫灌方式进行。

2. 数据采集和处理方法

根据水稻生长过程和不同生育期需求特征，适时灌溉，并记录用水量。

3. 数据质量控制和评估

根据水稻不同时期的需水量和降水量，评估和检查灌溉量数据值是否存在偏差，及时与原始数据进行比对和纠错。

4. 数据价值/数据使用方法和建议

不同时期缺水都会影响水稻的产量，所以在水稻种植过程中要注意及时为缺水的稻田进行水分补充，在进行灌溉的时候不要加过量的水分而导致水资源的浪费。监测水稻生育期整个过程的灌溉情况，能够指导正确的灌溉方法。

5. 数据

水田综合观测场，站区二调查点，站区四调查点农田灌溉量数据见表 3-10 至表 3-12。

表 3-10　水田综合观测场农田灌溉量

年份	作物名称	灌溉时间 （月/日/年）	作物生育时期	灌溉水源	灌溉方式	灌溉量（mm）
2005	水稻	07/02/2005	移栽期	地表水	漫灌	8
2005	水稻	07/03/2005	移栽期	地表水	漫灌	3
2005	水稻	07/05/2005	移栽期	地表水	漫灌	7
2005	水稻	07/06/2005	返青期	地表水	漫灌	6
2005	水稻	07/08/2005	返青期	地表水	漫灌	7
2005	水稻	07/10/2005	返青期	地表水	漫灌	8

（续）

年份	作物名称	灌溉时间 （月/日/年）	作物生育时期	灌溉水源	灌溉方式	灌溉量（mm）
2005	水稻	07/11/2005	返青期	地表水	漫灌	4
2005	水稻	07/13/2005	返青期	地表水	漫灌	7
2005	水稻	07/14/2005	返青期	地表水	漫灌	5
2005	水稻	07/16/2005	返青期	地表水	漫灌	11
2005	水稻	07/17/2005	返青期	地表水	漫灌	6
2005	水稻	07/18/2005	分蘖初期	地表水	漫灌	9
2005	水稻	07/26/2005	分蘖初期	地表水	漫灌	40
2005	水稻	07/28/2005	分蘖初期	地表水	漫灌	5
2005	水稻	07/29/2005	分蘖盛期	地表水	漫灌	12
2005	水稻	07/30/2005	分蘖盛期	地表水	漫灌	6
2005	水稻	07/31/2005	分蘖盛期	地表水	漫灌	4
2005	水稻	08/01/2005	分蘖盛期	地表水	漫灌	7
2005	水稻	08/02/2005	分蘖盛期	地表水	漫灌	5
2005	水稻	08/03/2005	分蘖盛期	地表水	漫灌	7
2005	水稻	08/05/2005	分蘖盛期	地表水	漫灌	10
2005	水稻	08/06/2005	分蘖盛期	地表水	漫灌	5
2005	水稻	08/07/2005	分蘖盛期	地表水	漫灌	5
2005	水稻	08/08/2005	分蘖盛期	地表水	漫灌	9
2005	水稻	08/10/2005	拔节期	地表水	漫灌	9
2005	水稻	08/11/2005	拔节期	地表水	漫灌	4
2005	水稻	08/12/2005	拔节期	地表水	漫灌	5
2005	水稻	08/14/2005	拔节期	地表水	漫灌	8
2005	水稻	08/15/2005	拔节期	地表水	漫灌	6
2005	水稻	08/16/2005	拔节期	地表水	漫灌	11
2005	水稻	08/18/2005	拔节期	地表水	漫灌	6
2005	水稻	08/19/2005	拔节期	地表水	漫灌	5
2005	水稻	08/20/2005	拔节期	地表水	漫灌	6
2005	水稻	08/21/2005	拔节期	地表水	漫灌	6
2005	水稻	08/22/2005	拔节期	地表水	漫灌	4
2005	水稻	08/24/2005	拔节期	地表水	漫灌	13
2005	水稻	08/25/2005	拔节期	地表水	漫灌	6
2005	水稻	08/26/2005	拔节期	地表水	漫灌	9
2005	水稻	08/27/2005	拔节期	地表水	漫灌	11
2005	水稻	08/29/2005	拔节期	地表水	漫灌	6
2005	水稻	08/30/2005	拔节期	地表水	漫灌	5
2005	水稻	08/31/2005	拔节期	地表水	漫灌	4
2005	水稻	09/01/2005	拔节期	地表水	漫灌	5
2005	水稻	09/02/2005	拔节期	地表水	漫灌	6

（续）

年份	作物名称	灌溉时间 （月/日/年）	作物生育时期	灌溉水源	灌溉方式	灌溉量（mm）
2005	水稻	09/04/2005	拔节期	地表水	漫灌	7
2005	水稻	09/05/2005	抽穗期	地表水	漫灌	11
2005	水稻	09/06/2005	抽穗期	地表水	漫灌	8
2005	水稻	09/07/2005	抽穗期	地表水	漫灌	5
2005	水稻	09/08/2005	抽穗期	地表水	漫灌	8
2005	水稻	09/10/2005	抽穗期	地表水	漫灌	11
2005	水稻	09/11/2005	抽穗期	地表水	漫灌	4
2005	水稻	09/12/2005	抽穗期	地表水	漫灌	9
2005	水稻	09/14/2005	乳熟期	地表水	漫灌	12
2005	水稻	09/16/2005	乳熟期	地表水	漫灌	9
2005	水稻	09/17/2005	乳熟期	地表水	漫灌	4
2005	水稻	09/18/2005	乳熟期	地表水	漫灌	13
2005	水稻	09/19/2005	乳熟期	地表水	漫灌	9
2005	水稻	09/20/2005	乳熟期	地表水	漫灌	6
2005	水稻	09/24/2005	乳熟期	地表水	漫灌	10
2005	水稻	09/29/2005	乳熟期	地表水	漫灌	4
2006	水稻	06/18/2006	移栽期	地表水	漫灌	7
2006	水稻	06/21/2006	移栽期	地表水	漫灌	3
2006	水稻	06/22/2006	移栽期	地表水	漫灌	9
2006	水稻	06/23/2006	返青期	地表水	漫灌	6
2006	水稻	06/24/2006	返青期	地表水	漫灌	7
2006	水稻	06/25/2006	返青期	地表水	漫灌	6
2006	水稻	06/26/2006	返青期	地表水	漫灌	7
2006	水稻	06/27/2006	返青期	地表水	漫灌	7
2006	水稻	06/28/2006	返青期	地表水	漫灌	5
2006	水稻	06/29/2006	返青期	地表水	漫灌	11
2006	水稻	06/30/2006	返青期	地表水	漫灌	6
2006	水稻	07/03/2006	分蘖初期	地表水	漫灌	9
2006	水稻	07/04/2006	分蘖初期	地表水	漫灌	40
2006	水稻	07/05/2006	分蘖初期	地表水	漫灌	5
2006	水稻	07/06/2006	分蘖盛期	地表水	漫灌	12
2006	水稻	07/07/2006	分蘖盛期	地表水	漫灌	6
2006	水稻	07/08/2006	分蘖盛期	地表水	漫灌	4
2006	水稻	07/09/2006	分蘖盛期	地表水	漫灌	7
2006	水稻	07/10/2006	分蘖盛期	地表水	漫灌	5
2006	水稻	07/11/2006	分蘖盛期	地表水	漫灌	7
2006	水稻	07/12/2006	分蘖盛期	地表水	漫灌	10
2006	水稻	07/13/2006	分蘖盛期	地表水	漫灌	5

（续）

年份	作物名称	灌溉时间（月/日/年）	作物生育时期	灌溉水源	灌溉方式	灌溉量（mm）
2006	水稻	07/14/2006	分蘖盛期	地表水	漫灌	5
2006	水稻	07/15/2006	分蘖盛期	地表水	漫灌	9
2006	水稻	07/16/2006	拔节期	地表水	漫灌	9
2006	水稻	07/18/2006	拔节期	地表水	漫灌	4
2006	水稻	07/20/2006	拔节期	地表水	漫灌	5
2006	水稻	07/22/2006	拔节期	地表水	漫灌	8
2006	水稻	07/24/2006	拔节期	地表水	漫灌	6
2006	水稻	07/25/2006	拔节期	地表水	漫灌	11
2006	水稻	07/27/2006	拔节期	地表水	漫灌	6
2006	水稻	07/28/2006	拔节期	地表水	漫灌	5
2006	水稻	07/29/2006	拔节期	地表水	漫灌	6
2006	水稻	07/30/2006	拔节期	地表水	漫灌	6
2006	水稻	07/31/2006	拔节期	地表水	漫灌	4
2006	水稻	08/01/2006	拔节期	地表水	漫灌	13
2006	水稻	08/03/2006	拔节期	地表水	漫灌	6
2006	水稻	08/05/2006	拔节期	地表水	漫灌	9
2006	水稻	08/07/2006	拔节期	地表水	漫灌	11
2006	水稻	08/09/2006	拔节期	地表水	漫灌	6
2006	水稻	08/10/2006	拔节期	地表水	漫灌	4
2006	水稻	08/11/2006	拔节期	地表水	漫灌	9
2006	水稻	08/13/2006	拔节期	地表水	漫灌	12
2006	水稻	08/15/2006	拔节期	地表水	漫灌	9
2006	水稻	08/17/2006	拔节期	地表水	漫灌	4
2006	水稻	08/21/2006	抽穗期	地表水	漫灌	13
2006	水稻	08/22/2006	抽穗期	地表水	漫灌	9
2006	水稻	08/23/2006	抽穗期	地表水	漫灌	6
2006	水稻	08/24/2006	抽穗期	地表水	漫灌	10
2006	水稻	08/25/2006	抽穗期	地表水	漫灌	4
2006	水稻	08/26/2006	抽穗期	地表水	漫灌	4
2006	水稻	08/27/2006	抽穗期	地表水	漫灌	9
2006	水稻	09/05/2006	乳熟期	地表水	漫灌	12
2006	水稻	09/06/2006	乳熟期	地表水	漫灌	5
2006	水稻	09/07/2006	乳熟期	地表水	漫灌	5
2006	水稻	09/08/2006	乳熟期	地表水	漫灌	9
2006	水稻	09/09/2006	乳熟期	地表水	漫灌	9
2006	水稻	09/10/2006	乳熟期	地表水	漫灌	4
2006	水稻	09/11/2006	乳熟期	地表水	漫灌	5
2006	水稻	09/12/2006	乳熟期	地表水	漫灌	8

（续）

年份	作物名称	灌溉时间 （月/日/年）	作物生育时期	灌溉水源	灌溉方式	灌溉量（mm）
2006	水稻	09/14/2006	乳熟期	地表水	漫灌	9
2007	水稻	06/16/2007	移栽期	地表水	漫灌	8
2007	水稻	06/17/2007	移栽期	地表水	漫灌	3
2007	水稻	06/19/2007	移栽期	地表水	漫灌	7
2007	水稻	06/21/2007	返青期	地表水	漫灌	5
2007	水稻	06/22/2007	返青期	地表水	漫灌	9
2007	水稻	06/23/2007	返青期	地表水	漫灌	4
2007	水稻	06/24/2007	返青期	地表水	漫灌	8
2007	水稻	06/25/2007	返青期	地表水	漫灌	7
2007	水稻	06/26/2007	返青期	地表水	漫灌	5
2007	水稻	06/28/2007	分蘖期	地表水	漫灌	12
2007	水稻	06/29/2007	分蘖期	地表水	漫灌	9
2007	水稻	06/30/2007	分蘖期	地表水	漫灌	5
2007	水稻	07/01/2007	分蘖期	地表水	漫灌	9
2007	水稻	07/02/2007	分蘖期	地表水	漫灌	36
2007	水稻	07/03/2007	分蘖期	地表水	漫灌	10
2007	水稻	07/04/2007	分蘖期	地表水	漫灌	8
2007	水稻	07/05/2007	分蘖期	地表水	漫灌	6
2007	水稻	07/06/2007	分蘖期	地表水	漫灌	5
2007	水稻	07/07/2007	分蘖期	地表水	漫灌	3
2007	水稻	07/08/2007	分蘖期	地表水	漫灌	9
2007	水稻	07/09/2007	分蘖期	地表水	漫灌	14
2007	水稻	07/10/2007	分蘖期	地表水	漫灌	4
2007	水稻	07/11/2007	分蘖期	地表水	漫灌	5
2007	水稻	07/13/2007	分蘖期	地表水	漫灌	7
2007	水稻	07/15/2007	分蘖期	地表水	漫灌	7
2007	水稻	07/16/2007	分蘖期	地表水	漫灌	5
2007	水稻	07/19/2007	拔节期	地表水	漫灌	7
2007	水稻	07/20/2007	拔节期	地表水	漫灌	9
2007	水稻	07/21/2007	拔节期	地表水	漫灌	5
2007	水稻	07/22/2007	拔节期	地表水	漫灌	11
2007	水稻	07/23/2007	拔节期	地表水	漫灌	6
2007	水稻	07/25/2007	拔节期	地表水	漫灌	9
2007	水稻	07/27/2007	拔节期	地表水	漫灌	6
2007	水稻	07/28/2007	拔节期	地表水	漫灌	7
2007	水稻	07/30/2007	拔节期	地表水	漫灌	4
2007	水稻	08/01/2007	拔节期	地表水	漫灌	15
2007	水稻	08/03/2007	拔节期	地表水	漫灌	3

（续）

年份	作物名称	灌溉时间 （月/日/年）	作物生育时期	灌溉水源	灌溉方式	灌溉量（mm）
2007	水稻	08/05/2007	拔节期	地表水	漫灌	9
2007	水稻	08/06/2007	拔节期	地表水	漫灌	16
2007	水稻	08/07/2007	拔节期	地表水	漫灌	5
2007	水稻	08/09/2007	拔节期	地表水	漫灌	4
2007	水稻	08/10/2007	拔节期	地表水	漫灌	7
2007	水稻	08/11/2007	拔节期	地表水	漫灌	16
2007	水稻	08/13/2007	拔节期	地表水	漫灌	7
2007	水稻	08/14/2007	拔节期	地表水	漫灌	6
2007	水稻	08/15/2007	抽穗期	地表水	漫灌	12
2007	水稻	08/16/2007	抽穗期	地表水	漫灌	10
2007	水稻	08/19/2007	抽穗期	地表水	漫灌	3
2007	水稻	08/20/2007	抽穗期	地表水	漫灌	11
2007	水稻	08/22/2007	抽穗期	地表水	漫灌	4
2007	水稻	08/23/2007	抽穗期	地表水	漫灌	6
2007	水稻	08/25/2007	抽穗期	地表水	漫灌	9
2007	水稻	08/27/2007	抽穗期	地表水	漫灌	4
2007	水稻	08/29/2007	抽穗期	地表水	漫灌	6
2007	水稻	08/31/2007	抽穗期	地表水	漫灌	3
2007	水稻	09/02/2007	抽穗期	地表水	漫灌	11
2007	水稻	09/05/2007	抽穗期	地表水	漫灌	5
2007	水稻	09/08/2007	抽穗期	地表水	漫灌	3
2007	水稻	09/09/2007	抽穗期	地表水	漫灌	12
2007	水稻	09/10/2007	蜡熟期	地表水	漫灌	5
2007	水稻	09/11/2007	蜡熟期	地表水	漫灌	5
2007	水稻	09/12/2007	蜡熟期	地表水	漫灌	9
2007	水稻	09/13/2007	蜡熟期	地表水	漫灌	9
2007	水稻	09/14/2007	蜡熟期	地表水	漫灌	4
2007	水稻	09/15/2007	蜡熟期	地表水	漫灌	5
2007	水稻	09/16/2007	蜡熟期	地表水	漫灌	6
2007	水稻	09/17/2007	蜡熟期	地表水	漫灌	7
2008	水稻	06/22/2008	移栽期	地表水	漫灌	21
2008	水稻	06/30/2008	返青期	地表水	漫灌	20
2008	水稻	07/04/2008	返青期	地表水	漫灌	28
2008	水稻	07/14/2008	分蘖期	地表水	漫灌	22
2008	水稻	07/17/2008	分蘖期	地表水	漫灌	35
2008	水稻	07/24/2008	分蘖期	地表水	漫灌	38
2008	水稻	07/28/2008	分蘖期	地表水	漫灌	30
2008	水稻	08/02/2008	分蘖期	地表水	漫灌	12

（续）

年份	作物名称	灌溉时间 （月/日/年）	作物生育时期	灌溉水源	灌溉方式	灌溉量（mm）
2008	水稻	08/06/2008	拔节期	地表水	漫灌	38
2008	水稻	08/09/2008	拔节期	地表水	漫灌	30
2008	水稻	08/13/2008	拔节期	地表水	漫灌	36
2008	水稻	08/18/2008	拔节期	地表水	漫灌	32
2008	水稻	08/23/2008	抽穗期	地表水	漫灌	30
2008	水稻	09/02/2008	抽穗期	地表水	漫灌	30
2008	水稻	09/08/2008	抽穗期	地表水	漫灌	25
2008	水稻	09/12/2008	抽穗期	地表水	漫灌	23
2008	水稻	09/16/2008	抽穗期	地表水	漫灌	20
2008	水稻	09/20/2008	蜡熟期	地表水	漫灌	10
2009	水稻	07/07/2009	移栽期	地表水	漫灌	45
2009	水稻	07/09/2009	移栽期	地表水	漫灌	20
2009	水稻	07/11/2009	移栽期	地表水	漫灌	19
2009	水稻	07/15/2009	返青期	地表水	漫灌	10
2009	水稻	07/16/2009	返青期	地表水	漫灌	19
2009	水稻	07/18/2009	返青期	地表水	漫灌	25
2009	水稻	07/20/2009	分蘖期	地表水	漫灌	30
2009	水稻	08/08/2009	分蘖期	地表水	漫灌	10
2009	水稻	08/20/2009	分蘖期	地表水	漫灌	47
2009	水稻	08/26/2009	拔节期	地表水	漫灌	20
2009	水稻	09/01/2009	拔节期	地表水	漫灌	36
2009	水稻	09/03/2009	拔节期	地表水	漫灌	23
2009	水稻	09/05/2009	拔节期	地表水	漫灌	30
2009	水稻	09/07/2009	拔节期	地表水	漫灌	20
2009	水稻	09/09/2009	拔节期	地表水	漫灌	25
2009	水稻	09/13/2009	抽穗期	地表水	漫灌	50
2009	水稻	09/16/2009	抽穗期	地表水	漫灌	20
2009	水稻	09/22/2009	抽穗期	地表水	漫灌	45
2009	水稻	09/25/2009	抽穗期	地表水	漫灌	36
2009	水稻	10/02/2009	抽穗期	地表水	漫灌	50
2009	水稻	10/05/2009	抽穗期	地表水	漫灌	20
2009	水稻	10/08/2009	抽穗期	地表水	漫灌	20
2009	水稻	10/10/2009	蜡熟期	地表水	漫灌	10
2010	水稻	07/13/2010	移栽期	地表水	漫灌	50
2010	水稻	07/17/2010	移栽期	地表水	漫灌	32
2010	水稻	07/19/2010	移栽期	地表水	漫灌	19
2010	水稻	07/26/2010	返青期	地表水	漫灌	40
2010	水稻	07/28/2010	返青期	地表水	漫灌	10

（续）

年份	作物名称	灌溉时间 （月/日/年）	作物生育时期	灌溉水源	灌溉方式	灌溉量（mm）
2010	水稻	07/30/2010	返青期	地表水	漫灌	35
2010	水稻	08/11/2010	分蘖期	地表水	漫灌	20
2010	水稻	08/13/2010	分蘖期	地表水	漫灌	10
2010	水稻	08/15/2010	分蘖期	地表水	漫灌	20
2010	水稻	08/18/2010	分蘖期	地表水	漫灌	20
2010	水稻	08/22/2010	拔节期	地表水	漫灌	30
2010	水稻	08/24/2010	拔节期	地表水	漫灌	46
2010	水稻	08/26/2010	拔节期	地表水	漫灌	20
2010	水稻	08/29/2010	拔节期	地表水	漫灌	20
2010	水稻	09/01/2010	拔节期	地表水	漫灌	10
2010	水稻	09/04/2010	拔节期	地表水	漫灌	30
2010	水稻	09/06/2010	拔节期	地表水	漫灌	20
2010	水稻	09/08/2010	拔节期	地表水	漫灌	30
2010	水稻	09/11/2010	抽穗期	地表水	漫灌	20
2010	水稻	09/13/2010	抽穗期	地表水	漫灌	40
2010	水稻	09/15/2010	抽穗期	地表水	漫灌	30
2010	水稻	09/18/2010	抽穗期	地表水	漫灌	36
2010	水稻	09/22/2010	抽穗期	地表水	漫灌	50
2010	水稻	09/28/2010	抽穗期	地表水	漫灌	20
2010	水稻	10/13/2010	蜡熟期	地表水	漫灌	10
2011	水稻	06/18/2011	移栽期	地表水	沟灌	20
2011	水稻	06/20/2011	移栽期	地表水	沟灌	10
2011	水稻	06/22/2011	移栽期	地表水	沟灌	20
2011	水稻	06/26/2011	返青期	地表水	沟灌	10
2011	水稻	06/28/2011	返青期	地表水	沟灌	10
2011	水稻	06/30/2011	返青期	地表水	沟灌	35
2011	水稻	07/01/2011	返青期	地表水	沟灌	10
2011	水稻	07/03/2011	返青期	地表水	沟灌	20
2011	水稻	07/05/2011	返青期	地表水	沟灌	46
2011	水稻	07/07/2011	返青期	地表水	沟灌	20
2011	水稻	07/09/2011	返青期	地表水	沟灌	30
2011	水稻	07/13/2011	返青期	地表水	沟灌	20
2011	水稻	07/20/2011	分蘖期	地表水	沟灌	10
2011	水稻	07/22/2011	分蘖期	地表水	沟灌	20
2011	水稻	07/24/2011	分蘖期	地表水	沟灌	10
2011	水稻	07/26/2011	分蘖期	地表水	沟灌	30
2011	水稻	07/28/2011	分蘖期	地表水	沟灌	15
2011	水稻	08/01/2011	分蘖期	地表水	沟灌	30

（续）

年份	作物名称	灌溉时间 （月/日/年）	作物生育时期	灌溉水源	灌溉方式	灌溉量（mm）
2011	水稻	08/06/2011	拔节期	地表水	沟灌	40
2011	水稻	08/08/2011	拔节期	地表水	沟灌	20
2011	水稻	08/10/2011	拔节期	地表水	沟灌	10
2011	水稻	08/13/2011	拔节期	地表水	沟灌	10
2011	水稻	08/15/2011	拔节期	地表水	沟灌	20
2011	水稻	08/17/2011	拔节期	地表水	沟灌	30
2011	水稻	08/19/2011	拔节期	地表水	沟灌	10
2011	水稻	08/21/2011	拔节期	地表水	沟灌	30
2011	水稻	08/23/2011	拔节期	地表水	沟灌	10
2011	水稻	08/26/2011	拔节期	地表水	沟灌	20
2011	水稻	08/29/2011	拔节期	地表水	沟灌	10
2011	水稻	09/02/2011	抽穗期	地表水	沟灌	20
2011	水稻	09/04/2011	抽穗期	地表水	沟灌	30
2011	水稻	09/06/2011	抽穗期	地表水	沟灌	15
2011	水稻	09/08/2011	抽穗期	地表水	沟灌	46
2011	水稻	09/10/2011	抽穗期	地表水	沟灌	10
2011	水稻	09/12/2011	抽穗期	地表水	沟灌	15
2011	水稻	09/14/2011	抽穗期	地表水	沟灌	10
2011	水稻	09/17/2011	抽穗期	地表水	沟灌	40
2011	水稻	09/19/2011	抽穗期	地表水	沟灌	10
2011	水稻	09/22/2011	抽穗期	地表水	沟灌	20
2011	水稻	09/26/2011	抽穗期	地表水	沟灌	30
2011	水稻	10/07/2011	抽穗期	地表水	沟灌	20
2011	水稻	10/09/2011	抽穗期	地表水	沟灌	10
2011	水稻	10/12/2011	抽穗期	地表水	沟灌	30
2011	水稻	10/14/2011	抽穗期	地表水	沟灌	20
2012	水稻	07/15/2012	移栽期	地表水	沟灌	10
2012	水稻	07/18/2012	移栽期	地表水	沟灌	10
2012	水稻	07/20/2012	移栽期	地表水	沟灌	40
2012	水稻	07/21/2012	返青期	地表水	沟灌	20
2012	水稻	07/23/2012	返青期	地表水	沟灌	15
2012	水稻	07/25/2012	返青期	地表水	沟灌	40
2012	水稻	07/27/2012	返青期	地表水	沟灌	30
2012	水稻	07/29/2012	返青期	地表水	沟灌	10
2012	水稻	07/31/2012	返青期	地表水	沟灌	50
2012	水稻	08/02/2012	返青期	地表水	沟灌	10
2012	水稻	08/05/2012	返青期	地表水	沟灌	25
2012	水稻	08/07/2012	返青期	地表水	沟灌	20

（续）

年份	作物名称	灌溉时间 （月/日/年）	作物生育时期	灌溉水源	灌溉方式	灌溉量（mm）
2012	水稻	08/13/2012	分蘖期	地表水	沟灌	10
2012	水稻	08/15/2012	分蘖期	地表水	沟灌	30
2012	水稻	08/19/2012	分蘖期	地表水	沟灌	40
2012	水稻	08/21/2012	分蘖期	地表水	沟灌	20
2012	水稻	08/24/2012	分蘖期	地表水	沟灌	30
2012	水稻	08/28/2012	分蘖期	地表水	沟灌	40
2012	水稻	08/30/2012	拔节期	地表水	沟灌	30
2012	水稻	09/03/2012	拔节期	地表水	沟灌	30
2012	水稻	09/05/2012	拔节期	地表水	沟灌	20
2012	水稻	09/07/2012	拔节期	地表水	沟灌	10
2012	水稻	09/09/2012	拔节期	地表水	沟灌	30
2012	水稻	09/14/2012	拔节期	地表水	沟灌	10
2012	水稻	09/16/2012	拔节期	地表水	沟灌	20
2012	水稻	09/18/2012	拔节期	地表水	沟灌	30
2012	水稻	09/20/2012	拔节期	地表水	沟灌	20
2012	水稻	09/23/2012	拔节期	地表水	沟灌	10
2012	水稻	09/25/2012	抽穗期	地表水	沟灌	40
2012	水稻	09/27/2012	抽穗期	地表水	沟灌	20
2012	水稻	09/29/2012	抽穗期	地表水	沟灌	40
2012	水稻	10/02/2012	抽穗期	地表水	沟灌	20
2012	水稻	10/04/2012	抽穗期	地表水	沟灌	10
2012	水稻	10/06/2012	抽穗期	地表水	沟灌	20
2012	水稻	10/08/2012	抽穗期	地表水	沟灌	30
2012	水稻	10/10/2012	抽穗期	地表水	沟灌	20
2012	水稻	10/12/2012	抽穗期	地表水	沟灌	30
2012	水稻	10/14/2012	抽穗期	地表水	沟灌	10
2012	水稻	10/16/2012	抽穗期	地表水	沟灌	30
2012	水稻	10/18/2012	抽穗期	地表水	沟灌	20
2012	水稻	10/19/2012	抽穗期	地表水	沟灌	40
2012	水稻	10/21/2012	乳熟期	地表水	沟灌	20
2012	水稻	10/23/2012	乳熟期	地表水	沟灌	20
2012	水稻	10/25/2012	蜡熟期	地表水	沟灌	10
2012	水稻	10/27/2012	蜡熟期	地表水	沟灌	10
2013	水稻	06/21/2013	移栽期	地表水	沟灌	45
2013	水稻	06/22/2013	移栽期	地表水	沟灌	30
2013	水稻	06/26/2013	返青期	地表水	沟灌	30
2013	水稻	06/30/2013	返青期	地表水	沟灌	30
2013	水稻	07/01/2013	返青期	地表水	沟灌	25

（续）

年份	作物名称	灌溉时间 （月/日/年）	作物生育时期	灌溉水源	灌溉方式	灌溉量（mm）
2013	水稻	07/05/2013	分蘖期	地表水	沟灌	35
2013	水稻	07/09/2013	分蘖期	地表水	沟灌	40
2013	水稻	07/12/2013	分蘖期	地表水	沟灌	25
2013	水稻	07/16/2013	分蘖期	地表水	沟灌	25
2013	水稻	07/17/2013	分蘖期	地表水	沟灌	35
2013	水稻	07/20/2013	分蘖期	地表水	沟灌	35
2013	水稻	07/23/2013	分蘖期	地表水	沟灌	35
2013	水稻	07/25/2013	分蘖期	地表水	沟灌	35
2013	水稻	07/29/2013	分蘖期	地表水	沟灌	35
2013	水稻	08/03/2013	分蘖期	地表水	沟灌	35
2013	水稻	08/10/2013	分蘖期	地表水	沟灌	35
2013	水稻	08/16/2013	拔节期	地表水	沟灌	35
2013	水稻	08/20/2013	拔节期	地表水	沟灌	30
2013	水稻	08/22/2013	拔节期	地表水	沟灌	25
2013	水稻	08/25/2013	拔节期	地表水	沟灌	15
2013	水稻	08/29/2013	拔节期	地表水	沟灌	15
2013	水稻	09/03/2013	拔节期	地表水	沟灌	25
2013	水稻	09/07/2013	拔节期	地表水	沟灌	25
2013	水稻	09/09/2013	拔节期	地表水	沟灌	20
2013	水稻	09/13/2013	抽穗期	地表水	沟灌	15
2013	水稻	09/15/2013	抽穗期	地表水	沟灌	25
2013	水稻	09/17/2013	抽穗期	地表水	沟灌	20
2013	水稻	09/19/2013	抽穗期	地表水	沟灌	15
2013	水稻	09/20/2013	抽穗期	地表水	沟灌	20
2013	水稻	09/23/2013	抽穗期	地表水	沟灌	20
2013	水稻	09/25/2013	抽穗期	地表水	沟灌	15
2013	水稻	09/27/2013	抽穗期	地表水	沟灌	15
2013	水稻	09/29/2013	抽穗期	地表水	沟灌	25
2013	水稻	10/01/2013	抽穗期	地表水	沟灌	15
2013	水稻	10/05/2013	乳熟期	地表水	沟灌	15
2014	水稻	07/07/2014	移栽期	地表水	沟灌	45
2014	水稻	07/08/2014	移栽期	地表水	沟灌	30
2014	水稻	07/16/2014	返青期	地表水	沟灌	20
2014	水稻	07/19/2014	返青期	地表水	沟灌	15
2014	水稻	07/22/2014	返青期	地表水	沟灌	20
2014	水稻	08/03/2014	分蘖期	地表水	沟灌	20
2014	水稻	08/07/2014	分蘖期	地表水	沟灌	25
2014	水稻	08/09/2014	分蘖期	地表水	沟灌	20

（续）

年份	作物名称	灌溉时间 （月/日/年）	作物生育时期	灌溉水源	灌溉方式	灌溉量（mm）
2014	水稻	08/11/2014	分蘖期	地表水	沟灌	15
2014	水稻	08/21/2015	分蘖期	地表水	沟灌	20
2014	水稻	08/23/2014	分蘖期	地表水	沟灌	15
2014	水稻	08/25/2014	分蘖期	地表水	沟灌	20
2014	水稻	08/28/2014	分蘖期	地表水	沟灌	20
2014	水稻	09/01/2014	拔节期	地表水	沟灌	25
2014	水稻	09/02/2014	拔节期	地表水	沟灌	15
2014	水稻	09/06/2014	拔节期	地表水	沟灌	20
2014	水稻	09/07/2014	拔节期	地表水	沟灌	20
2014	水稻	09/09/2014	拔节期	地表水	沟灌	15
2014	水稻	09/13/2014	拔节期	地表水	沟灌	10
2014	水稻	09/15/2014	拔节期	地表水	沟灌	25
2014	水稻	09/21/2014	抽穗期	地表水	沟灌	15
2014	水稻	09/22/2014	抽穗期	地表水	沟灌	20
2014	水稻	09/25/2014	抽穗期	地表水	沟灌	15
2014	水稻	09/27/2014	抽穗期	地表水	沟灌	20
2014	水稻	09/29/2014	抽穗期	地表水	沟灌	10
2015	水稻	06/23/2015	移栽期	地表水	沟灌	50
2015	水稻	06/24/2015	移栽期	地表水	沟灌	30
2015	水稻	06/29/2015	返青期	地表水	沟灌	10
2015	水稻	07/01/2015	返青期	地表水	沟灌	10
2015	水稻	07/07/2015	返青期	地表水	沟灌	15
2015	水稻	07/12/2015	分蘖期	地表水	沟灌	25
2015	水稻	07/17/2015	分蘖期	地表水	沟灌	5
2015	水稻	07/22/2015	分蘖期	地表水	沟灌	25
2015	水稻	07/28/2015	分蘖期	地表水	沟灌	15
2015	水稻	08/06/2015	分蘖期	地表水	沟灌	15
2015	水稻	08/14/2015	分蘖期	地表水	沟灌	5
2015	水稻	08/22/2015	分蘖期	地表水	沟灌	10
2015	水稻	08/24/2015	分蘖期	地表水	沟灌	10
2015	水稻	08/26/2015	拔节期	地表水	沟灌	15
2015	水稻	09/05/2015	拔节期	地表水	沟灌	25
2015	水稻	09/14/2015	拔节期	地表水	沟灌	5
2015	水稻	09/28/2015	拔节期	地表水	沟灌	10
2015	水稻	10/04/2015	拔节期	地表水	沟灌	20
2015	水稻	10/08/2015	抽穗期	地表水	沟灌	5

表 3-11　站区二调查点农田灌溉量

年份	作物名称	灌溉时间（月/日/年）	作物生育时期	灌溉水源	灌溉方式	灌溉量（mm）
2006	早稻	04/29/2006	移栽期	地表水	漫灌	11
2006	早稻	05/19/2006	分蘖期	地表水	漫灌	8
2006	早稻	06/20/2006	抽穗期	地表水	漫灌	6
2006	晚稻	07/19/2006	移栽期	地表水	漫灌	10
2006	晚稻	07/30/2006	返青期	地表水	漫灌	7
2006	晚稻	08/21/2006	拔节期	地表水	漫灌	9
2006	晚稻	09/25/2006	抽穗期	地表水	漫灌	5
2007	早稻	05/03/2007	移栽期	地表水	漫灌	13
2007	早稻	05/15/2007	分蘖期	地表水	漫灌	10
2007	早稻	06/13/2007	抽穗期	地表水	漫灌	5
2007	晚稻	07/16/2007	移栽期	地表水	漫灌	12
2007	晚稻	07/22/2007	返青期	地表水	漫灌	8
2007	晚稻	08/18/2007	拔节期	地表水	漫灌	5
2007	早稻	09/17/2007	抽穗期	地表水	漫灌	4
2008	早稻	05/03/2008	移栽期	地表水	漫灌	13
2008	早稻	05/12/2008	返青期	地表水	漫灌	20
2008	早稻	05/15/2008	分蘖期	地表水	漫灌	10
2008	早稻	05/21/2008	拔节期	地表水	漫灌	30
2008	早稻	06/15/2008	抽穗期	地表水	漫灌	5
2008	早稻	06/20/2008	抽穗期	地表水	漫灌	14
2008	晚稻	07/18/2008	移栽期	地表水	漫灌	12
2008	晚稻	07/22/2008	移栽期	地表水	漫灌	8
2008	晚稻	07/26/2008	返青期	地表水	漫灌	9
2008	晚稻	07/30/2008	分蘖期	地表水	漫灌	4
2008	晚稻	08/15/2008	拔节期	地表水	漫灌	5.5
2008	晚稻	08/23/2008	拔节期	地表水	漫灌	9
2008	晚稻	09/10/2008	抽穗期	地表水	漫灌	4
2008	晚稻	09/15/2008	抽穗期	地表水	漫灌	12
2009	早稻	04/22/2009	移栽期	地表水	漫灌	13
2009	早稻	05/03/2009	返青期	地表水	漫灌	20
2009	早稻	05/15/2009	分蘖期	地表水	漫灌	10
2009	早稻	06/20/2009	拔节期	地表水	漫灌	30
2009	早稻	06/28/2009	抽穗期	地表水	漫灌	5
2009	早稻	07/05/2008	抽穗期	地表水	漫灌	14
2009	晚稻	07/21/2009	移栽期	地表水	漫灌	50
2009	晚稻	07/23/2009	移栽期	地表水	漫灌	10
2009	晚稻	08/02/2009	返青期	地表水	漫灌	10
2009	晚稻	08/12/2009	分蘖期	地表水	漫灌	15

（续）

年份	作物名称	灌溉时间（月/日/年）	作物生育时期	灌溉水源	灌溉方式	灌溉量（mm）
2009	晚稻	08/27/2009	拔节期	地表水	漫灌	5.5
2009	晚稻	09/01/2009	拔节期	地表水	漫灌	43
2009	晚稻	09/20/2009	抽穗期	地表水	漫灌	35
2009	晚稻	09/26/2009	抽穗期	地表水	漫灌	20
2010	早稻	04/23/2010	移栽期	地表水	漫灌	20
2010	早稻	05/11/2010	返青期	地表水	漫灌	40
2010	早稻	05/16/2010	分蘖期	地表水	漫灌	10
2010	早稻	05/26/2010	拔节期	地表水	漫灌	30
2010	早稻	07/08/2010	抽穗期	地表水	漫灌	50
2010	早稻	07/19/2010	抽穗期	地表水	漫灌	30
2010	晚稻	07/25/2010	移栽期	地表水	漫灌	40
2010	晚稻	08/03/2010	移栽期	地表水	漫灌	30
2010	晚稻	08/07/2010	返青期	地表水	漫灌	40
2010	晚稻	08/16/2010	分蘖期	地表水	漫灌	45
2010	晚稻	08/30/2010	拔节期	地表水	漫灌	30
2010	晚稻	09/07/2010	拔节期	地表水	漫灌	35
2010	晚稻	09/19/2010	抽穗期	地表水	漫灌	45
2010	晚稻	10/05/2010	抽穗期	地表水	漫灌	50
2011	早稻	04/20/2011	移栽期	地表水	沟灌	30
2011	早稻	04/27/2011	返青期	地表水	沟灌	40
2011	早稻	05/04/2011	分蘖期	地表水	沟灌	20
2011	早稻	05/26/2011	拔节期	地表水	沟灌	20
2011	早稻	06/21/2011	抽穗期	地表水	沟灌	20
2011	早稻	06/27/2011	抽穗期	地表水	沟灌	20
2011	晚稻	07/25/2011	移栽期	地表水	沟灌	40
2011	晚稻	07/29/2011	移栽期	地表水	沟灌	10
2011	晚稻	08/04/2011	返青期	地表水	沟灌	30
2011	晚稻	08/16/2011	分蘖期	地表水	沟灌	20
2011	晚稻	08/27/2011	拔节期	地表水	沟灌	10
2011	晚稻	09/04/2011	拔节期	地表水	沟灌	30
2011	晚稻	09/10/2011	移栽期	地表水	沟灌	10
2011	晚稻	09/15/2011	移栽期	地表水	沟灌	30
2011	晚稻	09/19/2011	返青期	地表水	沟灌	15
2011	晚稻	09/24/2011	抽穗期	地表水	沟灌	45
2011	晚稻	09/30/2011	抽穗期	地表水	沟灌	10
2011	晚稻	10/07/2011	抽穗期	地表水	沟灌	20
2011	晚稻	10/14/2011	抽穗期	地表水	沟灌	10
2011	晚稻	10/21/2011	抽穗期	地表水	沟灌	30

（续）

年份	作物名称	灌溉时间 （月/日/年）	作物生育时期	灌溉水源	灌溉方式	灌溉量（mm）
2012	早稻	04/22/2012	移栽期	地表水	沟灌	40
2012	早稻	05/02/2012	返青期	地表水	沟灌	40
2012	早稻	05/15/2012	分蘖期	地表水	沟灌	50
2012	早稻	05/31/2012	拔节期	地表水	沟灌	20
2012	早稻	06/27/2012	抽穗期	地表水	沟灌	30
2012	早稻	06/29/2012	乳熟期	地表水	沟灌	40
2012	晚稻	07/25/2012	移栽期	地表水	沟灌	50
2012	晚稻	07/30/2012	移栽期	地表水	沟灌	30
2012	晚稻	08/05/2012	返青期	地表水	沟灌	40
2012	晚稻	08/24/2012	分蘖期	地表水	沟灌	40
2012	晚稻	09/05/2012	拔节期	地表水	沟灌	30
2012	晚稻	09/08/2012	拔节期	地表水	沟灌	20
2012	晚稻	09/18/2012	抽穗期	地表水	沟灌	40
2012	晚稻	09/27/2012	抽穗期	地表水	沟灌	40
2012	晚稻	10/12/2012	乳熟期	地表水	沟灌	30
2013	中稻	06/10/2013	播种期	地表水	沟灌	45
2013	中稻	06/11/2013	播种期	地表水	沟灌	30
2013	中稻	06/13/2013	播种期	地表水	沟灌	30
2013	中稻	06/14/2013	出苗期	地表水	沟灌	25
2013	中稻	06/15/2013	出苗期	地表水	沟灌	25
2013	中稻	06/16/2013	出苗期	地表水	沟灌	25
2013	中稻	06/17/2013	返青期	地表水	沟灌	25
2013	中稻	06/19/2013	返青期	地表水	沟灌	25
2013	中稻	06/25/2013	返青期	地表水	沟灌	20
2013	中稻	06/26/2013	分蘖期	地表水	沟灌	25
2013	中稻	07/01/2013	分蘖期	地表水	沟灌	35
2013	中稻	07/05/2013	分蘖期	地表水	沟灌	30
2013	早稻	07/09/2013	分蘖期	地表水	沟灌	30
2013	中稻	07/12/2013	分蘖期	地表水	沟灌	35
2013	中稻	07/17/2013	分蘖期	地表水	沟灌	30
2013	中稻	07/19/2013	分蘖期	地表水	沟灌	35
2013	中稻	07/23/2013	分蘖期	地表水	沟灌	25
2013	中稻	07/27/2013	分蘖期	地表水	沟灌	25
2013	中稻	08/01/2013	分蘖期	地表水	沟灌	30
2013	中稻	08/05/2013	分蘖期	地表水	沟灌	25
2013	中稻	08/11/2013	分蘖期	地表水	沟灌	20
2013	中稻	08/17/2013	拔节期	地表水	沟灌	20
2013	中稻	08/23/2013	拔节期	地表水	沟灌	15

（续）

年份	作物名称	灌溉时间 （月/日/年）	作物生育时期	灌溉水源	灌溉方式	灌溉量（mm）
2013	中稻	08/25/2013	拔节期	地表水	沟灌	20
2013	中稻	08/27/2013	拔节期	地表水	沟灌	15
2013	中稻	08/29/2013	拔节期	地表水	沟灌	20
2013	中稻	09/03/2013	拔节期	地表水	沟灌	30
2013	中稻	09/07/2013	拔节期	地表水	沟灌	30
2013	中稻	09/11/2013	拔节期	地表水	沟灌	15
2013	中稻	09/15/2013	拔节期	地表水	沟灌	25
2013	中稻	09/19/2013	拔节期	地表水	沟灌	25
2013	中稻	09/21/2013	拔节期	地表水	沟灌	25
2013	中稻	09/23/2013	抽穗期	地表水	沟灌	15
2013	中稻	09/24/2013	抽穗期	地表水	沟灌	20
2013	中稻	09/25/2013	抽穗期	地表水	沟灌	25
2013	中稻	09/26/2013	乳熟期	地表水	沟灌	10
2014	早稻	03/11/2014	播种期	地表水	沟灌	15
2014	早稻	03/13/2014	播种期	地表水	沟灌	10
2014	早稻	03/18/2014	出苗期	地表水	沟灌	15
2014	早稻	03/21/2014	出苗期	地表水	沟灌	15
2014	早稻	03/23/2014	出苗期	地表水	沟灌	20
2014	早稻	04/12/2014	移栽期	地表水	沟灌	35
2014	早稻	04/22/2014	返青期	地表水	沟灌	15
2014	早稻	04/28/2014	分蘖期	地表水	沟灌	25
2014	早稻	05/01/2014	分蘖期	地表水	沟灌	15
2014	早稻	05/06/2014	分蘖期	地表水	沟灌	25
2014	早稻	05/08/2014	分蘖期	地表水	沟灌	15
2014	早稻	05/12/2014	分蘖期	地表水	沟灌	20
2014	早稻	05/21/2014	分蘖期	地表水	沟灌	15
2014	早稻	05/23/2014	分蘖期	地表水	沟灌	15
2014	早稻	05/25/2014	分蘖期	地表水	沟灌	15
2014	早稻	05/29/2014	拔节期	地表水	沟灌	20
2014	早稻	06/03/2014	拔节期	地表水	沟灌	15
2014	早稻	06/05/2014	拔节期	地表水	沟灌	20
2014	早稻	06/10/2014	抽穗期	地表水	沟灌	15
2014	早稻	06/18/2014	抽穗期	地表水	沟灌	10
2014	晚稻	07/15/2014	移栽期	地表水	沟灌	20
2014	晚稻	07/16/2014	移栽期	地表水	沟灌	25
2014	晚稻	08/02/2014	分蘖期	地表水	沟灌	20
2014	晚稻	08/07/2014	分蘖期	地表水	沟灌	15
2014	晚稻	08/10/2014	分蘖期	地表水	沟灌	20

（续）

年份	作物名称	灌溉时间 （月/日/年）	作物生育时期	灌溉水源	灌溉方式	灌溉量（mm）
2014	晚稻	09/02/2014	拔节期	地表水	沟灌	15
2014	晚稻	09/06/2014	拔节期	地表水	沟灌	20
2014	晚稻	09/10/2014	拔节期	地表水	沟灌	15
2014	晚稻	09/13/2014	拔节期	地表水	沟灌	20
2014	晚稻	09/23/2014	抽穗期	地表水	沟灌	10
2014	晚稻	09/25/2014	抽穗期	地表水	沟灌	15
2014	晚稻	10/15/2014	乳熟期	地表水	沟灌	10
2015	早稻	04/23/2015	出苗期	地表水	沟灌	20
2015	早稻	04/29/2015	出苗期	地表水	沟灌	15
2015	早稻	05/12/2015	移栽期	地表水	沟灌	5
2015	早稻	05/22/2015	返青期	地表水	沟灌	5
2015	早稻	05/02/2015	分蘖期	地表水	沟灌	5
2015	早稻	05/20/2015	分蘖期	地表水	沟灌	20
2015	早稻	05/25/2015	分蘖期	地表水	沟灌	15
2015	早稻	06/15/2015	拔节期	地表水	沟灌	5
2015	晚稻	07/28/2015	移栽期	地表水	沟灌	25
2015	晚稻	07/29/2015	移栽期	地表水	沟灌	20
2015	晚稻	08/12/2015	分蘖期	地表水	沟灌	10
2015	晚稻	08/22/2015	分蘖期	地表水	沟灌	5
2015	晚稻	08/24/2015	拔节期	地表水	沟灌	15
2015	晚稻	08/27/2015	拔节期	地表水	沟灌	10
2015	晚稻	08/31/2015	拔节期	地表水	沟灌	15
2015	晚稻	09/05/2015	拔节期	地表水	沟灌	25
2015	晚稻	10/25/2015	抽穗期	地表水	沟灌	10
2015	晚稻	10/30/2015	乳熟期	地表水	沟灌	5
2015	早稻	03/15/2015	播种期	地表水	沟灌	25
2015	早稻	03/16/2015	播种期	地表水	沟灌	15
2015	早稻	03/19/2015	出苗期	地表水	沟灌	10
2015	早稻	03/21/2015	出苗期	地表水	沟灌	15
2015	早稻	03/23/2015	出苗期	地表水	沟灌	15
2015	早稻	04/13/2015	移栽期	地表水	沟灌	30
2015	早稻	04/20/2015	返青期	地表水	沟灌	10
2015	早稻	04/26/2015	分蘖期	地表水	沟灌	25
2015	早稻	05/01/2015	分蘖期	地表水	沟灌	15
2015	早稻	05/04/2015	分蘖期	地表水	沟灌	25
2015	早稻	05/06/2015	分蘖期	地表水	沟灌	10
2015	早稻	05/11/2015	分蘖期	地表水	沟灌	20
2015	早稻	05/19/2015	分蘖期	地表水	沟灌	25

（续）

年份	作物名称	灌溉时间 （月/日/年）	作物生育时期	灌溉水源	灌溉方式	灌溉量（mm）
2015	早稻	05/21/2015	分蘖期	地表水	沟灌	20
2015	早稻	05/23/2015	分蘖期	地表水	沟灌	15
2015	早稻	06/01/2015	拔节期	地表水	沟灌	10
2015	早稻	06/07/2015	拔节期	地表水	沟灌	15

表 3-12　站区四调查点农田灌溉量

年份	作物名称	灌溉时间 （月/日/年）	作物生育时期	灌溉水源	灌溉方式	灌溉量（mm）
2006	早稻	04/27/2006	移栽期	地表水	漫灌	12
2006	早稻	05/16/2006	分蘖期	地表水	漫灌	9
2006	早稻	06/22/2006	抽穗期	地表水	漫灌	6
2006	晚稻	08/17/2006	移栽期	地表水	漫灌	11
2006	晚稻	08/25/2006	返青期	地表水	漫灌	8
2006	晚稻	09/20/2006	拔节期	地表水	漫灌	4
2006	晚稻	10/01/2006	抽穗期	地表水	漫灌	7
2007	早稻	04/20/2007	移栽期	地表水	漫灌	13
2007	早稻	05/04/2007	分蘖期	地表水	漫灌	7
2007	早稻	06/13/2007	抽穗期	地表水	漫灌	5
2007	晚稻	07/21/2007	移栽期	地表水	漫灌	10
2007	晚稻	07/24/2007	返青期	地表水	漫灌	7
2007	晚稻	08/27/2007	拔节期	地表水	漫灌	6
2007	晚稻	09/26/2007	抽穗期	地表水	漫灌	5
2008	早稻	04/20/2008	移栽期	地表水	漫灌	10
2008	早稻	04/22/2008	移栽期	地表水	漫灌	9
2008	早稻	04/28/2008	分蘖期	地表水	漫灌	7
2008	早稻	05/15/2008	分蘖期	地表水	漫灌	11
2008	早稻	05/30/2008	拔节期	地表水	漫灌	5
2008	早稻	06/16/2008	抽穗期	地表水	漫灌	5
2008	早稻	06/20/2008	抽穗期	地表水	漫灌	9
2008	晚稻	07/21/2008	移栽期	地表水	漫灌	10
2008	晚稻	07/26/2008	返青期	地表水	漫灌	7
2008	晚稻	08/05/2008	分蘖期	地表水	漫灌	12
2008	晚稻	08/20/2008	拔节期	地表水	漫灌	6
2008	晚稻	08/31/2008	拔节期	地表水	漫灌	8
2008	晚稻	09/19/2008	抽穗期	地表水	漫灌	5
2008	晚稻	09/27/2008	抽穗期	地表水	漫灌	11
2009	早稻	04/24/2009	移栽期	地表水	漫灌	10
2009	早稻	04/27/2009	移栽期	地表水	漫灌	9

（续）

年份	作物名称	灌溉时间 （月/日/年）	作物生育时期	灌溉水源	灌溉方式	灌溉量（mm）
2009	早稻	05/06/2009	分蘖期	地表水	漫灌	7
2009	早稻	05/29/2009	分蘖期	地表水	漫灌	11
2009	早稻	06/08/2009	拔节期	地表水	漫灌	5
2009	早稻	06/23/2009	抽穗期	地表水	漫灌	5
2009	早稻	06/29/2009	抽穗期	地表水	漫灌	9
2009	晚稻	07/18/2009	移栽期	地表水	漫灌	42
2009	晚稻	08/02/2009	返青期	地表水	漫灌	10
2009	晚稻	08/12/2009	分蘖期	地表水	漫灌	20
2009	晚稻	09/01/2009	拔节期	地表水	漫灌	34
2009	晚稻	09/15/2009	拔节期	地表水	漫灌	30
2009	晚稻	09/23/2009	抽穗期	地表水	漫灌	32
2009	晚稻	09/26/2009	抽穗期	地表水	漫灌	20
2010	早稻	04/24/2010	移栽期	地表水	漫灌	30
2010	早稻	04/29/2010	移栽期	地表水	漫灌	20
2010	早稻	05/17/2010	分蘖期	地表水	漫灌	40
2010	早稻	05/19/2010	分蘖期	地表水	漫灌	10
2010	早稻	05/25/2010	拔节期	地表水	漫灌	30
2010	早稻	06/23/2010	抽穗期	地表水	漫灌	20
2010	早稻	07/07/2010	抽穗期	地表水	漫灌	10
2010	晚稻	07/27/2010	移栽期	地表水	漫灌	50
2010	晚稻	08/05/2010	返青期	地表水	漫灌	30
2010	晚稻	08/17/2010	分蘖期	地表水	漫灌	40
2010	晚稻	08/30/2010	拔节期	地表水	漫灌	32
2010	晚稻	09/08/2010	拔节期	地表水	漫灌	30
2010	晚稻	09/22/2010	抽穗期	地表水	漫灌	20
2010	晚稻	09/30/2010	抽穗期	地表水	漫灌	20
2011	早稻	04/22/2011	移栽期	地表水	沟灌	30
2011	早稻	04/29/2011	移栽期	地表水	沟灌	10
2011	早稻	05/10/2011	分蘖期	地表水	沟灌	20
2011	早稻	05/20/2011	分蘖期	地表水	沟灌	10
2011	早稻	05/30/2011	拔节期	地表水	沟灌	30
2011	早稻	06/10/2011	拔节期	地表水	沟灌	10
2011	早稻	07/01/2011	抽穗期	地表水	沟灌	20
2011	晚稻	07/26/2011	移栽期	地表水	沟灌	50
2011	晚稻	08/04/2011	移栽期	地表水	沟灌	20
2011	晚稻	08/15/2011	分蘖期	地表水	沟灌	40
2011	晚稻	08/27/2011	分蘖期	地表水	沟灌	10
2011	晚稻	09/03/2011	拔节期	地表水	沟灌	20

（续）

年份	作物名称	灌溉时间 （月/日/年）	作物生育时期	灌溉水源	灌溉方式	灌溉量（mm）
2011	晚稻	09/10/2011	拔节期	地表水	沟灌	15
2011	晚稻	09/18/2011	拔节期	地表水	沟灌	10
2011	晚稻	09/26/2011	抽穗期	地表水	沟灌	30
2011	晚稻	10/08/2011	抽穗期	地表水	沟灌	20
2012	早稻	04/21/2012	移栽期	地表水	沟灌	40
2012	早稻	04/27/2012	移栽期	地表水	沟灌	20
2012	早稻	05/19/2012	分蘖期	地表水	沟灌	40
2012	早稻	05/28/2012	分蘖期	地表水	沟灌	20
2012	早稻	06/13/2012	拔节期	地表水	沟灌	20
2012	早稻	06/28/2012	抽穗期	地表水	沟灌	30
2012	早稻	07/10/2012	乳熟期	地表水	沟灌	30
2012	晚稻	07/26/2012	移栽期	地表水	沟灌	50
2012	晚稻	07/31/2012	移栽期	地表水	沟灌	30
2012	晚稻	08/14/2012	分蘖期	地表水	沟灌	40
2012	晚稻	08/21/2012	分蘖期	地表水	沟灌	30
2012	晚稻	08/27/2012	拔节期	地表水	沟灌	40
2012	晚稻	08/31/2012	拔节期	地表水	沟灌	30
2012	晚稻	09/09/2012	拔节期	地表水	沟灌	20
2012	晚稻	09/27/2012	抽穗期	地表水	沟灌	40
2012	晚稻	10/03/2012	乳熟期	地表水	沟灌	30
2013	早稻	04/19/2013	移栽期	地表水	沟灌	45
2013	早稻	05/07/2013	分蘖期	地表水	沟灌	35
2013	早稻	05/11/2013	分蘖期	地表水	沟灌	25
2013	早稻	05/17/2013	分蘖期	地表水	沟灌	30
2013	早稻	05/19/2013	分蘖期	地表水	沟灌	30
2013	早稻	05/23/2013	分蘖期	地表水	沟灌	25
2013	早稻	05/30/2013	拔节期	地表水	沟灌	25
2013	早稻	06/03/2013	拔节期	地表水	沟灌	15
2013	早稻	06/07/2013	拔节期	地表水	沟灌	20
2013	早稻	06/09/2013	拔节期	地表水	沟灌	25
2013	早稻	06/13/2013	拔节期	地表水	沟灌	15
2013	早稻	06/15/2013	抽穗期	地表水	沟灌	25
2013	早稻	06/19/2013	抽穗期	地表水	沟灌	20
2013	早稻	06/23/2013	抽穗期	地表水	沟灌	25
2013	早稻	06/30/2013	乳熟期	地表水	沟灌	10
2013	晚稻	07/25/2013	移栽期	地表水	沟灌	40
2013	晚稻	07/27/2013	移栽期	地表水	沟灌	35
2013	晚稻	07/29/2013	移栽期	地表水	沟灌	45

（续）

年份	作物名称	灌溉时间 （月/日/年）	作物生育时期	灌溉水源	灌溉方式	灌溉量（mm）
2013	晚稻	08/03/2013	移栽期	地表水	沟灌	35
2013	晚稻	08/07/2013	移栽期	地表水	沟灌	60
2013	晚稻	08/11/2013	移栽期	地表水	沟灌	35
2013	晚稻	08/14/2013	分蘖期	地表水	沟灌	35
2013	晚稻	08/17/2013	分蘖期	地表水	沟灌	30
2013	晚稻	08/21/2013	分蘖期	地表水	沟灌	35
2013	晚稻	08/26/2013	拔节期	地表水	沟灌	30
2013	晚稻	08/29/2013	拔节期	地表水	沟灌	45
2013	晚稻	09/07/2013	拔节期	地表水	沟灌	30
2013	晚稻	09/15/2013	拔节期	地表水	沟灌	25
2013	晚稻	09/20/2013	抽穗期	地表水	沟灌	30
2013	晚稻	09/29/2013	抽穗期	地表水	沟灌	25
2013	晚稻	10/07/2013	乳熟期	地表水	沟灌	20
2014	早稻	03/17/2014	播种期	地表水	沟灌	25
2014	早稻	03/18/2014	播种期	地表水	沟灌	15
2014	早稻	03/21/2014	出苗期	地表水	沟灌	10
2014	早稻	03/23/2014	出苗期	地表水	沟灌	15
2014	早稻	03/25/2014	出苗期	地表水	沟灌	15
2014	早稻	04/15/2014	移栽期	地表水	沟灌	30
2014	早稻	04/22/2014	返青期	地表水	沟灌	10
2014	早稻	04/28/2014	分蘖期	地表水	沟灌	25
2014	早稻	05/03/2014	分蘖期	地表水	沟灌	15
2014	早稻	05/06/2014	分蘖期	地表水	沟灌	25
2014	早稻	05/08/2014	分蘖期	地表水	沟灌	10
2014	早稻	05/12/2014	分蘖期	地表水	沟灌	20
2014	早稻	05/21/2014	分蘖期	地表水	沟灌	25
2014	早稻	05/23/2014	分蘖期	地表水	沟灌	20
2014	早稻	05/25/2014	分蘖期	地表水	沟灌	15
2014	早稻	05/29/2014	拔节期	地表水	沟灌	10
2014	早稻	06/03/2014	拔节期	地表水	沟灌	15
2014	早稻	06/05/2014	拔节期	地表水	沟灌	25
2014	早稻	06/10/2014	抽穗期	地表水	沟灌	15
2014	早稻	06/18/2014	抽穗期	地表水	沟灌	15
2014	晚稻	07/26/2014	移栽期	地表水	沟灌	10
2014	晚稻	07/27/2014	移栽期	地表水	沟灌	15
2014	晚稻	08/23/2014	分蘖期	地表水	沟灌	20
2014	晚稻	08/25/2014	分蘖期	地表水	沟灌	15
2014	晚稻	08/29/2014	分蘖期	地表水	沟灌	20

（续）

年份	作物名称	灌溉时间 （月/日/年）	作物生育时期	灌溉水源	灌溉方式	灌溉量（mm）
2014	晚稻	09/16/2014	拔节期	地表水	沟灌	20
2014	晚稻	09/19/2014	拔节期	地表水	沟灌	15
2014	晚稻	09/23/2014	拔节期	地表水	沟灌	25
2014	晚稻	09/27/2014	拔节期	地表水	沟灌	15
2014	晚稻	10/06/2014	抽穗期	地表水	沟灌	10
2014	晚稻	10/15/2014	抽穗期	地表水	沟灌	15
2014	晚稻	10/20/2014	乳熟期	地表水	沟灌	15
2015	早稻	04/12/2015	播种期	地表水	沟灌	20
2015	早稻	04/13/2015	播种期	地表水	沟灌	10
2015	早稻	04/17/2015	出苗期	地表水	沟灌	15

3.1.3　作物耕层生物量

1. 概述

本数据集包含 2005—2015 年鹰潭站 5 个长期监测样地的耕层生物量，进行作物耕层生物量数据收集，该数据集包括作物重要的生育期的根干重和所占比例，计量单位为百分比（%）。

2. 数据采集和处理方法

根系获取采用挖掘法，将用于研究的作物根系以分体的形式直接从土壤中挖出，每次 4 个重复。在取样过程中，对每一次采样点的地理位置、采样情况和采样条件做详细的定位记录。由于作物根系取样的难度较大，并且作物的主要根系多分布在表层 30 cm 范围内，因此对年际根生物量的研究仅限于耕作层根系，采样深度为 15 cm。根系取出后，将其仔细清洗后测量。

3. 数据质量控制和评估

（1）田间取样过程的质量控制。挖取过程中尽量保证耕层根系完整，样品根部洗净后用吸水纸将表面水滴吸干，然后在通风阴凉处风干，避免根系本身水分的散失。

（2）数据录入过程的质量控制。及时分析数据，检查、筛选异常值，对于明显异常数据进行补充测定。严格避免原始数据录入报表过程产生的误差。

（3）数据质量评估。将所获取的数据与各项辅助信息数据以及历史数据信息进行比较，评价数据的正确性、一致性、完整性、可比性和连续性，经过站长和数据管理员审核认定，批准上报。

4. 数据价值/数据使用方法和建议

根系支撑地上部，并为植株提供生长所需的水分和养分，作物根系是农作物产量高、品质好的保障。根系生长不良，直接制约作物地上部分的生长，而发达的根系能促进作物产量的提高，这是由于强大的根系在土壤中有助于吸收养分和水分，为作物地上部生长提供更好的基础。因此，根系生长状况的长期监测是研究作物地上部生长研究的基础。

5. 数据

旱地、水田、辅一、辅二、辅三观测场农田作物耕层生物量见表 3-13 至表 3-17。

表 3-13　旱地综合观测场农田作物耕层生物量

年份	月份	作物名称	作物生育时期	耕作层深度（cm）	根干重（g/m²）	约占总干重比例（%）
2005	5	花生	初花期	15	18.24	85

（续）

年份	月份	作物名称	作物生育时期	耕作层深度（cm）	根干重（g/m²）	约占总干重比例（%）
2005	5	花生	初花期	15	17.25	90
2005	5	花生	初花期	15	20.16	85
2005	7	花生	结荚期	15	34.17	90
2005	7	花生	结荚期	15	27.18	90
2005	7	花生	结荚期	15	33.78	90
2005	7	花生	结荚期	15	26.45	90
2005	8	花生	收获期	15	34.79	90
2005	8	花生	收获期	15	36.21	90
2005	8	花生	收获期	15	31.38	87
2005	8	花生	收获期	15	30.23	88
2006	8	花生	初花期	15	18.12	85
2006	8	花生	初花期	15	17.65	80
2006	8	花生	初花期	15	18.74	90
2006	7	花生	结荚期	15	49.17	90
2006	7	花生	结荚期	15	56.63	85
2006	7	花生	结荚期	15	26.83	85
2006	7	花生	结荚期	15	32.75	85
2006	8	花生	收获期	15	40.42	85
2006	8	花生	收获期	15	62.54	90
2006	8	花生	收获期	15	48.99	90
2006	8	花生	收获期	15	46.77	85
2007	5	花生	初花期	15	15.85	90
2007	5	花生	初花期	15	17.85	90
2007	5	花生	初花期	15	18.01	85
2007	5	花生	初花期	15	20.19	90
2007	7	花生	结荚期	15	39.05	90
2007	7	花生	结荚期	15	54.46	85
2007	7	花生	结荚期	15	31.91	85
2007	7	花生	结荚期	15	26.06	85
2007	8	花生	收获期	15	27.24	85
2007	8	花生	收获期	15	28.14	90
2007	8	花生	收获期	15	30.24	90
2007	8	花生	收获期	15	20.11	85
2008	6	花生	初花期	15	16.99	90
2008	6	花生	初花期	15	18.23	85
2008	6	花生	初花期	15	21.82	85
2008	6	花生	初花期	15	20.54	90
2008	7	花生	结荚期	15	36.45	90

（续）

年份	月份	作物名称	作物生育时期	耕作层深度（cm）	根干重（g/m²）	约占总干重比例（%）
2008	7	花生	结荚期	15	48.08	85
2008	7	花生	结荚期	15	40.56	85
2008	7	花生	结荚期	15	32.50	85
2008	8	花生	收获期	15	35.81	85
2008	8	花生	收获期	15	26.21	90
2008	8	花生	收获期	15	49.92	90
2008	8	花生	收获期	15	30.35	85
2009	5	花生	初花期	15	10.29	85
2009	5	花生	初花期	15	9.69	85
2009	5	花生	初花期	15	10.70	90
2009	5	花生	初花期	15	9.69	90
2009	7	花生	结荚期	15	23.23	90
2009	7	花生	结荚期	15	32.78	85
2009	7	花生	结荚期	15	16.83	90
2009	7	花生	结荚期	15	18.35	85
2009	8	花生	收获期	15	30.47	85
2009	8	花生	收获期	15	28.97	85
2009	8	花生	收获期	15	21.14	90
2009	8	花生	收获期	15	20.96	85
2010	6	花生	初花期	15	9.85	95
2010	6	花生	初花期	15	11.04	90
2010	6	花生	初花期	15	9.68	85
2010	6	花生	初花期	15	7.88	90
2010	7	花生	结荚期	15	28.43	85
2010	7	花生	结荚期	15	40.00	90
2010	7	花生	结荚期	15	43.05	85
2010	7	花生	结荚期	15	22.89	85
2010	8	花生	收获期	15	22.77	85
2010	8	花生	收获期	15	33.32	85
2010	8	花生	收获期	15	32.18	90
2010	8	花生	收获期	15	72.55	85
2011	5	花生	初花期	15	7.81	90
2011	5	花生	初花期	15	7.46	85
2011	5	花生	初花期	15	8.71	90
2011	5	花生	初花期	15	6.43	90
2011	6	花生	结荚期	15	13.52	85
2011	6	花生	结荚期	15	10.56	90
2011	6	花生	结荚期	15	20.14	85

（续）

年份	月份	作物名称	作物生育时期	耕作层深度（cm）	根干重（g/m²）	约占总干重比例（%）
2011	6	花生	结荚期	15	8.37	90
2011	8	花生	收获期	15	27.24	85
2011	8	花生	收获期	15	18.62	90
2011	8	花生	收获期	15	13.30	90
2011	8	花生	收获期	15	15.73	90
2012	6	花生	初花期	15	8.57	90
2012	6	花生	初花期	15	9.08	90
2012	6	花生	初花期	15	7.74	85
2012	6	花生	初花期	15	8.45	85
2012	7	花生	结荚期	15	15.48	85
2012	7	花生	结荚期	15	16.56	85
2012	7	花生	结荚期	15	14.12	85
2012	7	花生	结荚期	15	10.78	90
2012	8	花生	收获期	15	20.48	90
2012	8	花生	收获期	15	17.77	90
2012	8	花生	收获期	15	15.49	85
2012	8	花生	收获期	15	15.94	90
2013	5	花生	初花期	15	6.22	90
2013	5	花生	初花期	15	7.31	90
2013	5	花生	初花期	15	9.12	85
2013	5	花生	初花期	15	7.43	85
2013	7	花生	结荚期	15	17.22	85
2013	7	花生	结荚期	15	22.44	85
2013	7	花生	结荚期	15	29.47	85
2013	7	花生	结荚期	15	30.36	90
2013	8	花生	收获期	15	39.05	90
2013	8	花生	收获期	15	22.08	90
2013	8	花生	收获期	15	28.74	85
2013	8	花生	收获期	15	27.28	90
2014	5	花生	初花期	15	9.68	90
2014	5	花生	初花期	15	6.58	90
2014	5	花生	初花期	15	9.53	85
2014	5	花生	初花期	15	7.27	85
2014	7	花生	结荚期	15	22.58	85
2014	7	花生	结荚期	15	15.81	85
2014	7	花生	结荚期	15	25.45	85
2014	7	花生	结荚期	15	20.28	90
2014	8	花生	收获期	15	29.89	90

（续）

年份	月份	作物名称	作物生育时期	耕作层深度（cm）	根干重（g/m²）	约占总干重比例（%）
2014	8	花生	收获期	15	35.12	90
2014	8	花生	收获期	15	33.15	85
2014	8	花生	收获期	15	30.85	90
2015	6	花生	初花期	15	9.14	85
2015	6	花生	初花期	15	9.41	85
2015	6	花生	初花期	15	11.93	90
2015	6	花生	初花期	15	11.88	90
2015	7	花生	结荚期	15	22.89	90
2015	7	花生	结荚期	15	21.88	85
2015	7	花生	结荚期	15	28.06	90
2015	7	花生	结荚期	15	26.54	85
2015	8	花生	收获期	15	18.49	85
2015	8	花生	收获期	15	26.62	85
2015	8	花生	收获期	15	28.87	90
2015	8	花生	收获期	15	17.78	85

表 3 - 14 水田综合观测场农田作物耕层生物量

年份	月份	作物名称	作物生育时期	耕作层深度（cm）	根干重（g/m²）	约占总干重比例（%）
2005	9	水稻	分蘖期	20	148.78	85
2005	9	水稻	分蘖期	20	160.27	85
2005	9	水稻	分蘖期	20	132.24	85
2005	9	水稻	分蘖期	20	141.46	85
2005	10	水稻	收获期	20	111.60	87
2005	10	水稻	收获期	20	140.95	88
2005	10	水稻	收获期	20	115.50	87
2005	10	水稻	收获期	20	123.97	89
2006	7	水稻	分蘖期	20	64.11	85
2006	7	水稻	分蘖期	20	90.96	90
2006	7	水稻	分蘖期	20	28.68	90
2006	7	水稻	分蘖期	20	26.33	85
2006	9	水稻	收获期	20	202.72	90
2006	9	水稻	收获期	20	188.05	85
2006	9	水稻	收获期	20	184.32	85
2006	9	水稻	收获期	20	196.00	85
2006	9	水稻	收获期	20	123.10	90
2006	9	水稻	收获期	20	189.76	90
2007	7	水稻	分蘖期	15	36.08	85
2007	7	水稻	分蘖期	15	32.44	90

（续）

年份	月份	作物名称	作物生育时期	耕作层深度（cm）	根干重（g/m²）	约占总干重比例（%）
2007	7	水稻	分蘖期	15	47.60	90
2007	7	水稻	分蘖期	15	81.40	85
2007	7	水稻	分蘖期	15	62.64	85
2007	7	水稻	分蘖期	15	91.60	90
2007	8	水稻	拔节期	15	132.44	90
2007	8	水稻	拔节期	15	128.60	85
2007	8	水稻	拔节期	15	160.40	85
2007	8	水稻	拔节期	15	147.84	85
2007	8	水稻	拔节期	15	132.16	85
2007	8	水稻	拔节期	15	94.76	85
2007	8	水稻	抽穗期	15	158.56	90
2007	8	水稻	抽穗期	15	109.88	90
2007	8	水稻	抽穗期	15	198.52	90
2007	8	水稻	抽穗期	15	163.96	90
2007	8	水稻	抽穗期	15	148.68	90
2007	8	水稻	抽穗期	15	134.76	90
2007	9	水稻	收获期	15	85.68	90
2007	9	水稻	收获期	15	106.08	85
2007	9	水稻	收获期	15	149.36	85
2007	9	水稻	收获期	15	110.36	85
2007	9	水稻	收获期	15	108.48	90
2007	9	水稻	收获期	15	102.24	90
2008	6	水稻	移栽期	15	2.96	90
2008	6	水稻	移栽期	15	2.36	85
2008	6	水稻	移栽期	15	1.48	85
2008	6	水稻	移栽期	15	1.72	85
2008	6	水稻	移栽期	15	2.76	85
2008	6	水稻	移栽期	15	2.28	85
2008	7	水稻	分蘖期	15	63.84	85
2008	7	水稻	分蘖期	15	79.80	90
2008	7	水稻	分蘖期	15	52.72	85
2008	7	水稻	分蘖期	15	82.76	85
2008	7	水稻	分蘖期	15	57.96	85
2008	7	水稻	分蘖期	15	63.64	90
2008	8	水稻	拔节期	15	137.76	90
2008	8	水稻	拔节期	15	75.04	85
2008	8	水稻	拔节期	15	101.04	85
2008	8	水稻	拔节期	15	98.32	85

（续）

年份	月份	作物名称	作物生育时期	耕作层深度（cm）	根干重（g/m²）	约占总干重比例（%）
2008	8	水稻	拔节期	15	110.64	85
2008	8	水稻	拔节期	15	130.08	85
2008	9	水稻	抽穗期	15	182.40	90
2008	9	水稻	抽穗期	15	164.56	90
2008	9	水稻	抽穗期	15	102.52	90
2008	9	水稻	抽穗期	15	141.60	90
2008	9	水稻	抽穗期	15	152.08	90
2008	9	水稻	抽穗期	15	155.41	90
2008	9	水稻	收获期	20	151.28	90
2008	9	水稻	收获期	20	165.12	85
2008	9	水稻	收获期	20	148.48	85
2008	9	水稻	收获期	20	116.52	85
2008	9	水稻	收获期	20	125.68	90
2008	9	水稻	收获期	20	154.60	90
2009	7	中稻	移栽期	15	1.09	90
2009	7	中稻	移栽期	15	0.89	85
2009	7	中稻	移栽期	15	1.23	90
2009	7	中稻	移栽期	15	1.07	85
2009	7	中稻	移栽期	15	0.93	85
2009	7	中稻	移栽期	15	0.72	90
2009	8	中稻	分蘖期	15	37.04	85
2009	8	中稻	分蘖期	15	22.12	90
2009	8	中稻	分蘖期	15	28.76	85
2009	8	中稻	分蘖期	15	29.48	85
2009	8	中稻	分蘖期	15	25.96	90
2009	8	中稻	分蘖期	15	28.04	90
2009	8	中稻	拔节期	15	90.12	90
2009	8	中稻	拔节期	15	94.44	85
2009	8	中稻	拔节期	15	126.36	85
2009	8	中稻	拔节期	15	83.44	90
2009	8	中稻	拔节期	15	55.32	85
2009	8	中稻	拔节期	15	100.44	85
2009	9	中稻	抽穗期	15	221.04	90
2009	9	中稻	抽穗期	15	169.84	90
2009	9	中稻	抽穗期	15	178.01	85
2009	9	中稻	抽穗期	15	209.61	85
2009	9	中稻	抽穗期	15	202.82	85
2009	9	中稻	抽穗期	15	227.92	90

（续）

年份	月份	作物名称	作物生育时期	耕作层深度（cm）	根干重（g/m²）	约占总干重比例（%）
2009	10	中稻	收获期	20	123.16	90
2009	10	中稻	收获期	20	139.56	85
2009	10	中稻	收获期	20	148.92	85
2009	10	中稻	收获期	20	106.92	90
2009	10	中稻	收获期	20	148.68	90
2009	10	中稻	收获期	20	125.88	90
2010	7	中稻	移栽期	15	2.23	90
2010	7	中稻	移栽期	15	2.42	90
2010	7	中稻	移栽期	15	2.38	90
2010	7	中稻	移栽期	15	2.51	85
2010	7	中稻	移栽期	15	2.31	85
2010	7	中稻	移栽期	15	2.35	90
2010	8	中稻	分蘖期	15	34.52	85
2010	8	中稻	分蘖期	15	40.28	85
2010	8	中稻	分蘖期	15	59.64	85
2010	8	中稻	分蘖期	15	36.62	85
2010	8	中稻	分蘖期	15	33.48	85
2010	8	中稻	分蘖期	15	32.36	90
2010	8	中稻	拔节期	15	205.27	90
2010	8	中稻	拔节期	15	142.44	85
2010	8	中稻	拔节期	15	154.28	85
2010	8	中稻	拔节期	15	158.28	90
2010	8	中稻	拔节期	15	124.48	90
2010	8	中稻	拔节期	15	83.12	90
2010	9	中稻	抽穗期	15	256.60	90
2010	9	中稻	抽穗期	15	342.72	90
2010	9	中稻	抽穗期	15	159.24	85
2010	9	中稻	抽穗期	15	136.92	90
2010	9	中稻	抽穗期	15	109.48	85
2010	9	中稻	抽穗期	15	104.68	90
2010	10	中稻	收获期	15	240.68	90
2010	10	中稻	收获期	15	241.84	85
2010	10	中稻	收获期	15	208.80	90
2010	10	中稻	收获期	15	180.48	90
2010	10	中稻	收获期	15	239.72	90
2010	10	中稻	收获期	15	141.40	90
2011	6	中稻	移栽期	15	0.43	90
2011	6	中稻	移栽期	15	0.31	85

（续）

年份	月份	作物名称	作物生育时期	耕作层深度（cm）	根干重（g/m²）	约占总干重比例（%）
2011	6	中稻	移栽期	15	0.51	90
2011	6	中稻	移栽期	15	0.33	85
2011	6	中稻	移栽期	15	0.31	85
2011	6	中稻	移栽期	15	0.33	90
2011	7	中稻	分蘖期	15	33.08	90
2011	7	中稻	分蘖期	15	26.16	85
2011	7	中稻	分蘖期	15	26.72	85
2011	7	中稻	分蘖期	15	43.28	85
2011	7	中稻	分蘖期	15	47.76	85
2011	7	中稻	分蘖期	15	32.28	85
2011	8	中稻	拔节期	15	135.60	90
2011	8	中稻	拔节期	15	133.16	85
2011	8	中稻	拔节期	15	103.12	85
2011	8	中稻	拔节期	15	117.32	85
2011	8	中稻	拔节期	15	102.16	90
2011	8	中稻	拔节期	15	110.48	90
2011	8	中稻	抽穗期	15	280.04	90
2011	8	中稻	抽穗期	15	214.92	85
2011	8	中稻	抽穗期	15	207.44	85
2011	8	中稻	抽穗期	15	116.60	90
2011	8	中稻	抽穗期	15	181.08	85
2011	8	中稻	抽穗期	15	165.00	90
2011	10	中稻	收获期	15	168.80	90
2011	10	中稻	收获期	15	170.08	85
2011	10	中稻	收获期	15	157.04	90
2011	10	中稻	收获期	15	149.08	90
2011	10	中稻	收获期	15	171.68	85
2011	10	中稻	收获期	15	124.20	90
2012	7	中稻	移栽期	15	2.60	85
2012	7	中稻	移栽期	15	1.92	85
2012	7	中稻	移栽期	15	1.44	90
2012	7	中稻	移栽期	15	2.36	85
2012	7	中稻	移栽期	15	1.76	85
2012	7	中稻	移栽期	15	2.12	85
2012	8	中稻	分蘖期	15	40.68	90
2012	8	中稻	分蘖期	15	38.76	85
2012	8	中稻	分蘖期	15	29.76	90
2012	8	中稻	分蘖期	15	33.12	85

（续）

年份	月份	作物名称	作物生育时期	耕作层深度（cm）	根干重（g/m²）	约占总干重比例（%）
2012	8	中稻	分蘖期	15	42.84	90
2012	8	中稻	分蘖期	15	32.72	90
2012	8	中稻	拔节期	15	121.84	90
2012	8	中稻	拔节期	15	106.00	90
2012	8	中稻	拔节期	15	103.04	90
2012	8	中稻	拔节期	15	95.88	85
2012	8	中稻	拔节期	15	152.44	90
2012	8	中稻	拔节期	15	140.72	85
2012	9	中稻	抽穗期	15	96.04	85
2012	9	中稻	抽穗期	15	101.40	85
2012	9	中稻	抽穗期	15	89.56	85
2012	9	中稻	抽穗期	15	108.76	85
2012	9	中稻	抽穗期	15	94.16	85
2012	9	中稻	抽穗期	15	80.00	90
2012	10	中稻	收获期	15	99.60	85
2012	10	中稻	收获期	15	109.24	85
2012	10	中稻	收获期	15	104.28	85
2012	10	中稻	收获期	15	143.28	90
2012	10	中稻	收获期	15	102.68	85
2012	10	中稻	收获期	15	119.72	85
2013	6	中稻	移栽期	15	3.32	85
2013	6	中稻	移栽期	15	2.96	85
2013	6	中稻	移栽期	15	1.72	90
2013	6	中稻	移栽期	15	2.22	85
2013	6	中稻	移栽期	15	3.24	85
2013	6	中稻	移栽期	15	2.32	85
2013	7	中稻	分蘖期	15	43.76	90
2013	7	中稻	分蘖期	15	37.72	85
2013	7	中稻	分蘖期	15	52.40	90
2013	7	中稻	分蘖期	15	38.00	85
2013	7	中稻	分蘖期	15	28.76	90
2013	7	中稻	分蘖期	15	35.00	90
2013	8	中稻	拔节期	15	94.64	90
2013	8	中稻	拔节期	15	101.60	90
2013	8	中稻	拔节期	15	89.48	90
2013	8	中稻	拔节期	15	128.96	85
2013	8	中稻	拔节期	15	155.60	90
2013	8	中稻	拔节期	15	134.36	85

（续）

年份	月份	作物名称	作物生育时期	耕作层深度（cm）	根干重（g/m²）	约占总干重比例（%）
2013	9	中稻	抽穗期	15	101.00	85
2013	9	中稻	抽穗期	15	96.40	85
2013	9	中稻	抽穗期	15	128.48	85
2013	9	中稻	抽穗期	15	121.40	85
2013	9	中稻	抽穗期	15	135.48	85
2013	9	中稻	抽穗期	15	103.64	90
2013	10	中稻	收获期	15	207.16	85
2013	10	中稻	收获期	15	124.32	85
2013	10	中稻	收获期	15	124.28	85
2013	10	中稻	收获期	15	120.44	90
2013	10	中稻	收获期	15	108.96	85
2013	10	中稻	收获期	15	113.52	85
2014	7	中稻	移栽期	15	3.84	85
2014	7	中稻	移栽期	15	3.68	85
2014	7	中稻	移栽期	15	3.80	90
2014	7	中稻	移栽期	15	3.72	85
2014	7	中稻	移栽期	15	3.68	85
2014	7	中稻	移栽期	15	3.80	85
2014	8	中稻	分蘖期	15	46.72	90
2014	8	中稻	分蘖期	15	42.24	85
2014	8	中稻	分蘖期	15	42.80	90
2014	8	中稻	分蘖期	15	38.64	85
2014	8	中稻	分蘖期	15	56.44	90
2014	8	中稻	分蘖期	15	38.76	90
2014	9	中稻	拔节期	15	112.48	90
2014	9	中稻	拔节期	15	130.24	90
2014	9	中稻	拔节期	15	109.82	90
2014	9	中稻	拔节期	15	100.61	85
2014	9	中稻	拔节期	15	143.56	90
2014	9	中稻	拔节期	15	104.48	85
2014	9	中稻	抽穗期	15	229.88	85
2014	9	中稻	抽穗期	15	118.12	85
2014	9	中稻	抽穗期	15	141.48	85
2014	9	中稻	抽穗期	15	116.96	85
2014	9	中稻	抽穗期	15	135.48	85
2014	9	中稻	抽穗期	15	162.28	90
2014	10	中稻	收获期	15	122.04	85
2014	10	中稻	收获期	15	114.04	85

（续）

年份	月份	作物名称	作物生育时期	耕作层深度（cm）	根干重（g/m²）	约占总干重比例（%）
2014	10	中稻	收获期	15	154.68	85
2014	10	中稻	收获期	15	112.44	90
2014	10	中稻	收获期	15	99.04	85
2014	10	中稻	收获期	15	92.16	85
2015	6	中稻	移栽期	15	4.00	90
2015	6	中稻	移栽期	15	4.04	85
2015	6	中稻	移栽期	15	3.84	90
2015	6	中稻	移栽期	15	4.08	85
2015	6	中稻	移栽期	15	4.04	85
2015	6	中稻	移栽期	15	4.08	90
2015	7	中稻	分蘖期	15	44.60	85
2015	7	中稻	分蘖期	15	43.96	90
2015	7	中稻	分蘖期	15	46.61	85
2015	7	中稻	分蘖期	15	43.12	85
2015	7	中稻	分蘖期	15	40.48	90
2015	7	中稻	分蘖期	15	42.16	90
2015	8	中稻	拔节期	15	74.64	90
2015	8	中稻	拔节期	15	146.12	85
2015	8	中稻	拔节期	15	210.08	85
2015	8	中稻	拔节期	15	207.00	90
2015	8	中稻	拔节期	15	87.28	85
2015	8	中稻	拔节期	15	99.68	85
2015	9	中稻	抽穗期	15	208.24	90
2015	9	中稻	抽穗期	15	175.48	90
2015	9	中稻	抽穗期	15	152.24	85
2015	9	中稻	抽穗期	15	164.36	85
2015	9	中稻	抽穗期	15	164.96	85
2015	9	中稻	抽穗期	15	154.92	90
2015	10	中稻	收获期	20	98.80	90
2015	10	中稻	收获期	20	102.48	85
2015	10	中稻	收获期	20	144.64	85
2015	10	中稻	收获期	20	102.16	90
2015	10	中稻	收获期	20	103.32	90
2015	10	中稻	收获期	20	176.32	90

表 3-15 辅一观测场农田作物耕层生物量

年份	月份	作物名称	作物生育时期	耕作层深度（cm）	根干重（g/m²）	约占总干重比例（%）
2006	8	花生	收获期	15	40.43	85

（续）

年份	月份	作物名称	作物生育时期	耕作层深度（cm）	根干重（g/m²）	约占总干重比例（%）
2006	8	花生	收获期	15	52.97	85
2007	8	花生	收获期	15	23.96	85
2007	8	花生	收获期	15	25.87	85
2007	8	花生	收获期	15	24.12	85
2008	8	花生	收获期	15	41.39	85
2008	8	花生	收获期	15	32.31	85
2008	8	花生	收获期	15	39.52	85
2009	8	花生	收获期	15	36.59	90
2009	8	花生	收获期	15	48.38	85
2009	8	花生	收获期	15	72.10	85
2010	8	花生	收获期	15	31.48	90
2010	8	花生	收获期	15	36.30	85
2010	8	花生	收获期	15	40.85	90
2011	8	花生	收获期	15	31.54	90
2011	8	花生	收获期	15	26.83	85
2011	8	花生	收获期	15	44.74	90
2012	8	花生	收获期	15	26.06	85
2012	8	花生	收获期	15	39.19	90
2012	8	花生	收获期	15	34.85	85
2013	8	花生	收获期	15	35.25	85
2013	8	花生	收获期	15	40.35	90
2013	8	花生	收获期	15	40.98	85
2013	8	花生	收获期	15	35.25	85
2013	8	花生	收获期	15	40.35	90
2013	8	花生	收获期	15	40.98	85
2014	8	花生	收获期	15	29.56	85
2014	8	花生	收获期	15	26.53	90
2014	8	花生	收获期	15	36.99	85
2015	8	花生	收获期	15	27.50	90
2015	8	花生	收获期	15	26.37	85
2015	8	花生	收获期	15	25.53	85

表 3-16　辅二观测场农田作物耕层生物量

年份	月份	作物名称	作物生育时期	耕作层深度（cm）	根干重（g/m²）	约占总干重比例（%）
2006	8	花生	收获期	15	33.74	85
2006	8	花生	收获期	15	28.73	85
2007	8	花生	收获期	15	18.50	85
2007	8	花生	收获期	15	17.21	85

（续）

年份	月份	作物名称	作物生育时期	耕作层深度（cm）	根干重（g/m²）	约占总干重比例（%）
2007	8	花生	收获期	15	18.12	85
2008	8	花生	收获期	15	79.92	85
2008	8	花生	收获期	15	36.25	85
2008	8	花生	收获期	15	49.95	85
2009	8	花生	收获期	15	41.84	85
2009	8	花生	收获期	15	35.98	90
2009	8	花生	收获期	15	43.61	85
2010	8	花生	收获期	15	44.97	85
2010	8	花生	收获期	15	34.97	90
2010	8	花生	收获期	15	34.86	85
2011	8	花生	收获期	15	27.12	85
2011	8	花生	收获期	15	18.55	90
2011	8	花生	收获期	15	29.05	85
2012	8	花生	收获期	15	20.89	85
2012	8	花生	收获期	15	24.20	90
2012	8	花生	收获期	15	24.49	90
2013	8	花生	收获期	15	30.72	85
2013	8	花生	收获期	15	29.65	90
2013	8	花生	收获期	15	32.06	90
2014	8	花生	收获期	15	27.89	85
2014	8	花生	收获期	15	29.06	90
2014	8	花生	收获期	15	27.58	90
2015	8	花生	收获期	15	25.61	85
2015	8	花生	收获期	15	27.56	90
2015	8	花生	收获期	15	22.06	85

表 3-17　辅三观测场农田作物耕层生物量

年份	月份	作物名称	作物生育时期	耕作层深度（cm）	根干重（g/m²）	约占总干重比例（%）
2006	8	花生	收获期	15	17.24	90
2006	8	花生	收获期	15	25.37	90
2008	8	花生	收获期	15	27.91	90
2008	8	花生	收获期	15	42.84	90
2008	8	花生	收获期	15	48.63	85
2008	8	花生	收获期	15	15.58	85
2009	8	花生	收获期	15	36.05	90
2009	8	花生	收获期	15	44.11	90
2009	8	花生	收获期	15	32.47	85
2009	8	花生	收获期	15	32.25	85

（续）

年份	月份	作物名称	作物生育时期	耕作层深度（cm）	根干重（g/m²）	约占总干重比例（%）
2010	8	花生	收获期	15	17.79	90
2010	8	花生	收获期	15	23.84	90
2010	8	花生	收获期	15	16.03	85
2010	8	花生	收获期	15	13.81	90
2011	8	花生	收获期	15	16.21	90
2011	8	花生	收获期	15	23.84	90
2011	8	花生	收获期	15	20.41	85
2011	8	花生	收获期	15	19.39	85
2012	8	花生	收获期	15	18.58	85
2012	8	花生	收获期	15	23.36	85
2012	8	花生	收获期	15	16.25	90
2012	8	花生	收获期	15	23.61	85
2013	8	花生	收获期	15	34.23	85
2013	8	花生	收获期	15	41.47	85
2013	8	花生	收获期	15	33.37	90
2013	8	花生	收获期	15	25.50	85
2014	8	花生	收获期	15	29.33	85
2014	8	花生	收获期	15	37.75	90
2014	8	花生	收获期	15	28.00	85
2015	8	花生	收获期	15	10.82	90
2015	8	花生	收获期	15	17.27	90
2015	8	花生	收获期	15	12.69	85
2015	8	花生	收获期	15	16.86	85

3.1.4　主要作物收获期植株性状

1. 概述

本数据集包括鹰潭站 2005—2015 年 4 个花生和 3 个水稻种植长期监测样地的年尺度观测数据，其中水稻包括中稻、早-晚稻种植体系。

2. 数据采集和处理方法

根据每个观测场的设计规范，结合当年土壤取样位置相应在取样小区内同时取有代表性样品（数量根据作物不同而异），本采样区面积为 20 m×20 m，平均分为 16 个 5 m×5 m 的采样区，每次采样从 6 个采样区内取得 6 份样品，即 6 次重复。

对于选定的样株，先分别对作物群体有关的性状指标进行调查（如群体株高等），然后将各样株地上部收割并按照不同样点分别装入样品袋，保存于通风干燥处，尽快进行其他植株性状指标测定。

本数据集的观测频度为每年一次（作物收获期），在长期监测过程中，对每一次采样点的地理位置、采样情况和采样条件做详细的定位记录，并在相应的土壤或地形图上做出标识。

3. 数据质量控制和评估

（1）田间取样时，选择作物整体长势均匀的采样点，增加作物的代表性。采集的样品及时进行称重及测量，翔实记录各项数据。

（2）数据录入过程的质量控制包括筛选异常值、修正原始数据等，对于明显异常数据进行补充测定，严格避免原始数据录入报表过程中产生误差。

（3）数据质量评估，将不同年度相同指标的数据及各项数据背景信息进行比较，进一步评估数据的正确性、一致性、完整性、可比性和连续性，经过数据管理员和站长的审核认定后上报。

4. 数据价值/数据使用方法和建议

作物收获期性状是植株经济性状调查和产量构成因素分析、评估的重要依据。本数据集提供了2005—2015年红壤农田生态系统作物的株高、地上部和籽粒干重等数据，为农业科研人员掌握红壤农田主要作物产量变化情况，提供了长期稳定的监测数据。

5. 数据

旱地、水田综合观测场，辅一、辅二、辅三观测场，站区二、站区四调查点农田作物收获期植株性状数据见表3-18至表3-24。

表3-18　旱地综合观测场农田作物收获期植株性状

年份	作物生育时期	调查穴数	株高（cm）	单穴总茎数	地上部总干重（g/穴）	籽粒干重（g/穴）
2005	收获期	11	31.4	10.7	339.3	34.2
2005	收获期	12	30.8	9.8	320.5	30.0
2005	收获期	11	34.0	9.1	231.5	27.0
2005	收获期	12	31.0	10.0	303.5	28.1
2005	收获期	13	31.2	13.2	327.7	26.2
2005	收获期	12	33.0	13.7	323.3	30.0
2006	收获期	12	47.2	10.8	16.9	25.9
2006	收获期	12	46.4	10.2	21.0	17.1
2006	收获期	9	49.2	14.7	38.2	32.4
2006	收获期	8	51.6	7.6	24.0	27.9
2007	收获期	13	41.8	12.6	15.4	23.2
2007	收获期	11	51.8	14.3	21.3	31.2
2007	收获期	12	45.6	14.4	19.1	35.4
2007	收获期	12	45.4	14.5	13.7	16.7
2008	收获期	12	46.9	10.4	13.3	21.8
2008	收获期	11	48.3	11.9	21.3	27.9
2008	收获期	13	50.0	12.5	17.4	28.2
2008	收获期	13	38.8	10.1	14.5	18.3
2009	收获期	10	27.4	9.6	17.2	6.7
2009	收获期	12	25.8	9.4	12.7	12.3
2009	收获期	10	25.6	8.9	10.0	8.8
2009	收获期	11	25.6	8.9	12.4	8.7
2010	收获期	10	36.6	9.8	10.8	12.8
2010	收获期	10	37.2	8.7	9.1	13.2
2010	收获期	10	37.6	9.8	9.8	12.9
2010	收获期	8	30.6	11.0	8.6	11.6

（续）

年份	作物生育时期	调查穴数	株高（cm）	单穴总茎数	地上部总干重（g/穴）	籽粒干重（g/穴）
2011	收获期	8	40.0	12.3	25.9	22.4
2011	收获期	10	40.2	11.1	13.4	19.2
2011	收获期	8	37.4	10.1	13.0	15.3
2011	收获期	9	36.2	10.9	9.2	7.9
2012	收获期	8	31.4	14.5	11.4	19.4
2012	收获期	8	25.0	15.3	11.0	14.8
2012	收获期	7	26.6	14.3	16.9	13.7
2012	收获期	9	26.2	13.1	10.1	9.4
2013	收获期	10	29.4	9.4	19.8	16.6
2013	收获期	11	35.2	8.5	15.7	15.4
2013	收获期	10	39.2	8.0	18.9	21.3
2013	收获期	10	40.6	9.1	19.2	19.8
2014	收获期	10	36.6	11.8	18.3	14.0
2014	收获期	11	35.6	11.5	18.0	12.2
2014	收获期	12	37.6	8.9	17.3	12.5
2014	收获期	10	37.4	10.9	17.6	13.7
2015	收获期	10	37.6	11.0	9.3	10.8
2015	收获期	10	39.0	11.0	12.3	10.9
2015	收获期	12	29.0	11.3	9.7	11.0
2015	收获期	10	30.0	8.6	6.5	6.7

表 3-19　水田综合观测场农田作物收获期植株性状

年份	调查穴数	株高（cm）	单穴总茎数	单穴总穗数	每穗粒数	每穗实粒数	千粒重（g）	地上部总干重（g/穴）	籽粒干重（g/穴）
2005	16	99	9	9	125	91	28.70	46.24	24.67
2005	16	104	9	10	149	108	28.50	51.25	28.03
2005	16	102	10	10	130	94	29.48	49.29	26.83
2005	16	101	9	9	149	113	28.18	49.22	27.07
2005	16	103	10	9	148	111	29.23	51.90	27.29
2005	16	102	10	9	158	107	30.12	50.64	26.91
2006	16	108	15	15	125	110	19.04	78.09	41.94
2006	16	109	14	14	170	146	18.83	81.82	43.60
2006	16	105	15	15	163	142	19.30	81.92	42.12
2006	16	107	16	16	139	129	19.80	76.65	42.06
2006	16	109	17	17	166	150	17.38	75.63	40.75
2006	16	104	16	16	153	136	19.91	66.51	37.30
2007	16	100	18	18	140	101	19.39	76.44	41.47
2007	16	102	17	17	138	100	19.52	74.19	40.38
2007	16	101	19	19	119	93	19.86	78.37	42.06

（续）

年份	调查穴数	株高（cm）	单穴总茎数	单穴总穗数	每穗粒数	每穗实粒数	千粒重（g）	地上部总干重（g/穴）	籽粒干重（g/穴）
2007	16	102	16	16	161	131	19.31	66.86	34.40
2007	16	103	21	21	100	72	19.83	81.85	40.39
2007	16	101	18	18	126	104	19.03	74.75	38.24
2008	16	108	16	14	147	108	20.25	64.96	32.20
2008	16	111	17	15	126	96	22.40	64.20	33.01
2008	16	112	15	15	184	145	21.49	83.15	46.97
2008	16	105	16	15	147	118	22.18	66.11	35.60
2008	16	106	17	15	152	131	20.36	76.21	40.18
2008	16	106	18	16	142	112	21.95	74.04	37.46
2009	16	120	27	25	128	103	20.33	102.95	57.36
2009	16	123	23	22	124	100	20.60	87.37	49.13
2009	16	125	24	23	105	85	19.98	86.29	41.70
2009	16	125	23	22	139	118	20.42	99.05	54.52
2009	16	114	21	18	123	99	20.66	78.59	40.17
2009	16	135	24	23	130	105	20.06	92.08	51.53
2010	16	89	26	23	95	72	22.36	74.93	36.19
2010	16	81	25	22	114	88	21.59	76.58	40.18
2010	16	85	22	19	95	72	22.89	59.77	29.54
2010	16	90	25	20	99	75	22.66	65.39	32.46
2010	16	83	24	21	100	76	22.23	70.41	34.57
2010	16	86	19	16	119	92	21.86	55.68	29.52
2011	16	104	16	15	148	125	20.51	70.41	37.61
2011	16	106	19	18	164	131	19.07	89.37	46.33
2011	16	104	19	17	166	141	19.04	95.76	48.04
2011	16	106	18	15	175	137	19.27	72.89	38.63
2011	16	105	15	15	172	138	21.00	79.71	43.68
2011	16	103	15	15	165	133	19.12	76.87	38.12
2012	16	85	18	15	55	48	21.11	56.06	15.98
2012	16	84	16	15	104	88	22.07	62.36	29.91
2012	16	84	14	13	138	119	22.11	65.05	35.95
2012	16	87	19	17	140	117	22.27	91.95	45.03
2012	16	86	15	14	147	127	21.91	73.31	39.68
2012	16	88	17	13	190	170	20.89	78.30	45.63
2013	16	76	15	13	178	148	24.10	68.89	39.70
2013	16	79	15	15	125	96	19.82	60.52	31.16
2013	16	78	15	14	114	88	20.86	64.90	27.53
2013	16	80	14	12	144	111	19.26	60.10	29.77
2013	16	83	15	14	116	90	20.24	58.07	27.84

(续)

年份	调查穴数	株高（cm）	单穴总茎数	单穴总穗数	每穗粒数	每穗实粒数	千粒重（g）	地上部总干重（g/穴）	籽粒干重（g/穴）
2013	16	80	17	12	103	82	19.28	56.65	22.59
2014	16	87	16	15	101	74	20.45	49.50	25.34
2014	16	87	19	18	68	57	21.34	40.68	21.36
2014	16	89	17	16	83	65	20.78	47.11	22.18
2014	16	88	19	18	85	62	20.56	48.25	24.54
2014	16	88	17	16	92	72	21.02	44.69	23.19
2014	16	85	18	17	60	47	20.56	35.87	15.56
2015	16	87	18	18	112	85	19.89	59.81	31.67
2015	16	89	17	16	102	86	21.17	57.08	29.05
2015	16	89	14	13	177	140	20.51	73.35	39.60
2015	16	89	17	16	89	68	21.29	54.08	25.70
2015	16	88	20	18	107	81	20.11	61.28	31.52
2015	16	88	17	17	94	78	21.03	54.23	28.08

表 3 - 20　辅一观测场农田作物收获期植株性状

年份	作物生育时期	调查穴数	株高（cm）	单穴总茎数	地上部总干重（g/穴）	籽粒干重（g/穴）
2005	收获期	11	38.0	9.7	232.4	31.1
2005	收获期	9	40.4	13.8	315.2	49.3
2005	收获期	9	49.2	14.0	455.2	53.1
2005	收获期	10	42.4	13.9	444.2	44.5
2006	收获期	9	47.4	12.5	19.2	35.5
2006	收获期	9	49.3	11.8	20.5	42.2
2006	收获期	9	48.7	12.1	20.4	41.5
2007	收获期	10	45.8	11.2	25.1	45.4
2007	收获期	10	46.0	10.5	21.0	37.4
2007	收获期	10	46.1	11.1	24.2	41.6
2008	收获期	11	46.8	14.8	22.4	37.3
2008	收获期	10	54.8	15.9	20.1	45.4
2008	收获期	10	52.8	13.9	25.2	44.2
2009	收获期	12	30.8	11.2	10.4	19.2
2009	收获期	11	31.8	11.9	18.4	30.7
2009	收获期	12	35.8	13.5	17.8	34.5
2010	收获期	10	44.6	13.6	12.0	25.8
2010	收获期	12	44.4	12.6	15.6	24.1
2010	收获期	11	44.4	10.1	12.3	18.8
2011	收获期	10	44.4	12.5	24.2	28.6
2011	收获期	9	49.6	11.1	22.4	26.4
2011	收获期	10	38.2	12.6	25.4	33.8

（续）

年份	作物生育时期	调查穴数	株高（cm）	单穴总茎数	地上部总干重（g/穴）	籽粒干重（g/穴）
2012	收获期	11	33.0	10.1	9.2	13.0
2012	收获期	12	33.0	8.0	9.5	17.8
2012	收获期	11	28.6	9.0	12.5	17.3
2013	收获期	11	36.8	10.2	17.8	25.9
2013	收获期	10	38.2	13.7	26.4	34.3
2013	收获期	11	39.8	12.4	23.8	26.6
2014	收获期	10	49.0	12.6	17.3	23.6
2014	收获期	10	44.0	13.2	18.9	23.8
2014	收获期	11	41.6	12.4	22.4	21.6
2015	收获期	10	34.0	13.5	6.7	13.3
2015	收获期	10	38.0	13.0	9.1	8.5
2015	收获期	10	41.0	12.1	7.7	15.4

表3-21　辅二观测场农田作物收获期植株性状

年份	作物生育时期	调查穴数	株高（cm）	单穴总茎数	地上部总干重（g/穴）	籽粒干重（g/穴）
2005	收获期	9	39.8	12.3	295.2	41.3
2005	收获期	10	37.8	11.8	285.6	42.6
2005	收获期	12	31.6	10.2	393.5	36.1
2005	收获期	11	35.7	11.6	292.8	36.2
2006	收获期	10	47.2	11.1	13.2	31.4
2006	收获期	9	49.2	12.3	10.8	34.7
2006	收获期	9	48.2	11.9	13.5	34.8
2007	收获期	10	44.0	11.8	16.5	32.7
2007	收获期	10	47.2	10.4	20.8	39.4
2007	收获期	10	45.6	11.3	19.8	36.6
2008	收获期	10	45.4	14.2	21.7	40.2
2008	收获期	11	48.2	11.9	19.3	35.1
2008	收获期	11	47.4	11.6	15.4	32.3
2009	收获期	11	34.8	11.0	13.2	24.4
2009	收获期	11	36.8	9.6	9.0	24.7
2009	收获期	11	35.0	9.6	17.5	26.4
2010	收获期	12	44.2	9.4	13.6	21.1
2010	收获期	11	44.6	10.4	11.7	21.1
2010	收获期	11	43.8	13.1	13.1	23.4
2011	收获期	10	42.8	11.3	17.0	32.1
2011	收获期	9	40.6	9.8	17.3	24.5
2011	收获期	10	45.4	10.3	17.6	24.5
2012	收获期	10	34.8	9.5	13.5	19.1

（续）

年份	作物生育时期	调查穴数	株高（cm）	单穴总茎数	地上部总干重（g/穴）	籽粒干重（g/穴）
2012	收获期	10	32.6	10.5	13.1	17.1
2012	收获期	10	35.4	10.0	10.2	18.5
2013	收获期	11	39.6	12.2	19.8	27.5
2013	收获期	10	41.4	12.4	21.1	32.3
2013	收获期	10	36.6	11.2	19.8	26.8
2014	收获期	11	40.2	10.0	15.2	16.0
2014	收获期	11	42.0	10.5	15.0	13.7
2014	收获期	12	39.6	9.8	15.6	11.9
2015	收获期	10	38.0	9.3	7.1	11.5
2015	收获期	10	37.0	12.5	9.7	12.9
2015	收获期	10	39.0	9.2	5.0	11.1

表 3-22　辅三观测场农田作物收获期植株性状

年份	作物生育时期	调查穴数	株高（cm）	单穴总茎数	地上部总干重（g/穴）	籽粒干重（g/穴）
2005	收获期	8	31.4	7.0	236.4	15.1
2005	收获期	10	25.4	5.2	246.5	10.9
2005	收获期	11	26.2	5.2	278.8	12.1
2005	收获期	10	25.2	6.3	233.5	12.8
2006	收获期	6	36.8	5.7	10.1	16.2
2006	收获期	10	36.2	4.9	8.3	13.6
2006	收获期	10	36.1	3.7	7.8	12.3
2008	收获期	11	41.2	10.4	21.9	36.3
2008	收获期	12	37.1	9.9	18.9	33.4
2008	收获期	11	38.0	9.5	19.8	34.8
2008	收获期	8	42.0	9.1	22.7	32.7
2009	收获期	12	27.4	9.2	9.7	20.8
2009	收获期	11	30.6	10.4	15.8	21.1
2009	收获期	12	34.4	10.1	10.4	25.9
2009	收获期	12	31.8	9.2	12.0	25.3
2010	收获期	10	34.4	6.9	4.7	11.7
2010	收获期	10	33.8	8.0	6.4	15.4
2010	收获期	10	34.0	8.5	9.5	16.0
2010	收获期	10	33.6	6.9	6.7	12.7
2011	收获期	10	50.8	8.0	11.6	22.5
2011	收获期	9	51.0	12.1	12.9	21.6
2011	收获期	10	51.4	11.1	15.7	21.6
2011	收获期	10	43.4	9.1	11.6	21.5
2012	收获期	10	40.8	8.7	8.6	20.1

（续）

年份	作物生育时期	调查穴数	株高（cm）	单穴总茎数	地上部总干重（g/穴）	籽粒干重（g/穴）
2012	收获期	10	36.4	9.3	8.2	18.5
2012	收获期	9	37.0	7.6	10.4	19.1
2012	收获期	9	38.0	9.1	9.0	21.0
2013	收获期	10	36.4	8.0	22.7	21.2
2013	收获期	10	37.0	8.9	25.1	23.8
2013	收获期	10	34.8	6.8	21.9	20.6
2013	收获期	10	35.6	6.5	21.9	21.6
2014	收获期	10	39.4	7.7	16.5	24.6
2014	收获期	12	40.6	7.1	14.6	20.8
2014	收获期	12	43.0	8.9	14.9	20.6
2014	收获期	12	44.8	9.3	14.5	20.5
2015	收获期	10	26.0	7.3	5.3	14.4
2015	收获期	10	33.0	9.0	3.5	10.4
2015	收获期	10	38.0	9.0	4.8	11.9
2015	收获期	10	38.0	8.0	4.2	12.2

表 3 - 23　站区二调查点农田作物收获期植株性状

年份	调查穴数	株高（cm）	单穴总茎数	单穴总穗数	每穗粒数	每穗实粒数	千粒重（g）	地上部总干重（g/穴）	籽粒干重（g/穴）
2006	16	95	15	15	93	80	29.07	64.54	36.15
2006	16	94	17	17	97	82	29.69	62.60	33.52
2006	16	100	13	13	100	82	29.70	65.33	37.13
2006	16	94	11	11	109	87	29.20	62.17	34.29
2006	16	85	20	20	104	80	21.80	83.06	33.67
2007	16	85	16	16	108	92	22.64	54.81	33.81
2007	16	87	16	16	103	88	22.70	53.36	33.67
2007	16	94	16	16	135	110	23.04	55.02	36.05
2007	16	100	24	24	87	67	20.18	71.82	34.27
2007	16	100	25	25	88	67	20.23	72.43	35.02
2007	16	101	24	24	87	68	20.52	72.01	34.78
2008	16	96	16	15	188	177	20.78	61.02	38.39
2008	16	91	16	16	175	165	19.22	59.11	40.22
2008	16	87	16	14	169	158	21.02	62.03	35.75
2009	25	79	15	13	79	53	25.21	42.98	18.15
2009	25	76	17	14	75	52	23.10	40.56	17.98
2009	25	81	16	13	78	50	24.80	43.04	18.01
2009	24	104	15	13	145	120	21.75	64.96	30.79
2010	28	95	16	15	87	69	24.61	46.69	27.42
2010	28	93	17	15	118	63	20.29	61.42	18.90

（续）

年份	调查穴数	株高（cm）	单穴总茎数	单穴总穗数	每穗粒数	每穗实粒数	千粒重（g）	地上部总干重（g/穴）	籽粒干重（g/穴）
2011	44	98	10	7	82	69	26.72	24.92	13.44
2011	44	98	13	11	102	83	23.59	35.31	20.29
2011	44	98	11	10	97	85	23.40	31.63	18.54
2011	16	104	24	20	125	111	23.69	48.90	31.48
2011	16	99	21	19	98	82	23.78	50.26	24.54
2011	16	96	15	14	97	79	23.97	70.61	25.03
2012	45	78	14	11	97	71	25.52	33.59	20.36
2012	45	78	13	9	127	84	23.83	32.61	18.29
2012	45	77	11	9	125	101	22.74	36.46	22.23
2012	16	80	18	18	80	72	24.48	59.89	32.40
2012	16	81	18	17	76	68	25.26	57.40	30.71
2012	16	83	18	17	105	84	24.49	64.83	35.28
2013	16	77	29	23	82	50	18.18	73.76	31.73
2013	16	77	31	23	109	62	18.82	88.07	40.49
2013	16	77	23	20	98	69	16.59	64.66	33.28
2014	16	82	24	14	117	105	27.73	64.47	32.79
2014	16	83	25	15	112	100	26.82	65.58	33.26
2014	16	82	24	14	116	102	27.11	64.55	32.96
2014	16	71	17	15	82	61	21.40	44.43	20.72
2014	16	71	20	18	89	62	22.02	50.32	25.54
2014	16	73	19	18	99	72	21.95	58.97	29.56
2015	16	83	28	27	79	50	19.50	80.18	34.11
2015	16	79	30	29	89	62	20.20	88.31	35.80
2015	16	86	28	27	90	61	18.70	81.05	32.97
2015	16	75	16	15	64	55	24.11	44.69	24.30
2015	16	75	16	14	69	58	23.25	42.47	22.14
2015	16	76	14	14	71	63	24.01	45.89	24.06

表 3-24　站区四调查点农田作物收获期植株性状

年份	调查穴数	株高（cm）	单穴总茎数	单穴总穗数	每穗粒数	每穗实粒数	千粒重（g）	地上部总干重（g/穴）	籽粒干重（g/穴）
2006	16	88	13	13	117	69	27.90	52.03	28.34
2006	16	91	12	12	124	85	27.20	52.29	28.45
2006	16	86	14	14	106	74	27.15	56.20	27.25
2006	16	93	14	14	101	62	27.35	53.92	28.96
2006	16	97	20	20	69	57	27.07	99.40	28.45
2007	30	92	8	8	91	85	26.58	26.68	16.34
2007	30	95	10	10	108	102	25.62	27.92	17.11

（续）

年份	调查穴数	株高（cm）	单穴总茎数	单穴总穗数	每穗粒数	每穗实粒数	千粒重（g）	地上部总干重（g/穴）	籽粒干重（g/穴）
2007	30	101	8	8	98	87	25.74	25.61	15.23
2007	17	97	15	15	61	51	23.26	48.62	19.02
2007	17	97	15	15	62	53	23.27	48.98	20.12
2007	17	98	16	16	60	52	23.46	50.01	19.00
2008	33	91	18	16	157	109	23.30	33.17	15.53
2008	33	99	16	15	141	99	22.55	34.57	17.23
2008	33	87	18	17	136	97	21.06	28.46	14.98
2008	16	104	21	18	135	106	24.98	75.97	45.50
2008	16	109	22	19	92	80	27.03	75.75	39.05
2009	31	83	17	12	68	52	26.02	36.10	17.11
2009	31	81	17	12	67	53	23.07	35.36	16.27
2009	31	85	18	13	67	52	26.78	37.01	17.61
2009	16	110	17	19	117	91	28.30	64.19	33.48
2010	28	77	18	16	98	77	24.23	49.58	32.90
2010	28	91	19	17	110	59	21.53	70.20	20.11
2011	27	103	12	12	103	79	27.21	42.33	24.43
2011	27	104	14	13	96	82	24.87	46.91	25.05
2011	27	104	14	12	98	84	26.10	46.12	26.42
2011	16	114	16	16	96	80	27.40	71.80	45.83
2011	16	117	17	17	89	75	27.83	60.22	32.52
2011	16	118	15	15	114	95	28.48	65.36	37.65
2012	35	66	13	11	100	91	26.24	42.90	25.65
2012	35	67	12	11	65	53	28.72	40.50	24.34
2012	35	66	15	13	74	63	27.51	35.50	20.50
2012	16	61	18	15	95	75	21.15	51.35	25.90
2012	16	62	17	14	94	71	22.35	47.20	23.40
2012	16	61	19	16	94	79	20.96	54.79	27.41
2013	16	86	19	16	141	118	19.87	58.89	33.04
2013	16	85	24	22	118	85	22.57	73.53	40.51
2013	16	84	30	25	136	106	28.98	90.10	53.37
2013	16	73	23	19	126	90	21.56	74.52	40.85
2013	16	72	22	18	133	91	21.03	75.15	41.18
2013	16	73	22	18	139	106	21.52	80.26	42.95
2014	16	72	21	19	94	83	25.61	67.78	32.93
2014	16	71	22	20	93	82	26.01	69.18	33.34
2014	16	72	22	19	95	83	25.82	68.23	33.11
2014	16	69	17	16	85	62	20.69	44.68	21.64
2014	16	68	18	17	81	60	21.03	47.87	23.42

（续）

年份	调查穴数	株高（cm）	单穴总茎数	单穴总穗数	每穗粒数	每穗实粒数	千粒重（g）	地上部总干重（g/穴）	籽粒干重（g/穴）
2014	16	68	19	18	85	63	20.12	50.75	25.28
2015	16	78	23	25	121	91	21.23	79.07	36.45
2015	16	81	25	24	115	86	20.60	89.10	40.16
2015	16	85	25	24	130	99	20.00	93.91	44.25
2015	16	85	17	15	93	67	22.36	50.33	21.86
2015	16	86	22	20	88	69	21.78	69.99	27.94
2015	16	89	18	16	83	67	23.21	50.84	24.80

3.1.5　作物收获期测产

1. 概述

本数据集包括鹰潭站 2005—2015 年的 9 个长期监测样地的年尺度观测数据，主要种植作物为花生和水稻。

2. 数据采集和处理方法

根据每个观测场的设计规范，结合当年土壤取样位置相应在取样小区内同时取有代表性样品（数量根据作物不同而异），本采样区面积为 20 m×20 m，平均分为 16 个 5 m×5 m 的采样区，每次采样从 6 个采样区内取得 6 份样品，即 6 次重复。对于选定的样株，先分别对作物群体有关的性状指标进行调查（如群体株高等），然后将各样株地上部收割并按照不同样点分别装入样品袋，保存于通风、干燥处，尽快进行其他植株性状指标测定。

3. 数据质量控制和评估

（1）田间取样时，选择作物整体长势均匀的采样点，增加作物的代表性。采集的样品及时进行称重及测量，翔实记录各项数据。

（2）数据录入过程的质量控制包括筛选异常值、修正原始数据等，对于明显异常数据进行补充测定，严格避免原始数据录入报表过程中产生的误差。

（3）数据质量评估，将不同年度相同指标的数据及各项数据背景信息进行比较，进一步评估数据的正确性、一致性、完整性、可比性和连续性，经过数据管理员和站长的审核认定后上报。

4. 数据价值/数据使用方法和建议

为了应对国家粮食生产问题，基础农田监测技术将成为有力保障。通过长期农田作物测产指标的监测，掌握红壤地区农田主要作物的生长情况和粮食产量变化情况，有利于农业生产的可持续发展。收获期作物的产量是作物对环境中的光、温、水、肥有效利用状况的最直观体现。对长时间尺度（10年以上）的相关作物产量研究，为探讨红壤农田系统主要作物收获期产量及其他植株性状提供了原始的监测数据。

5. 数据

旱地和水田综合观测场、辅一至辅三观测场、站区一至站区四观查点农田作物收获期测产数据见表 3-25 至表 3-33。

表 3-25　旱地综合观测场农田作物收获期测产

年份	调查穴数	测产样方面积（m×m）	株高（cm）	单穴总穗数	地上部总干重（g/m²）	单产（kg/hm²）
2005	11	1×1	31	11	339.32	3 761

（续）

年份	调查穴数	测产样方面积 （m×m）	株高（cm）	单穴总穗数	地上部总干 重（g/m²）	单产 （kg/hm²）
2005	12	1×1	31	10	320.50	3 598
2005	11	1×1	34	9	231.45	2 969
2005	12	1×1	31	10	303.53	3 377
2005	13	1×1	31	13	327.68	3 404
2005	12	1×1	33	14	323.25	3 604
2006	12	1×1	47	11	16.92	3 105
2006	12	1×1	46	10	21.04	2 057
2006	9	1×1	49	15	38.16	2 919
2006	8	1×1	52	8	23.99	2 229
2007	13	1×1	42	13	200.31	3 516
2007	11	1×1	52	14	233.76	3 954
2007	12	1×1	46	14	229.67	4 410
2007	12	1×1	45	15	164.47	2 310
2008	12	1×1	47	10	159.88	2 872
2008	11	1×1	48	12	234.52	3 488
2008	13	1×1	50	13	225.51	4 026
2008	13	1×1	39	10	188.33	2 634
2009	10	1×1	27	11	171.59	702
2009	12	1×1	26	9	152.32	1 521
2009	10	1×1	26	9	100.24	907
2009	11	1×1	26	9	136.52	1 006
2010	10	1×1	37	10	107.73	1 326
2010	10	1×1	37	9	91.12	1 398
2010	10	1×1	38	10	97.94	1 389
2010	8	1×1	31	14	69.08	937
2011	8	1×1	40	12	207.06	1 993
2011	10	1×1	40	11	134.07	2 019
2011	8	1×1	37	10	104.14	1 324
2011	9	1×1	36	11	83.12	789
2012	8	1×1	31	15	91.73	1 666
2012	8	1×1	25	15	87.62	1 242
2012	7	1×1	27	14	118.45	1 069
2012	9	1×1	26	13	90.53	882
2013	10	1×1	29	9	198.21	1 730
2013	11	1×1	35	8	172.93	1 800
2013	10	1×1	39	8	189.41	2 220
2013	10	1×1	41	9	192.34	2 060
2014	10	1×1	37	12	183.01	1 439

（续）

年份	调查穴数	测产样方面积（m×m）	株高（cm）	单穴总穗数	地上部总干重（g/m²）	单产（kg/hm²）
2014	11	1×1	36	11	197.87	1 392
2014	12	1×1	38	9	208.02	1 550
2014	10	1×1	37	11	176.42	1 412
2015	10	1×1	38	11	93.34	1 075
2015	10	1×1	39	11	123.34	1 088
2015	12	1×1	29	11	116.91	1 320
2015	10	1×1	30	9	64.47	665

表 3-26　水田综合观测场农田作物收获期测产

年份	调查穴数	测产样方面积（m×m）	株高（cm）	单穴总穗数	地上部总干重（g/m²）	单产（kg/hm²）
2005	16	1×1	99	9	739.80	3 947
2005	16	1×1	104	10	820.00	4 484
2005	16	1×1	102	10	788.60	4 292
2005	16	1×1	101	9	787.59	4 331
2005	16	1×1	103	9	830.45	4 366
2005	16	1×1	102	9	810.24	4 305
2006	16	1×1	105	15	1 310.67	6 739
2006	16	1×1	107	16	1 226.32	6 730
2006	16	1×1	109	17	1 210.08	6 520
2006	16	1×1	104	16	1 064.16	5 968
2007	16	1×1	100	18	1 222.96	7 463
2007	16	1×1	102	17	1 187.04	7 081
2007	16	1×1	101	19	1 253.88	7 489
2007	16	1×1	102	16	1 069.72	6 222
2007	16	1×1	103	21	1 309.60	7 166
2007	16	1×1	101	18	1 195.92	6 826
2008	16	1×1	108	14	1 039.36	5 665
2008	16	1×1	111	15	1 027.16	5 799
2008	16	1×1	112	15	1 330.32	8 144
2008	16	1×1	105	15	1 057.76	6 190
2008	16	1×1	106	15	1 219.28	6 876
2008	16	1×1	106	16	1 184.72	6 486
2009	16	1×1	112	25	1 647.12	9 761
2009	16	1×1	108	22	1 397.88	8 432
2009	16	1×1	115	23	1 380.68	7 196
2009	16	1×1	115	22	1 584.84	9 391
2009	16	1×1	108	18	1 257.44	6 956

（续）

年份	调查穴数	测产样方面积（m×m）	株高（cm）	单穴总穗数	地上部总干重（g/m²）	单产（kg/hm²）
2009	16	1×1	120	23	1 473.28	8 859
2010	16	1×1	89	23	1 198.92	6 666
2010	16	1×1	81	22	1 225.24	7 154
2010	16	1×1	85	19	956.28	5 310
2010	16	1×1	90	20	1 046.16	5 753
2010	16	1×1	83	21	1 126.60	6 170
2010	16	1×1	86	16	890.84	5 343
2011	16	1×1	104	15	1 126.52	6 301
2011	16	1×1	106	18	1 429.84	7 783
2011	16	1×1	104	17	1 532.12	8 002
2011	16	1×1	106	15	1 166.28	6 453
2011	16	1×1	105	15	1 275.28	7 306
2011	16	1×1	103	15	1 229.84	6 388
2012	16	1×1	85	15	897.04	2 702
2012	16	1×1	84	15	997.84	4 990
2012	16	1×1	84	13	1 040.80	5 987
2012	16	1×1	87	17	1 471.28	7 550
2012	16	1×1	86	14	1 172.88	6 686
2012	16	1×1	88	13	1 252.84	7 719
2013	16	1×1	76	13	1 102.20	6 700
2013	16	1×1	79	15	968.32	5 400
2013	16	1×1	78	14	1 038.44	4 820
2013	16	1×1	80	12	961.63	5 270
2013	16	1×1	83	14	929.12	4 900
2013	16	1×1	80	12	906.44	3 720
2014	16	1×1	87	15	791.92	4 312
2014	16	1×1	87	18	650.88	3 400
2014	16	1×1	89	16	753.72	3 800
2014	16	1×1	88	18	772.04	4 160
2014	16	1×1	88	16	714.96	3 920
2014	16	1×1	85	17	573.92	2 720
2015	16	1×1	87	18	956.92	5 066
2015	16	1×1	89	16	913.24	4 648
2015	16	1×1	89	13	1 173.56	6 336
2015	16	1×1	89	16	865.24	4 112
2015	16	1×1	88	18	980.44	5 043
2015	16	1×1	88	17	867.64	4 493

表 3 - 27　辅一观测场农田作物收获期测产

年份	调查穴数	测产样方面积 （m×m）	株高（cm）	单穴总穗数	地上部总干 重（g/m²）	单产 （kg/hm²）
2005	11	1×1	38	10	232.41	3 424
2005	9	1×1	40	14	315.23	4 433
2005	9	1×1	49	14	455.17	4 777
2005	10	1×1	42	14	444.24	4 455
2006	9	1×1	47	13	19.20	3 198
2006	9	1×1	49	12	20.46	3 802
2006	9	1×1	49	12	20.42	3 733
2007	10	1×1	46	11	250.96	4 788
2007	10	1×1	46	11	210.23	4 296
2007	10	1×1	46	11	242.31	4 620
2008	11	1×1	47	15	246.04	4 457
2008	10	1×1	55	16	200.70	5 124
2008	10	1×1	53	14	251.74	4 831
2009	12	1×1	31	11	146.00	2 369
2009	11	1×1	32	12	202.67	3 534
2009	12	1×1	36	14	213.22	4 362
2010	10	1×1	45	14	119.85	2 602
2010	12	1×1	44	13	187.21	2 890
2010	11	1×1	44	10	135.04	2 168
2011	10	1×1	44	13	242.39	3 026
2011	9	1×1	50	11	201.25	2 566
2011	10	1×1	38	13	253.72	3 716
2012	11	1×1	33	10	101.17	1 564
2012	12	1×1	33	8	113.78	2 474
2012	11	1×1	29	9	137.24	2 171
2013	11	1×1	37	10	195.96	2 990
2013	10	1×1	38	14	263.85	3 590
2013	11	1×1	40	12	261.72	3 040
2014	10	1×1	49	13	172.82	2 530
2014	10	1×1	44	13	188.87	2 596
2014	11	1×1	42	12	246.73	2 539
2015	10	1×1	34	14	107.81	1 335
2015	10	1×1	38	13	146.03	852
2015	10	1×1	41	12	123.55	1 538

表 3-28　辅二观测场农田作物收获期测产

年份	调查穴数	测产样方面积 （m×m）	株高（cm）	单穴总穗数	地上部总干 重（g/m²）	单产 （kg/hm²）
2005	9	1×1	40	12	295.16	3 720
2005	10	1×1	38	12	285.58	4 264
2005	12	1×1	32	10	393.45	4 328
2005	11	1×1	36	12	292.76	3 987
2006	10	1×1	47	11	13.23	3 141
2006	9	1×1	49	12	10.85	3 124
2006	9	1×1	48	12	13.47	3 130
2007	10	1×1	44	12	165.43	3 270
2007	11	1×1	47	10	207.95	4 182
2007	12	1×1	46	11	197.81	3 984
2008	10	1×1	45	14	217.08	4 327
2008	11	1×1	48	12	212.44	4 435
2008	11	1×1	47	12	169.10	3 799
2009	11	1×1	35	11	145.72	2 933
2009	11	1×1	37	10	98.84	2 818
2009	11	1×1	35	10	192.34	2 991
2010	12	1×1	44	9	162.84	2 791
2010	11	1×1	45	10	128.88	2 440
2010	11	1×1	44	13	144.27	2 572
2011	10	1×1	43	11	169.91	3 399
2011	9	1×1	41	10	155.58	2 375
2011	10	1×1	45	10	175.76	2 604
2012	10	1×1	35	10	134.71	2 167
2012	10	1×1	33	11	130.47	1 990
2012	10	1×1	35	10	102.37	1 959
2013	11	1×1	40	12	217.95	3 140
2013	10	1×1	41	12	210.96	3 350
2013	10	1×1	37	11	198.17	2 780
2014	11	1×1	40	10	166.71	1 852
2014	11	1×1	42	10	165.44	1 570
2014	12	1×1	40	10	186.82	1 486
2015	10	1×1	38	9	113.88	1 151
2015	10	1×1	37	13	155.47	1 291
2015	10	1×1	39	9	99.24	1 115

表 3 - 29　辅三观测场农田作物收获期测产

年份	调查穴数	测产样方面积（m×m）	株高（cm）	单穴总穗数	地上部总干重（g/m²）	单产（kg/hm²）
2005	8	1×1	31	7	236.37	1 210
2005	10	1×1	25	5	246.48	1 090
2005	11	1×1	26	5	278.80	1 335
2005	10	1×1	25	6	233.51	1 276
2006	6	1×1	37	6	10.14	971
2006	10	1×1	36	5	8.32	1 355
2006	10	1×1	36	4	7.77	1 231
2008	11	1×1	41	10	241.15	4 369
2008	12	1×1	37	10	226.75	4 469
2008	11	1×1	38	10	217.48	4 165
2008	8	1×1	42	9	181.18	2 804
2009	12	1×1	27	9	116.79	2 597
2009	11	1×1	31	10	174.12	2 407
2009	12	1×1	34	10	124.38	3 249
2009	12	1×1	32	9	144.45	3 098
2010	10	1×1	34	7	47.18	1 284
2010	10	1×1	34	8	64.43	1 660
2010	10	1×1	34	9	95.43	1 757
2010	10	1×1	34	7	67.40	1 309
2011	10	1×1	51	8	116.49	2 418
2011	9	1×1	51	12	116.45	2 056
2011	10	1×1	51	11	157.43	2 380
2011	10	1×1	43	9	116.34	2 258
2012	10	1×1	41	9	86.03	2 158
2012	10	1×1	36	9	81.91	2 116
2012	9	1×1	37	8	93.26	1 889
2012	9	1×1	38	8	81.04	2 138
2013	10	1×1	36	8	226.61	2 250
2013	10	1×1	37	9	251.12	2 540
2013	10	1×1	35	7	219.29	2 170
2013	10	1×1	36	7	219.32	2 270
2014	10	1×1	39	8	164.78	2 524
2014	12	1×1	41	7	175.57	2 553
2014	12	1×1	43	9	178.66	2 531
2014	12	1×1	45	9	174.42	2 529
2015	10	1×1	26	7	85.28	1 435
2015	10	1×1	33	9	56.37	1 035
2015	10	1×1	38	9	76.37	1 188
2015	10	1×1	38	8	67.91	1 221

表 3-30　站区一调查点农田作物收获期测产

年份	样地代码	作物名称	测产样方面积（m×m）	单产（kg/hm²）
2005	YTAZQ01ABO_01	花生	1×1	3 113
2006	YTAZQ01ABO_01	花生	1×1	2 850
2007	YTAZQ01ABO_01	花生	1×1	750
2008	YTAZQ01ABO_01	花生	1×1	3 450
2009	YTAZQ01ABO_01	花生	1×1	3 146
2010	YTAZQ01ABO_01	花生	1×1	3 150
2011	YTAZQ01ABO_01	花生	1×1	3 240
2012	YTAZQ01ABO_01	花生	1×1	2 156
2013	YTAZQ01ABO_01	花生	1×1	3 230
2014	YTAZQ01ABO_01	花生	1×1	2 440
2015	YTAZQ01ABO_01	花生	1×1	1 197

表 3-31　站区二调查点农田作物收获期测产

年份	调查穴数	测产样方面积（m×m）	株高（cm）	单穴总穗数	地上部总干重（g/m²）	单产（kg/hm²）
2006	16	1×1	95	15	1 032.58	5 783
2006	16	1×1	94	17	1 001.57	5 363
2006	16	1×1	100	13	1 045.28	5 941
2006	16	1×1	94	11	994.72	5 486
2006	16	1×1	85	20	1 328.93	5 387
2007	13	1×1	85	16	876.96	6 020
2007	14	1×1	87	16	853.76	5 993
2007	15	1×1	94	16	880.32	6 018
2007	16	1×1	100	24	1 149.12	6 809
2007	17	1×1	100	25	1 158.88	6 901
2007	18	1×1	101	24	1 152.16	6 795
2008	16	1×1	96	15	976.33	6 320
2008	16	1×1	91	16	945.76	6 610
2008	16	1×1	87	14	992.48	5 900
2009	25	1×1	79	13	1 074.50	4 686
2009	25	1×1	76	14	1 014.00	4 090
2009	25	1×1	81	13	1 076.00	4 710
2009	24	1×1	104	13	1 559.04	8 225
2010	28	1×1	95	15	1 307.32	8 371
2010	28	1×1	93	15	1 719.76	6 074
2011	44	1×1	98	7	1 096.48	6 326
2011	44	1×1	98	11	1 553.64	9 428
2011	44	1×1	98	10	1 391.72	8 674
2011	16	1×1	104	20	782.40	6 850

（续）

年份	调查穴数	测产样方面积（m×m）	株高（cm）	单穴总穗数	地上部总干重（g/m²）	单产（kg/hm²）
2011	16	1×1	99	19	804.16	5 690
2011	16	1×1	96	14	1 129.76	4 655
2012	45	1×1	78	11	1 511.55	9 780
2012	45	1×1	78	9	1 467.45	8 920
2012	45	1×1	77	9	1 640.70	10 820
2012	16	1×1	80	18	958.36	5 512
2012	16	1×1	81	17	918.40	5 139
2012	16	1×1	83	17	1 037.36	5 930
2013	16	1×1	77	23	1 180.20	5 590
2013	16	1×1	77	23	1 409.04	7 360
2013	16	1×1	77	20	1 034.48	5 760
2014	16	1×1	82	14	1 031.44	5 482
2014	16	1×1	83	15	1 049.20	5 589
2014	16	1×1	82	14	1 032.80	5 522
2014	16	1×1	71	15	710.92	3 526
2014	16	1×1	71	18	805.16	4 325
2014	16	1×1	73	18	943.52	5 058
2015	16	1×1	83	27	1 282.88	5 458
2015	16	1×1	79	29	1 412.92	5 728
2015	16	1×1	86	27	1 296.72	5 276
2015	16	1×1	75	15	713.68	3 888
2015	16	1×1	75	14	679.48	3 542
2015	16	1×1	76	14	734.16	3 849

表 3-32 站区三调查点农田作物收获期测产

年份	样地代码	作物名称	测产样方面积（m×m）	单产（kg/hm²）
2005	YTAZQ03ABO_01	花生	1×1	2 633
2006	YTAZQ03ABO_01	花生	1×1	3 000
2007	YTAZQ03ABO_01	花生	1×1	3 645
2008	YTAZQ03ABO_01	花生	1×1	3 375
2009	YTAZQ03ABO_01	花生	1×1	2 774
2010	YTAZQ03ABO_01	花生	1×1	3 000
2011	YTAZQ03ABO_01	花生	1×1	3 120
2012	YTAZQ03ABO_01	花生	1×1	2 204
2013	YTAZQ03ABO_01	花生	1×1	3 928
2014	YTAZQ03ABO_01	花生	1×1	2 500
2015	YTAZQ03ABO_01	花生	1×1	4 323

表 3 - 33　站区四调查点农田作物收获期测产

年份	调查穴数	测产样方面积（m×m）	株高（cm）	单穴总穗数	地上部总干重（g/m²）	单产（kg/hm²）
2006	16	1×1	88	13	832.40	4 534
2006	16	1×1	91	12	836.64	4 551
2006	16	1×1	86	14	899.20	4 360
2006	16	1×1	93	14	862.70	4 634
2006	16	1×1	97	20	1 590.32	4 552
2007	19	1×1	92	8	800.40	5 551
2007	20	1×1	95	10	837.60	5 644
2007	21	1×1	101	8	768.30	5 466
2007	22	1×1	97	15	826.54	3 896
2007	23	1×1	97	15	832.66	4 003
2007	24	1×1	98	16	850.17	4 005
2008	33	1×1	91	16	1 094.50	5 291
2008	33	1×1	99	15	1 140.81	5 846
2008	33	1×1	87	17	939.18	5 103
2008	16	1×1	104	18	1 215.52	9 690
2008	16	1×1	109	19	1 212.00	8 710
2009	31	1×1	83	12	1 119.10	5 496
2009	31	1×1	81	12	1 096.16	5 332
2009	31	1×1	85	13	1 147.31	5 783
2009	16	1×1	110	19	1 027.04	5 877
2010	28	1×1	77	16	1 388.24	9 765
2010	28	1×1	91	17	1 965.51	6 464
2011	27	1×1	103	12	1 142.91	7 042
2011	27	1×1	104	13	1 266.57	7 186
2011	27	1×1	104	12	1 245.24	7 603
2011	16	1×1	114	16	1 148.80	5 875
2011	16	1×1	117	17	963.52	5 948
2011	16	1×1	118	15	1 045.76	6 759
2012	35	1×1	66	11	1 501.50	9 750
2012	35	1×1	67	11	1 417.50	9 380
2012	35	1×1	66	13	1 242.50	7 890
2012	16	1×1	61	15	821.72	4 357
2012	16	1×1	62	14	755.28	3 938
2012	16	1×1	61	16	876.72	4 583
2013	16	1×1	86	16	942.16	6 620
2013	16	1×1	85	22	1 176.52	7 750
2013	16	1×1	84	25	1 441.64	10 160
2013	16	1×1	73	19	1 192.28	7 190

（续）

年份	调查穴数	测产样方面积 （m×m）	株高（cm）	单穴总穗数	地上部总干 重（g/m²）	单产 （kg/hm²）
2013	16	1×1	72	18	1 202.40	7 220
2013	16	1×1	73	18	1 284.08	7 550
2014	16	1×1	72	19	1 084.44	5 490
2014	16	1×1	71	20	1 106.80	5 569
2014	16	1×1	72	19	1 091.60	5 545
2014	16	1×1	69	16	714.80	3 644
2014	16	1×1	68	17	765.88	3 930
2014	16	1×1	68	18	812.00	4 202
2015	16	1×1	78	25	1 265.12	5 831
2015	16	1×1	81	24	1 425.60	6 425
2015	16	1×1	85	24	1 502.48	7 080
2015	16	1×1	85	15	805.32	3 497
2015	16	1×1	86	20	1 119.76	4 470
2015	16	1×1	89	16	813.48	3 968

3.1.6　主要生育期动态观测

1. 概述

本数据集包括鹰潭站 2005—2015 年 2 个综合观测场监测样地的年尺度观测数据，主要种植作物为花生和中稻。

2. 数据采集和处理方法

作物生育动态观测目前以人工记录方式为主，按照不同作物的生育期定义，随作物的各个生育期进行动态观测，并根据作物外部形态的变化特征，及时记录作物各个生育时期开始出现的日期。生育动态观测由专人负责，持续记录。

（1）水稻。

播种期：实际播种的开始日期。

出苗期：50％以上植株的第一完全叶伸出叶鞘，已微展成喇叭口状的日期。

三叶期：50％以上植株第三叶片完全展开的日期。

移栽期：实际移栽的日期。

返青期：插秧后，50％以上秧苗由黄转绿并生出新叶的日期。

分蘖期：50％以上植株分蘖茎叶尖露出叶鞘的日期。

拔节期：50％以上植株的茎基部第一伸长节露出地面 1～2 cm 的日期。

抽穗期：50％以上植株穗顶部伸出剑叶叶鞘 0.5～1.0 cm 的日期。

蜡熟期：50％以上植株转黄、胚乳呈蜡状的日期。

收获期：实际最终收获的日期。

（2）花生。

播种期：实际播种的开始日期。

出苗期：50％以上植株的幼苗出土达 2 cm 左右的日期。

开花期：50％以上植株开花的日期。

成熟期：50%以上植株出现饱果的日期。

收获期：实际最终收获的日期。

3. 数据质量控制和评估

（1）调查过程的质量控制。尽量选择下午时间观测，多点、定位观测和记录。至少选择3点观测，采用对角线法布点，每点大约调查30株。

（2）数据录入过程的质量控制。及时分析数据，检查、筛选异常值，对于明显异常数据进行补充测定。严格避免原始数据录入报表过程中产生的误差。观测内容要立刻记录表格，不可事后补记。

（3）数据质量评估。将所获取的数据与各项辅助信息数据以及历史数据信息进行比较，评价数据的正确性、一致性、完整性、可比性和连续性，经过站长和数据管理员审核认定，批准上报。

4. 数据价值/数据使用方法和建议

作物生育期动态观测不仅有利于了解作物从播种到成熟的重要发育过程规律和生理变化，还有利于研究作物对全球变化背景下的响应对策。对于引种、茬口安排、品种布局、产量预测以及品种选育等具有重要的实践意义。本数据集体现了较长时间尺度（11年）下，年际间作物生育时期的变化情况，为相关生育时期的科研工作提供数据基础。

5. 数据

旱地、水田综合观测场农田作物各生育期动态监测时间见表3-34、表3-35。

表3-34　旱地综合观测场农田作物各生育期动态监测时间

年份	播种期（月/日/年）	出苗期（月/日/年）	开花期（月/日/年）	成熟期（月/日/年）	收获期（月/日/年）
2005	04/17/2005	04/29/2005	06/03/2005	07/29/2005	08/07/2005
2005	04/18/2005	04/29/2005	06/02/2005	07/24/2005	08/10/2005
2005	04/20/2005	04/30/2005	06/01/2005	07/26/2005	08/13/2005
2005	04/20/2005	04/30/2005	06/05/2005	07/26/2005	08/13/2005
2005	04/14/2005	04/24/2005	05/25/2005	07/26/2005	08/05/2005
2005	04/13/2005	04/24/2005	05/25/2005	07/29/2005	08/07/2005
2006	04/20/2006	05/01/2006	06/02/2006	07/30/2006	08/14/2006
2006	04/19/2006	04/30/2006	05/31/2006	07/28/2006	08/16/2006
2006	04/19/2006	04/30/2006	06/01/2006	08/01/2006	08/16/2006
2006	04/19/2006	04/30/2006	06/03/2006	07/28/2006	08/16/2006
2006	04/28/2006	05/12/2006	06/04/2006	08/05/2006	08/10/2006
2006	04/23/2006	05/07/2006	05/28/2006	08/06/2006	08/12/2006
2007	04/08/2007	04/22/2007	05/29/2007	08/01/2007	08/04/2007
2007	04/07/2007	04/24/2007	05/31/2007	08/02/2007	08/04/2007
2007	04/07/2007	04/23/2007	05/30/2007	08/02/2007	08/04/2007
2007	06/05/2007	06/13/2007	07/28/2007	09/09/2007	09/20/2007
2007	04/05/2007	04/17/2007	05/25/2007	08/01/2007	08/07/2007
2008	04/17/2008	04/26/2008	05/30/2008	08/01/2008	08/08/2008
2008	04/18/2008	04/30/2008	05/28/2008	08/11/2008	08/08/2008
2008	04/18/2008	04/30/2008	05/28/2008	08/11/2008	08/08/2008
2008	04/18/2008	04/30/2008	05/28/2008	08/11/2008	08/08/2008
2008	04/18/2008	04/25/2008	05/23/2008	08/12/2008	08/14/2008

（续）

年份	播种期（月/日/年）	出苗期（月/日/年）	开花期（月/日/年）	成熟期（月/日/年）	收获期（月/日/年）
2008	04/18/2008	04/22/2008	05/25/2008	08/11/2008	08/15/2008
2009	04/10/2009	04/22/2009	06/12/2009	08/01/2009	08/04/2009
2009	04/07/2009	04/19/2009	06/10/2009	07/30/2009	08/04/2009
2009	04/07/2009	04/21/2009	06/12/2009	08/01/2009	08/04/2009
2009	04/18/2009	04/29/2009	06/08/2009	08/02/2009	08/04/2009
2009	04/12/2009	04/23/2009	06/14/2009	08/05/2009	08/11/2009
2009	04/08/2009	04/20/2009	06/12/2009	08/05/2009	08/12/2009
2010	04/28/2010	05/05/2010	06/12/2010	08/16/2010	08/18/2010
2010	04/24/2010	05/09/2010	06/11/2010	08/13/2010	08/18/2010
2010	04/24/2010	05/10/2010	06/11/2010	08/14/2010	08/18/2010
2010	04/24/2010	05/10/2010	06/11/2010	08/16/2010	08/18/2010
2010	04/24/2010	05/08/2010	06/09/2010	08/13/2010	08/18/2010
2010	04/23/2010	05/04/2010	06/11/2010	08/12/2010	08/18/2010
2011	04/06/2011	04/15/2011	06/05/2011	08/02/2011	08/08/2011
2011	04/10/2011	04/17/2011	06/05/2011	08/05/2011	08/08/2011
2011	04/10/2011	04/17/2011	06/05/2011	08/05/2011	08/08/2011
2011	04/04/2011	04/14/2011	06/05/2011	08/01/2011	08/08/2011
2011	04/07/2011	04/15/2011	06/07/2011	08/06/2011	08/10/2011
2011	04/07/2011	04/15/2011	06/07/2011	08/06/2011	08/10/2011
2012	04/04/2012	04/11/2012	06/05/2012	08/02/2012	08/08/2012
2012	04/05/2012	04/14/2012	06/07/2012	08/01/2012	08/08/2012
2012	04/10/2012	04/18/2012	06/09/2012	08/05/2012	08/08/2012
2012	04/04/2012	04/10/2012	06/04/2012	08/02/2012	08/08/2012
2012	04/04/2012	04/10/2012	06/06/2012	08/02/2012	08/10/2012
2012	04/04/2012	04/11/2012	06/06/2012	08/03/2012	08/10/2012
2013	04/10/2013	04/17/2013	05/28/2013	08/05/2013	08/10/2013
2013	04/10/2013	04/17/2013	05/28/2013	08/07/2013	08/10/2013
2013	04/09/2013	04/17/2013	05/28/2013	08/05/2013	08/10/2013
2013	04/06/2013	04/16/2013	06/10/2013	08/01/2013	08/05/2013
2013	04/12/2013	04/18/2013	06/12/2013	08/08/2013	08/10/2013
2013	04/05/2013	04/11/2013	06/10/2013	08/02/2013	08/05/2013
2014	04/06/2014	04/13/2014	05/29/2014	08/02/2014	08/04/2014
2014	04/05/2014	04/14/2014	05/29/2014	08/01/2014	08/04/2014
2014	04/05/2014	04/15/2014	05/29/2014	08/02/2014	08/04/2014
2014	04/10/2014	04/17/2014	06/03/2014	08/04/2014	08/04/2014
2014	04/05/2014	04/15/2014	05/28/2014	08/01/2014	08/03/2014
2014	04/05/2014	04/14/2014	05/29/2014	08/02/2014	08/04/2014
2015	04/13/2015	04/23/2015	05/25/2015	07/29/2015	08/06/2015
2015	04/12/2015	04/21/2015	05/26/2015	07/30/2015	08/06/2015

（续）

年份	播种期（月/日/年）	出苗期（月/日/年）	开花期（月/日/年）	成熟期（月/日/年）	收获期（月/日/年）
2015	04/12/2015	04/21/2015	05/26/2015	07/30/2015	08/06/2015
2015	04/12/2015	04/21/2015	05/26/2015	07/30/2015	08/06/2015
2015	04/12/2015	04/21/2015	05/26/2015	07/30/2015	08/06/2015
2015	04/12/2015	04/21/2015	05/26/2015	07/30/2015	08/06/2015

表 3-35　水田综合观测场农田作物各生育期动态监测时间

年份	播种期（月/日/年）	出苗期（月/日/年）	三叶期（月/日/年）	移栽期（月/日/年）	返青期（月/日/年）	分蘖期（月/日/年）	拔节期（月/日/年）	抽穗期（月/日/年）	蜡熟期（月/日/年）	收获期（月/日/年）
2005	05/30/2005	06/04/2005	06/09/2005	06/30/2005	07/06/2005	07/21/2005	08/14/2005	09/05/2005	09/29/2005	10/03/2005
2005	03/29/2005	04/02/2005	04/08/2005	05/01/2005	05/05/2005	05/12/2005	05/20/2005	06/15/2005	07/05/2005	07/13/2005
2005	06/10/2005	06/13/2005	06/18/2005	07/19/2005	07/26/2005	08/08/2005	08/14/2005	09/15/2005	10/20/2005	10/25/2005
2005	03/29/2005	04/03/2005	04/08/2005	04/28/2005	05/03/2005	05/14/2005	05/20/2005	06/15/2005	07/05/2005	07/15/2005
2005	06/10/2005	06/14/2005	06/19/2005	07/28/2005	08/02/2005	08/12/2005	08/20/2005	09/18/2005	10/20/2005	10/22/2005
2006	05/22/2006	05/26/2006	06/01/2006	06/21/2006	06/29/2006	07/12/2006	07/16/2006	08/21/2006	09/15/2006	09/24/2006
2006	03/28/2006	04/04/2006	04/13/2006	04/30/2006	05/06/2006	05/18/2006	05/25/2006	06/19/2006	07/08/2006	07/16/2006
2006	06/15/2006	06/19/2006	06/26/2006	07/20/2006	07/26/2006	08/13/2006	08/20/2006	09/23/2006	10/21/2006	11/04/2006
2006	03/28/2006	04/02/2006	04/10/2006	04/28/2006	05/08/2006	05/15/2006	05/26/2006	06/21/2006	07/10/2006	07/22/2006
2006	06/15/2006	06/19/2006	06/26/2006	08/18/2006	08/23/2006	09/02/2006	09/18/2006	09/30/2006	10/28/2006	11/06/2006
2007	05/19/2007	05/22/2007	05/27/2007	06/16/2007	06/20/2007	06/28/2007	07/18/2007	08/15/2007	09/10/2007	09/21/2007
2007	03/31/2007	04/05/2007	04/15/2007	05/03/2007	05/07/2007	05/14/2007	05/23/2007	06/12/2007	07/06/2007	07/13/2007
2007	06/10/2007	06/13/2007	06/21/2007	07/16/2007	07/21/2007	07/25/2007	08/18/2007	09/17/2007	10/12/2007	10/28/2007
2007	03/24/2007	04/01/2007	04/08/2007	04/20/2007	04/24/2007	05/03/2007	05/21/2007	06/13/2007	07/10/2007	07/14/2007
2007	06/20/2007	06/23/2007	06/30/2007	07/20/2007	07/23/2007	07/28/2007	08/26/2007	09/24/2007	10/21/2007	11/01/2007
2008	05/18/2008	05/24/2008	06/02/2008	06/22/2008	06/28/2008	07/08/2008	08/04/2008	08/21/2008	09/18/2008	09/26/2008
2008	03/30/2008	04/05/2008	04/12/2008	05/03/2008	05/12/2008	05/15/2008	05/21/2008	06/15/2008	07/10/2008	07/16/2008
2008	06/22/2008	06/24/2008	06/30/2008	07/19/2008	07/26/2008	07/28/2008	08/15/2008	09/10/2008	10/05/2008	10/15/2008
2008	03/20/2008	03/23/2008	04/01/2008	04/22/2008	04/25/2008	04/28/2008	05/19/2008	06/16/2008	07/12/2008	07/14/2008
2008	06/08/2008	06/11/2008	06/21/2008	07/21/2008	07/26/2008	08/05/2008	08/20/2008	09/19/2008	10/18/2008	10/25/2008
2009	06/08/2009	06/13/2009	06/22/2009	07/07/2009	07/13/2009	07/20/2009	08/22/2009	09/13/2009	10/10/2009	10/14/2009
2009	03/21/2009	03/29/2009	04/08/2009	04/22/2009	04/30/2009	05/07/2009	06/02/2009	06/21/2009	07/09/2009	07/12/2009
2009	06/18/2009	06/22/2009	06/30/2009	07/21/2009	08/01/2009	08/12/2009	08/27/2009	09/18/2009	10/22/2009	10/25/2009
2009	03/20/2009	03/27/2009	04/06/2009	04/24/2009	04/30/2009	05/06/2009	06/05/2009	06/23/2009	07/10/2009	07/12/2009
2009	06/15/2009	06/20/2009	06/28/2009	07/18/2009	07/28/2009	08/10/2009	08/30/2009	09/23/2009	10/23/2009	10/25/2009
2010	06/07/2010	06/15/2010	06/22/2010	07/14/2010	07/26/2010	08/11/2010	08/20/2010	09/11/2010	10/05/2010	10/22/2010
2010	03/20/2010	03/27/2010	04/03/2010	04/25/2010	05/07/2010	05/12/2010	05/22/2010	06/21/2010	07/15/2010	07/21/2010
2010	06/18/2010	06/22/2010	07/05/2010	07/25/2010	08/06/2010	08/12/2010	08/20/2010	09/18/2010	10/27/2010	11/12/2010
2010	03/20/2010	03/26/2010	04/02/2010	04/24/2010	05/07/2010	05/12/2010	05/24/2010	06/23/2010	07/17/2010	07/21/2010
2010	06/15/2010	06/20/2010	06/28/2010	07/27/2010	08/07/2010	08/17/2010	08/27/2010	09/21/2010	10/30/2010	11/12/2010
2011	05/20/2011	05/23/2011	05/30/2011	06/20/2011	06/26/2011	07/18/2011	08/04/2011	08/30/2011	10/18/2011	10/24/2011

（续）

年份	播种期 (月/日/年)	出苗期 (月/日/年)	三叶期 (月/日/年)	移栽期 (月/日/年)	返青期 (月/日/年)	分蘖期 (月/日/年)	拔节期 (月/日/年)	抽穗期 (月/日/年)	蜡熟期 (月/日/年)	收获期 (月/日/年)
2011	03/20/2011	03/26/2011	04/05/2011	04/22/2011	04/26/2011	05/02/2011	05/26/2011	06/09/2011	07/09/2011	07/12/2011
2011	06/25/2011	06/28/2011	07/02/2011	07/26/2011	08/03/2011	08/11/2011	08/27/2011	09/20/2011	10/26/2011	11/05/2011
2011	03/18/2011	03/24/2011	04/04/2011	04/23/2011	05/02/2011	05/08/2011	05/30/2011	06/10/2011	07/10/2011	07/12/2011
2011	06/20/2011	06/24/2011	07/03/2011	07/27/2011	08/08/2011	08/14/2011	08/28/2011	09/22/2011	10/27/2011	11/05/2011
2012	06/10/2012	06/13/2012	06/20/2012	07/15/2012	07/21/2012	08/13/2012	08/30/2012	09/25/2012	10/24/2012	10/31/2012
2012	03/23/2012	03/26/2012	04/07/2012	04/22/2012	04/30/2012	05/10/2012	05/28/2012	06/23/2012	07/19/2012	07/12/2012
2012	06/17/2012	06/23/2012	06/30/2012	07/25/2012	08/03/2012	08/21/2012	09/04/2012	09/15/2012	10/26/2012	11/02/2012
2012	03/20/2012	03/25/2012	04/07/2012	04/21/2012	05/02/2012	05/11/2012	06/04/2012	06/20/2012	07/21/2012	07/12/2012
2012	06/17/2012	06/22/2012	06/30/2012	07/26/2012	08/02/2012	08/25/2012	09/04/2012	09/20/2012	10/26/2012	11/02/2012
2013	05/20/2013	05/24/2013	05/30/2013	06/21/2013	06/26/2013	07/02/2013	08/18/2013	09/13/2013	10/12/2013	10/12/2013
2013	06/10/2013	06/14/2013	06/17/2013	—	—	06/26/2013	08/16/2013	09/23/2013	09/25/2013	10/20/2013
2013	03/18/2013	03/24/2013	04/04/2013	04/19/2 103	04/25/2013	05/02/2013	06/04/2013	06/15/2013	07/18/2013	07/21/2013
2013	06/18/2013	06/23/2013	07/01/2013	07/22/2013	07/29/2013	08/13/2013	08/27/2013	09/20/2013	10/27/2013	11/02/2013
2014	06/01/2014	06/05/2014	06/12/2014	07/08/2014	07/15/2014	08/07/2014	09/01/2014	09/22/2014	10/07/2014	10/12/2014
2014	03/11/2014	03/17/2014	03/25/2014	04/12/2014	04/18/2014	04/26/2014	05/28/2014	06/10/2014	07/01/2014	07/11/2014
2014	06/13/2014	06/17/2014	06/24/2014	07/18/2014	07/20/2014	07/30/2014	08/30/2014	09/16/2014	10/15/2014	10/20/2014
2014	03/14/2014	03/21/2014	03/28/2014	04/15/2014	04/21/2014	04/29/2014	06/02/2014	06/15/2014	07/05/2014	07/17/2014
2014	06/20/2014	06/26/2014	07/05/2014	07/26/2014	08/04/2014	08/12/2014	09/13/2014	10/03/2014	10/23/2014	10/28/2014
2015	05/20/2015	05/23/2015	05/30/2015	06/23/2015	06/29/2015	07/05/2015	08/26/2015	10/08/2015	10/12/2015	10/15/2015
2015	04/12/2015	04/17/2015	04/25/2015	—	—	05/02/2015	06/14/2015	06/30/2015	07/15/2015	07/16/2015
2015	06/23/2015	06/26/2015	07/03/2015	07/28/2015	08/03/2015	08/10/2015	08/24/2015	10/25/2015	10/31/2015	11/03/2015
2015	03/15/2015	03/18/2015	03/28/2015	04/24/2015	04/30/2015	05/05/2015	06/07/2015	07/01/2015	07/15/2015	07/19/2015
2015	06/22/2015	06/25/2015	07/04/2015	08/03/2015	08/09/2015	08/16/2015	08/30/2015	10/24/2015	11/01/2015	11/09/2015

3.1.7　元素含量与能值

1. 概述

本数据集包括鹰潭站 2005—2015 年 2 个综合观测场、3 个辅助观测场、4 个站区调查点样地的年尺度观测数据，主要种植作物为花生和中稻。调查指标主要包括：全碳、全氮、全磷、全钾、全硫、全钙、全镁、全铁、全锰、全铜、全锌、全钼、全硼、全硅、热值和灰分。

2. 数据采集和处理方法

元素与热值含量分析的样品来自收获期作物性状调查的样品。样品采集的器官或部位一般有：茎、叶、籽粒、根或者茎秆地上部等混合样。样品采集后，经杀青、烘干和粉碎，进行室内分析。具体操作方法为：将各样地上部收割并按照不同样点分别装入样品袋，保存于通风、干燥处。将风干后地上部样品区分根、茎、叶、籽粒分别于 65 ℃烘干研磨粉碎并混匀。本数据集的观测频度为每年一次（作物收获期）。

3. 数据质量控制和评估

（1）采集作物样品时，严格按照观测规范要求，保证样品的代表性，完成规定的采样点数、样方重复数。

（2）室内分析环节的质量控制。分析过程中保证实验环境条件、仪器和各种实验耗材的性能和状态、试剂和药品纯度、分析人员的实验素质、所采取的分析方法等。分析方法采用全国统一的标准方法，便于对全国范围内的监测数据进行对比研究。

（3）数据录入过程的质量控制。及时分析数据，检查、筛选异常值，对于明显异常数据进行补充测定。严格避免原始数据录入报表过程中产生的误差。观测内容要立刻记录表格，不可事后补记。

（4）数据质量评估。将所获取的数据与各项辅助信息数据以及历史数据进行比较，评价数据的正确性、一致性、完整性、可比性和连续性，经过站长和数据管理员审核认定，批准上报。

4. 数据价值/数据使用方法和建议

作物正常生长发育必需的大量元素、微量元素，以及表征初级能量贮存的热值和灰分，不仅是植物生命活动不可缺少的，也是生态系统物质循环和能量流动研究中必须观测的内容。作物茎秆各部位的各种元素含量，能够直接反映作物前期生长的养分分配状况，结合不同施肥处理条件下的时间尺度元素含量变化情况，也能够反映出作物的肥料利用效率，同时籽粒部分元素含量还可以直接反映作物的营养品质情况。人体所摄入的各种营养元素主要是直接或间接来源于植物。研究粮食中微量元素的变化情况对人类健康具有非常重大的意义，因此，研究和评价作物中微量元素的含量水平具有重要意义，本数据集提供每5年一次的作物不同部位氮、磷、钾及微量元素的分析数据。

5. 数据

旱地和水田综合观测场、辅一至辅三观测场、站区一至站区四调查点农田作物元素含量与能值数据见表3-36至表3-53。

表3-36　旱地综合观测场农田作物元素含量与能值1

年份	作物名称	采样部位	全碳（g/kg）	全氮（g/kg）	全磷（g/kg）	全钾（g/kg）	全硫（g/kg）
2005	花生	茎叶	365.02	10.44	0.93	23.97	2.72
2005	花生	茎叶	374.31	14.78	1.02	24.58	2.48
2005	花生	茎叶	362.01	16.38	1.16	23.37	2.09
2005	花生	茎叶	366.12	14.24	1.12	23.74	2.57
2005	花生	根系	378.31	15.85	1.48	19.24	3.68
2005	花生	根系	362.31	16.53	1.25	17.92	3.49
2005	花生	根系	364.29	14.62	1.33	14.81	3.10
2005	花生	根系	362.87	14.67	1.37	16.79	3.36
2005	花生	荚壳	443.96	13.76	1.12	13.48	1.06
2005	花生	荚壳	406.28	11.72	0.81	11.27	1.29
2005	花生	荚壳	421.73	10.39	0.96	14.21	1.16
2005	花生	荚壳	427.25	11.98	0.97	12.26	1.20
2005	花生	果仁	578.82	46.62	3.62	6.56	0.29
2005	花生	果仁	591.84	42.23	3.48	6.55	0.44
2005	花生	果仁	596.06	52.57	3.96	7.72	0.33
2005	花生	果仁	587.69	47.26	3.62	6.87	0.36
2008	花生	根系	340.59	12.78	1.07	18.09	—
2008	花生	根系	464.12	14.94	1.14	19.73	—
2008	花生	根系	344.25	10.49	0.83	19.04	—
2008	花生	根系	429.01	14.12	1.73	23.15	—

（续）

年份	作物名称	采样部位	全碳（g/kg）	全氮（g/kg）	全磷（g/kg）	全钾（g/kg）	全硫（g/kg）
2008	花生	茎叶	506.24	10.76	1.03	26.42	—
2008	花生	茎叶	425.95	14.19	1.08	28.15	—
2008	花生	茎叶	415.82	11.18	0.87	29.56	—
2008	花生	茎叶	414.31	11.94	1.34	25.68	—
2008	花生	果仁	713.18	34.11	4.84	7.12	—
2008	花生	果仁	718.25	37.54	4.45	6.64	—
2008	花生	果仁	680.31	37.84	5.01	7.04	—
2008	花生	果仁	726.12	27.82	4.82	7.88	—
2008	花生	果壳	458.99	8.09	0.88	9.04	—
2008	花生	果壳	482.72	8.07	0.72	8.87	—
2008	花生	果壳	456.08	7.61	0.83	10.58	—
2008	花生	果壳	468.54	9.01	1.11	13.03	—
2010	花生	茎叶	352.87	10.02	1.75	28.22	3.77
2010	花生	茎叶	365.72	7.57	1.94	25.52	3.61
2010	花生	茎叶	355.01	11.72	2.09	24.24	2.41
2010	花生	茎叶	346.94	6.51	1.71	32.31	3.92
2010	花生	根系	360.42	14.64	1.97	11.69	3.39
2010	花生	根系	348.89	11.47	2.52	10.54	3.31
2010	花生	根系	350.29	15.93	1.88	9.62	2.59
2010	花生	根系	356.56	12.73	3.22	14.28	3.17
2010	花生	果仁	491.69	40.28	5.25	8.19	1.51
2010	花生	果仁	576.82	38.71	5.67	8.62	1.69
2010	花生	果仁	554.13	45.23	5.67	8.48	1.42
2010	花生	果仁	458.18	36.09	5.69	9.49	1.59
2010	花生	果壳	412.45	9.66	0.68	17.59	1.82
2010	花生	果壳	445.44	11.78	0.92	16.01	1.63
2010	花生	果壳	407.21	9.68	0.58	14.39	1.13
2010	花生	果壳	393.82	8.52	0.71	19.06	1.62
2013	花生	茎叶	406.09	10.51	2.48	24.36	—
2013	花生	茎叶	403.62	9.72	3.33	20.94	—
2013	花生	茎叶	398.19	12.22	1.89	26.18	—
2013	花生	茎叶	408.54	15.38	3.12	20.95	—
2013	花生	根系	394.99	14.43	2.53	22.38	—
2013	花生	根系	383.62	15.96	3.32	22.54	—
2013	花生	根系	386.44	15.32	1.96	22.63	—
2013	花生	根系	385.06	18.97	3.85	21.73	—
2013	花生	果仁	654.02	42.04	5.67	10.65	—
2013	花生	果仁	650.43	51.91	5.81	9.52	—

（续）

年份	作物名称	采样部位	全碳（g/kg）	全氮（g/kg）	全磷（g/kg）	全钾（g/kg）	全硫（g/kg）
2013	花生	果仁	631.29	43.20	5.68	9.35	—
2013	花生	果仁	630.44	45.87	6.39	11.09	—
2013	花生	果壳	464.12	10.17	1.23	13.14	—
2013	花生	果壳	465.31	8.74	0.96	14.33	—
2013	花生	果壳	459.84	10.94	1.74	16.04	—
2013	花生	果壳	464.12	14.33	2.03	16.25	—
2014	花生	茎叶	388.49	10.23	1.76	31.33	—
2014	花生	茎叶	380.72	11.21	1.82	34.93	—
2014	花生	茎叶	379.22	11.95	1.47	28.72	—
2014	花生	茎叶	387.65	11.31	1.34	27.48	—
2014	花生	根系	323.57	12.34	1.71	24.24	—
2014	花生	根系	333.76	17.09	2.03	24.82	—
2014	花生	根系	353.45	16.81	2.17	20.36	—
2014	花生	根系	369.06	15.45	1.66	22.28	—
2014	花生	果仁	646.96	40.44	4.59	7.55	—
2014	花生	果仁	653.93	42.37	5.03	7.73	—
2014	花生	果仁	656.92	45.52	5.29	6.47	—
2014	花生	果仁	647.76	40.66	5.13	8.73	—
2014	花生	果壳	429.63	10.87	0.74	14.01	—
2014	花生	果壳	428.08	10.38	0.61	14.05	—
2014	花生	果壳	411.89	14.45	0.92	14.46	—
2014	花生	果壳	427.98	11.01	0.63	13.83	—
2015	花生	茎秆	374.54	10.05	2.49	31.21	1.91
2015	花生	茎秆	400.13	8.91	1.85	29.51	2.14
2015	花生	茎秆	405.81	8.99	1.96	30.92	2.37
2015	花生	茎秆	381.37	10.51	2.14	32.42	2.5
2015	花生	叶片	374.89	21.87	1.63	24.33	2.02
2015	花生	叶片	389.15	20.61	1.45	24.94	2.79
2015	花生	叶片	378.83	16.18	1.06	28.39	3.08
2015	花生	叶片	401.88	20.91	1.46	23.42	2.93
2015	花生	茎叶	389.95	13.12	2.12	28.51	2.63
2015	花生	茎叶	385.54	11.86	2.33	26.82	1.78
2015	花生	茎叶	385.09	10.47	1.68	31.15	3.13
2015	花生	茎叶	388.61	11.07	2.51	29.04	3.54
2015	花生	根系	382.53	16.32	1.83	17.77	1.69
2015	花生	根系	362.71	14.38	1.94	22.21	2.81
2015	花生	根系	376.82	15.72	1.94	25.27	2.68
2015	花生	根系	390.70	17.16	3.12	23.25	1.48

（续）

年份	作物名称	采样部位	全碳（g/kg）	全氮（g/kg）	全磷（g/kg）	全钾（g/kg）	全硫（g/kg）
2015	花生	果仁	504.99	44.38	5.21	7.94	1.65
2015	花生	果仁	525.44	41.23	5.41	8.34	1.84
2015	花生	果仁	544.78	40.82	5.43	7.43	1.18
2015	花生	果仁	523.13	41.65	5.64	8.93	1.51
2015	花生	果壳	416.33	11.64	1.17	13.35	0.73
2015	花生	果壳	408.71	10.36	1.28	17.69	0.88
2015	花生	果壳	406.23	8.11	0.79	12.69	0.75
2015	花生	果壳	406.84	9.21	1.74	19.32	0.75

表 3 - 37　旱地综合观测场农田作物元素含量与能值 2

年份	作物名称	采样部位	全钙（g/kg）	全镁（g/kg）	全铁（g/kg）	全锰（mg/kg）	全铜（mg/kg）	全锌（mg/kg）	全硼（mg/kg）	全硅（g/kg）	干重热值（MJ/kg）	灰分（%）
2005	花生	茎叶	9.70	4.12	1.71	171.35	9.05	38.02	9.78	10.02	15.11	9.90
2005	花生	茎叶	9.85	3.43	1.15	85.65	6.12	70.47	13.89	15.85	14.68	10.97
2005	花生	茎叶	11.82	4.03	1.50	128.82	14.50	57.43	12.49	12.35	14.67	10.01
2005	花生	茎叶	10.97	3.98	1.46	100.37	9.65	63.25	13.14	12.56	14.26	10.23
2005	花生	根系	4.94	2.00	3.48	80.53	24.87	70.93	8.59	19.45	15.25	10.63
2005	花生	根系	3.87	1.58	3.45	55.47	19.60	56.10	6.66	24.83	14.87	9.24
2005	花生	根系	3.79	1.15	2.10	59.88	18.06	52.87	5.56	18.22	14.62	9.63
2005	花生	根系	3.86	1.76	3.24	60.13	20.45	60.01	7.24	21.23	14.99	9.47
2005	花生	荚壳	1.22	1.24	0.95	45.62	7.49	52.20	8.49	6.67	17.17	4.60
2005	花生	荚壳	1.59	1.04	1.22	45.69	8.90	68.78	5.76	8.86	17.01	4.57
2005	花生	荚壳	1.73	0.96	1.34	41.78	9.53	48.28	8.45	12.82	16.98	6.54
2005	花生	荚壳	1.65	1.01	1.24	43.13	8.99	51.47	7.67	9.79	17.10	5.35
2005	花生	果仁	0.26	1.69	0.06	14.92	3.54	37.79	16.49	0.86	27.57	3.29
2005	花生	果仁	0.23	1.76	0.02	14.41	6.48	33.77	9.78	0.40	27.88	2.99
2005	花生	果仁	0.32	1.63	0.09	13.72	6.39	38.78	11.85	0.48	27.65	3.42
2005	花生	果仁	0.25	1.71	0.08	14.07	5.89	36.72	12.03	0.48	27.67	3.03
2010	花生	茎叶	8.71	2.90	1.59	224.06	7.46	60.80	17.26	15.22	14.79	11.09
2010	花生	茎叶	10.54	3.25	0.88	415.77	6.31	70.43	16.82	7.25	15.35	9.34
2010	花生	茎叶	8.05	2.91	1.23	292.73	6.85	46.51	15.94	13.53	15.33	8.89
2010	花生	茎叶	8.07	3.29	1.37	217.40	7.17	85.86	17.68	12.62	15.23	11.53
2010	花生	根系	4.75	2.00	3.60	100.00	18.71	40.09	12.51	29.10	15.06	21.26
2010	花生	根系	4.02	2.33	4.46	170.00	13.89	45.63	10.99	44.60	12.62	17.72
2010	花生	根系	5.01	2.59	5.20	170.00	14.83	41.30	11.15	65.90	13.40	20.65
2010	花生	根系	4.06	2.40	3.89	70.00	17.72	48.49	14.90	36.50	14.83	15.00
2010	花生	果仁	0.30	2.04	0.04	30.00	10.51	32.47	11.02	0.80	28.98	3.34
2010	花生	果仁	0.37	2.53	0.05	40.00	15.93	39.11	10.18	0.80	28.54	3.24
2010	花生	果仁	0.18	2.49	0.03	40.00	10.66	32.94	5.29	0.40	28.32	3.31

（续）

年份	作物名称	采样部位	全钙（g/kg）	全镁（g/kg）	全铁（g/kg）	全锰（mg/kg）	全铜（mg/kg）	全锌（mg/kg）	全硼（mg/kg）	全硅（g/kg）	干重热值（MJ/kg）	灰分（%）
2010	花生	果仁	0.26	2.47	0.05	30.00	11.39	38.91	9.61	1.30	29.08	3.39
2010	花生	果壳	1.51	1.11	0.88	60.00	11.78	26.18	11.08	5.90	16.18	4.94
2010	花生	果壳	1.80	1.58	0.97	100.00	11.96	37.58	11.68	7.80	18.87	4.89
2010	花生	果壳	1.68	1.20	1.16	100.00	11.05	29.47	11.42	9.50	17.42	4.45
2010	花生	果壳	0.81	1.03	1.28	60.00	13.07	37.04	13.16	6.90	17.20	5.36
2015	花生	茎秆	5.05	1.80	2.56	211.30	5.44	75.77	18.09	10.23	15.90	11.70
2015	花生	茎秆	4.33	1.66	1.41	201.35	6.55	132.71	26.39	12.04	15.58	14.40
2015	花生	茎秆	4.39	1.33	1.86	195.91	5.77	175.30	32.48	8.36	16.47	11.80
2015	花生	茎秆	4.60	1.27	1.52	167.64	5.02	196.91	33.09	9.96	16.61	13.20
2015	花生	叶片	8.97	4.82	3.11	327.51	8.36	176.51	35.24	11.82	17.43	13.60
2015	花生	叶片	10.36	5.48	1.22	330.32	9.24	97.13	23.65	12.96	15.69	13.50
2015	花生	叶片	10.13	5.48	1.82	337.69	7.62	93.38	21.81	15.45	16.23	12.00
2015	花生	叶片	9.79	5.87	3.14	255.22	15.26	102.35	21.91	12.23	15.73	14.40
2015	花生	茎叶	6.73	2.97	4.27	308.97	10.64	103.43	26.72	9.52	16.50	12.70
2015	花生	茎叶	5.35	2.54	2.03	230.90	8.70	60.95	17.17	18.89	15.37	22.60
2015	花生	茎叶	6.13	1.99	2.27	222.22	7.05	54.12	13.21	27.33	14.69	27.60
2015	花生	茎叶	6.74	2.70	2.30	211.19	11.87	70.31	18.82	14.87	15.38	17.40
2015	花生	根系	3.58	2.31	5.40	94.17	21.72	70.30	20.88	25.15	15.43	14.80
2015	花生	根系	3.58	2.18	8.41	93.65	21.12	56.21	14.65	26.35	29.47	3.50
2015	花生	根系	3.59	1.97	7.97	83.03	25.67	52.51	15.25	27.14	28.82	3.30
2015	花生	根系	3.43	2.02	8.47	81.64	28.63	56.20	15.04	28.36	28.70	3.50
2015	花生	果仁	0.47	2.84	0.09	31.28	16.62	54.67	18.74	29.54	29.28	3.70
2015	花生	果仁	0.61	3.41	0.07	28.31	17.35	30.27	16.88	8.76	17.66	5.90
2015	花生	果仁	0.39	2.95	0.08	25.46	16.09	33.91	14.07	9.84	17.43	7.10
2015	花生	果仁	0.52	2.80	0.10	22.39	20.26	32.90	15.26	6.79	18.05	6.20
2015	花生	果壳	1.15	1.11	2.10	59.08	14.99	37.97	19.48	6.36	18.01	6.80
2015	花生	果壳	1.21	1.38	2.93	62.72	16.62	91.63	14.06	11.12	16.00	12.00
2015	花生	果壳	1.32	1.12	2.19	46.71	15.57	73.74	12.83	9.51	16.14	10.60
2015	花生	果壳	1.33	1.17	2.72	43.94	20.30	82.02	12.61	13.31	15.65	12.10

表 3-38 水田综合观测场农田作物元素含量与能值 1

年份	作物名称	采样部位	全碳（g/kg）	全氮（g/kg）	全磷（g/kg）	全钾（g/kg）	全硫（g/kg）
2005	水稻	茎叶	373.55	5.65	0.58	24.22	1.14
2005	水稻	茎叶	352.76	5.41	0.57	24.31	1.02
2005	水稻	茎叶	355.47	6.49	0.71	25.69	1.59
2005	水稻	茎叶	357.92	3.04	0.75	22.02	1.14
2005	水稻	根系	267.79	6.14	0.61	8.38	1.58
2005	水稻	根系	271.30	6.32	0.84	8.68	2.11

（续）

年份	作物名称	采样部位	全碳（g/kg）	全氮（g/kg）	全磷（g/kg）	全钾（g/kg）	全硫（g/kg）
2005	水稻	根系	328.23	6.67	0.67	9.58	1.95
2005	水稻	根系	289.07	8.59	0.62	10.43	2.36
2005	水稻	籽粒	384.39	10.25	2.38	3.47	1.04
2005	水稻	籽粒	384.50	10.63	3.45	4.42	1.19
2005	水稻	籽粒	372.61	9.56	2.73	3.98	0.74
2005	水稻	籽粒	374.39	9.06	2.88	3.62	0.78
2008	水稻	根系	352.66	4.83	1.05	9.34	—
2008	水稻	根系	371.01	4.44	0.64	9.31	—
2008	水稻	根系	352.00	4.93	0.68	10.71	—
2008	水稻	根系	359.46	3.65	0.70	10.34	—
2008	水稻	根系	320.10	4.20	0.61	12.06	—
2008	水稻	根系	344.32	4.34	0.60	11.13	—
2008	水稻	茎叶	385.71	3.32	0.77	22.14	—
2008	水稻	茎叶	396.00	2.62	0.58	22.08	—
2008	水稻	茎叶	411.95	3.36	0.52	22.98	—
2008	水稻	茎叶	402.41	3.66	0.79	24.35	—
2008	水稻	茎叶	396.47	3.35	0.63	25.10	—
2008	水稻	茎叶	395.78	3.39	0.59	23.44	—
2008	水稻	籽粒	442.12	6.70	2.56	3.81	—
2008	水稻	籽粒	431.82	5.33	1.98	3.01	—
2008	水稻	籽粒	426.97	7.31	2.44	3.52	—
2008	水稻	籽粒	426.20	5.35	2.38	3.45	—
2008	水稻	籽粒	431.19	5.37	2.14	2.93	—
2008	水稻	籽粒	431.18	5.10	2.07	2.98	—
2010	水稻	茎叶	399.73	6.55	0.61	23.49	1.25
2010	水稻	茎叶	401.92	5.55	0.80	29.61	1.24
2010	水稻	茎叶	401.39	4.85	0.71	24.42	0.96
2010	水稻	茎叶	403.41	4.01	0.82	25.43	1.45
2010	水稻	茎叶	407.63	8.80	0.75	24.85	1.38
2010	水稻	茎叶	387.58	4.57	0.64	23.61	1.45
2010	水稻	根系	295.20	6.12	0.63	11.37	3.97
2010	水稻	根系	298.54	5.97	0.50	10.32	2.20
2010	水稻	根系	387.89	7.66	0.57	10.83	2.48
2010	水稻	根系	360.11	6.38	0.58	11.61	0.74
2010	水稻	根系	273.02	5.93	0.58	11.48	1.60
2010	水稻	根系	292.58	6.16	0.52	6.18	1.57
2010	水稻	籽粒	395.89	10.27	1.97	2.88	1.27
2010	水稻	籽粒	399.46	10.12	1.60	2.31	1.26

（续）

年份	作物名称	采样部位	全碳（g/kg）	全氮（g/kg）	全磷（g/kg）	全钾（g/kg）	全硫（g/kg）
2010	水稻	籽粒	396.19	9.22	1.96	3.08	1.28
2010	水稻	籽粒	399.55	10.13	1.98	2.74	0.94
2010	水稻	籽粒	398.32	10.50	1.75	2.24	1.59
2010	水稻	籽粒	402.38	8.89	1.98	3.42	1.35
2013	中稻	茎叶	415.22	8.49	0.59	13.29	—
2013	中稻	茎叶	413.80	4.83	0.32	16.48	—
2013	中稻	茎叶	413.15	5.80	0.66	13.24	—
2013	中稻	茎叶	404.56	7.52	0.69	8.86	—
2013	中稻	茎叶	416.65	7.44	0.62	10.54	—
2013	中稻	茎叶	408.27	4.51	0.53	18.08	—
2013	中稻	根系	354.54	5.44	0.72	9.92	—
2013	中稻	根系	274.51	5.13	0.63	10.82	—
2013	中稻	根系	370.36	5.58	0.33	11.18	—
2013	中稻	根系	370.36	4.98	0.60	11.92	—
2013	中稻	根系	388.08	5.17	0.55	10.28	—
2013	中稻	根系	366.49	5.66	0.74	11.67	—
2013	中稻	籽粒	432.03	9.38	2.27	3.31	—
2013	中稻	籽粒	428.04	9.43	2.14	3.51	—
2013	中稻	籽粒	426.40	9.09	2.05	3.37	—
2013	中稻	籽粒	425.25	10.40	2.04	3.19	—
2013	中稻	籽粒	420.03	10.71	2.41	4.33	—
2013	中稻	籽粒	428.04	10.48	2.23	3.94	—
2014	中稻	茎叶	413.11	7.66	0.82	13.72	—
2014	中稻	茎叶	397.61	5.21	0.71	13.43	—
2014	中稻	茎叶	414.99	6.41	0.78	15.54	—
2014	中稻	茎叶	400.00	5.37	0.60	25.75	—
2014	中稻	茎叶	401.52	5.99	0.74	23.84	—
2014	中稻	茎叶	392.31	5.18	0.79	22.67	—
2014	中稻	根系	380.60	8.51	0.77	8.78	—
2014	中稻	根系	390.14	5.96	0.55	10.81	—
2014	中稻	根系	354.15	5.11	0.59	8.17	—
2014	中稻	根系	369.11	6.46	0.66	10.42	—
2014	中稻	根系	359.09	6.03	0.72	11.41	—
2014	中稻	根系	381.98	6.71	0.88	10.86	—
2014	中稻	籽粒	411.33	10.69	2.04	3.13	—
2014	中稻	籽粒	418.33	7.52	2.95	4.02	—
2014	中稻	籽粒	417.29	8.35	2.37	2.76	—
2014	中稻	籽粒	415.68	8.33	1.85	2.56	—

（续）

年份	作物名称	采样部位	全碳（g/kg）	全氮（g/kg）	全磷（g/kg）	全钾（g/kg）	全硫（g/kg）
2014	中稻	籽粒	415.97	11.70	2.37	2.79	—
2014	中稻	籽粒	409.49	10.22	2.49	2.81	—
2015	水稻	茎秆	383.49	4.98	0.94	17.53	0.73
2015	水稻	茎秆	398.78	5.95	0.83	24.78	0.60
2015	水稻	茎秆	385.14	6.77	0.62	28.85	0.35
2015	水稻	茎秆	382.24	5.33	0.45	27.83	0.80
2015	水稻	茎秆	382.45	4.00	0.82	25.16	0.36
2015	水稻	茎秆	397.51	5.87	0.54	26.32	0.35
2015	水稻	叶片	411.29	14.34	1.07	9.82	0.51
2015	水稻	叶片	405.41	16.36	1.17	12.21	0.54
2015	水稻	叶片	393.12	12.40	0.97	11.41	0.32
2015	水稻	叶片	414.56	15.45	1.11	11.01	0.27
2015	水稻	叶片	395.85	9.52	0.94	10.51	0.24
2015	水稻	叶片	394.89	10.79	0.80	10.94	0.25
2015	水稻	茎叶	391.15	8.21	0.87	23.37	0.52
2015	水稻	茎叶	402.19	11.58	0.86	19.48	0.55
2015	水稻	茎叶	381.43	6.63	0.87	19.87	0.62
2015	水稻	茎叶	384.93	6.55	0.73	26.42	0.25
2015	水稻	茎叶	376.25	5.61	0.53	22.42	0.24
2015	水稻	茎叶	409.67	8.28	0.71	22.65	0.69
2015	水稻	根系	307.44	4.55	0.68	10.37	1.01
2015	水稻	根系	327.82	5.88	0.68	10.16	0.72
2015	水稻	根系	308.30	5.75	0.91	11.06	1.36
2015	水稻	根系	321.88	4.53	0.76	10.22	0.78
2015	水稻	根系	329.71	4.21	0.66	11.54	0.72
2015	水稻	根系	188.47	5.31	0.65	12.78	1.13
2015	水稻	籽粒	410.50	12.16	2.58	2.53	0.74
2015	水稻	籽粒	388.94	12.38	2.32	2.05	0.55
2015	水稻	籽粒	413.06	10.11	1.98	1.88	0.56
2015	水稻	籽粒	388.11	12.73	1.97	2.27	0.57
2015	水稻	籽粒	396.96	10.42	1.45	1.39	0.76
2015	水稻	籽粒	413.00	12.02	1.75	1.81	0.50

表 3-39 水田综合观测场农田作物元素含量与能值 2

年份	作物名称	采样部位	全钙（g/kg）	全镁（g/kg）	全铁（g/kg）	全锰（mg/kg）	全铜（mg/kg）	全锌（mg/kg）	全硼（mg/kg）	全硅（g/kg）	干重热值（MJ/kg）	灰分（%）
2005	水稻	茎叶	1.93	1.48	1.11	882.93	1.55	80.55	1.31	98.12	13.45	14.61
2005	水稻	茎叶	2.00	1.22	1.27	913.61	1.77	75.63	2.19	48.07	13.94	15.71
2005	水稻	茎叶	1.88	1.29	0.87	779.22	2.21	64.81	1.04	52.97	13.01	16.98

（续）

年份	作物名称	采样部位	全钙 (g/kg)	全镁 (g/kg)	全铁 (g/kg)	全锰 (mg/kg)	全铜 (mg/kg)	全锌 (mg/kg)	全硼 (mg/kg)	全硅 (g/kg)	干重热值 (MJ/kg)	灰分 (%)
2005	水稻	茎叶	1.91	1.32	1.45	462.24	1.90	81.05	1.09	54.72	13.79	16.53
2005	水稻	根系	1.31	1.61	28.81	256.21	14.82	96.72	4.89	46.83	8.24	44.68
2005	水稻	根系	1.53	1.65	22.88	344.06	25.79	101.59	1.26	97.56	9.83	33.14
2005	水稻	根系	1.32	1.48	20.50	253.28	15.24	98.84	1.22	105.28	10.23	33.53
2005	水稻	根系	1.65	1.30	22.31	285.11	3.85	116.87	10.22	79.32	9.52	23.05
2005	水稻	籽粒	0.27	1.09	0.12	102.53	59.05	55.35	0.52	19.99	15.61	5.95
2005	水稻	籽粒	0.42	1.54	0.16	152.32	70.29	65.31	0.62	24.72	15.37	7.34
2005	水稻	籽粒	0.32	1.26	0.11	114.31	63.00	58.93	0.49	23.41	15.59	7.07
2005	水稻	籽粒	0.78	1.31	0.17	112.22	61.32	57.35	0.39	25.83	15.17	6.69
2010	水稻	茎叶	7.91	1.33	0.18	922.78	10.13	60.71	3.65	17.86	15.92	7.36
2010	水稻	茎叶	8.88	1.30	0.24	690.02	9.94	56.61	5.11	17.98	15.91	15.32
2010	水稻	茎叶	6.94	1.12	0.31	710.12	19.70	64.34	5.64	21.99	15.89	16.39
2010	水稻	茎叶	7.94	1.35	0.44	820.08	12.29	59.15	2.53	19.81	15.95	5.32
2010	水稻	茎叶	7.94	1.00	0.39	610.12	11.58	55.52	3.48	18.99	15.79	8.08
2010	水稻	茎叶	7.67	1.00	0.26	550.02	9.15	60.16	2.94	27.42	15.25	11.04
2010	水稻	根系	1.71	1.77	16.53	290.13	23.80	89.59	5.09	112.44	10.24	22.00
2010	水稻	根系	0.97	1.43	12.93	330.24	29.50	83.30	4.23	73.84	13.52	9.51
2010	水稻	根系	0.94	1.15	8.87	310.15	31.36	85.84	2.92	44.12	14.23	18.63
2010	水稻	根系	0.91	1.43	16.22	280.23	33.02	89.43	6.15	91.23	11.72	18.34
2010	水稻	根系	0.90	1.62	15.41	200.42	29.38	93.05	6.32	100.01	10.65	27.64
2010	水稻	根系	0.65	0.79	7.33	140.21	25.61	69.85	4.23	76.90	13.21	23.44
2010	水稻	籽粒	0.41	0.98	0.27	130.12	5.77	24.72	1.28	6.05	16.33	2.16
2010	水稻	籽粒	0.41	0.75	0.09	140.44	5.55	18.49	1.54	7.82	16.52	2.85
2010	水稻	籽粒	0.46	0.93	0.07	150.26	5.13	24.62	0.93	9.13	16.18	3.11
2010	水稻	籽粒	0.48	0.92	0.07	190.32	5.48	25.22	1.45	4.44	16.33	2.13
2010	水稻	籽粒	0.38	0.75	0.06	100.15	4.98	26.91	0.91	6.42	16.23	1.73
2010	水稻	籽粒	0.42	0.99	0.07	110.33	5.83	25.25	1.81	9.23	16.14	3.26
2015	水稻	茎秆	1.59	1.32	0.93	349.91	19.17	100.02	5.89	24.32	15.21	9.91
2015	水稻	茎秆	1.39	1.25	0.99	312.75	11.30	123.99	5.42	23.23	15.95	10.82
2015	水稻	茎秆	1.14	1.04	0.36	377.72	8.11	104.64	5.78	24.72	15.12	12.23
2015	水稻	茎秆	1.67	1.34	0.65	417.75	11.94	112.43	4.62	24.14	15.74	10.41
2015	水稻	茎秆	1.35	0.93	0.54	331.95	9.36	109.93	2.96	26.33	15.14	11.30
2015	水稻	茎秆	1.49	1.08	0.39	403.87	9.26	86.42	3.54	23.47	15.45	10.70
2015	水稻	叶片	9.10	1.99	0.33	829.27	6.22	41.71	9.71	27.43	16.41	10.70
2015	水稻	叶片	7.88	1.76	0.56	818.75	7.14	43.18	8.67	31.95	15.49	11.40
2015	水稻	叶片	7.73	1.44	0.32	894.24	7.31	34.50	4.98	40.13	16.01	13.80
2015	水稻	叶片	6.94	1.22	0.33	900.96	6.65	33.27	9.48	34.91	16.45	12.20
2015	水稻	叶片	7.38	1.37	0.31	895.75	9.88	37.82	6.06	28.52	16.17	11.30

（续）

年份	作物名称	采样部位	全钙(g/kg)	全镁(g/kg)	全铁(g/kg)	全锰(mg/kg)	全铜(mg/kg)	全锌(mg/kg)	全硼(mg/kg)	全硅(g/kg)	干重热值(MJ/kg)	灰分(%)
2015	水稻	叶片	6.92	1.26	0.32	819.51	6.59	38.37	9.49	27.46	16.57	9.90
2015	水稻	茎叶	1.52	1.32	0.36	391.33	9.10	90.94	3.74	23.81	15.76	11.30
2015	水稻	茎叶	3.41	1.33	0.49	418.65	7.89	78.43	5.25	22.67	16.07	10.90
2015	水稻	茎叶	2.68	1.17	0.43	499.33	9.42	112.54	5.67	32.73	15.32	13.50
2015	水稻	茎叶	1.98	0.94	0.35	418.07	5.67	72.90	5.66	30.38	15.80	12.00
2015	水稻	茎叶	2.47	0.91	0.23	480.02	6.78	65.57	5.04	21.26	16.23	10.20
2015	水稻	茎叶	3.24	1.22	0.59	514.60	9.23	66.13	6.08	25.48	15.73	10.90
2015	水稻	根系	0.23	1.89	22.42	107.24	35.71	80.15	6.49	100.21	10.35	42.30
2015	水稻	根系	0.25	1.18	15.74	111.53	42.21	103.05	7.58	91.99	12.66	40.20
2015	水稻	根系	0.28	1.74	19.74	134.15	28.69	112.46	5.31	106.94	11.68	33.00
2015	水稻	根系	0.22	1.65	19.36	150.25	28.71	99.98	5.23	114.42	11.79	39.20
2015	水稻	根系	0.25	2.13	19.33	129.74	25.51	99.32	4.40	139.98	9.49	47.50
2015	水稻	根系	0.26	1.86	16.21	184.61	30.17	102.49	5.48	126.75	8.99	51.40
2015	水稻	籽粒	0.46	1.05	0.23	105.27	6.18	32.45	4.18	13.15	16.21	4.00
2015	水稻	籽粒	0.42	0.97	0.15	96.31	6.43	28.54	6.54	12.17	16.22	3.80
2015	水稻	籽粒	0.41	1.08	0.16	125.01	5.54	28.33	4.89	15.85	16.30	4.40
2015	水稻	籽粒	0.31	0.83	0.13	81.27	4.64	25.27	5.95	10.10	15.59	4.00
2015	水稻	籽粒	0.25	0.68	0.15	97.58	5.86	26.16	2.52	9.91	16.13	2.40
2015	水稻	籽粒	0.35	0.83	0.13	128.42	7.16	24.34	2.62	8.51	16.39	2.80

表 3-40　辅一观测场农田作物元素含量与能值 1

年份	作物名称	采样部位	全碳(g/kg)	全氮(g/kg)	全磷(g/kg)	全钾(g/kg)	全硫(g/kg)
2005	花生	茎叶	365.37	4.89	1.19	22.38	2.12
2005	花生	茎叶	380.04	12.66	1.04	21.08	2.13
2005	花生	茎叶	383.61	17.27	1.08	18.64	1.80
2005	花生	茎叶	370.43	11.56	1.12	20.01	1.98
2005	花生	根系	378.08	14.10	1.41	17.59	3.30
2005	花生	根系	356.43	15.51	1.34	17.00	2.80
2005	花生	根系	374.39	20.40	1.16	10.53	2.96
2005	花生	根系	372.13	18.35	1.32	13.27	2.98
2005	花生	荚壳	507.16	27.95	1.62	12.65	1.06
2005	花生	荚壳	374.09	12.66	0.85	9.68	0.98
2005	花生	荚壳	434.37	16.72	0.93	10.35	0.96
2005	花生	荚壳	475.37	13.67	0.99	11.28	0.97
2005	花生	果仁	497.98	44.61	3.15	5.31	0.13
2005	花生	果仁	593.79	49.45	2.76	4.49	0.23
2005	花生	果仁	576.49	47.21	3.70	7.00	1.55
2005	花生	果仁	571.28	47.60	3.52	5.87	0.37

（续）

年份	作物名称	采样部位	全碳（g/kg）	全氮（g/kg）	全磷（g/kg）	全钾（g/kg）	全硫（g/kg）
2008	花生	根系	363.99	10.31	0.72	17.99	—
2008	花生	根系	385.12	10.81	1.15	17.25	—
2008	花生	根系	381.13	10.06	0.71	17.70	—
2008	花生	茎叶	423.83	12.89	0.76	26.34	—
2008	花生	茎叶	415.24	9.27	0.68	26.20	—
2008	花生	茎叶	419.05	9.86	0.80	23.99	—
2008	花生	果仁	742.51	27.76	4.90	8.39	—
2008	花生	果仁	709.02	37.79	3.75	6.42	—
2008	花生	果仁	688.75	44.12	3.84	6.52	—
2008	花生	果壳	472.16	7.08	0.63	7.54	—
2008	花生	果壳	440.06	9.83	0.64	9.17	—
2008	花生	果壳	471.27	6.93	0.54	7.94	—
2010	花生	茎叶	363.14	8.83	0.75	31.37	2.16
2010	花生	茎叶	382.79	9.70	1.21	34.54	1.66
2010	花生	茎叶	378.40	7.59	1.27	34.02	2.37
2010	花生	根系	370.01	9.98	0.90	22.48	2.34
2010	花生	根系	356.94	16.65	1.39	20.45	2.40
2010	花生	根系	268.74	11.91	1.18	21.26	2.62
2010	花生	果仁	524.14	41.10	4.76	8.91	1.71
2010	花生	果仁	464.40	48.43	4.46	8.15	1.67
2010	花生	果仁	560.89	45.71	4.70	8.60	0.95
2010	花生	果壳	417.79	7.27	0.52	9.47	0.97
2010	花生	果壳	393.56	11.81	0.44	14.48	0.94
2010	花生	果壳	392.53	12.93	0.62	17.69	1.36
2013	花生	茎叶	404.08	10.85	1.03	30.28	—
2013	花生	茎叶	410.46	10.69	0.77	28.99	—
2013	花生	茎叶	411.92	10.99	1.14	33.65	—
2013	花生	根系	405.22	14.80	1.29	20.03	—
2013	花生	根系	386.28	18.06	1.27	20.68	—
2013	花生	根系	385.86	15.80	1.09	22.60	—
2013	花生	果仁	647.74	47.35	4.63	9.40	—
2013	花生	果仁	633.90	52.52	3.73	7.99	—
2013	花生	果仁	646.28	47.16	4.90	10.26	—
2013	花生	果壳	458.94	9.00	0.75	14.71	—
2013	花生	果壳	461.29	10.84	0.60	11.29	—
2013	花生	果壳	477.26	8.51	0.55	12.60	—
2014	花生	茎叶	379.73	16.13	1.55	32.86	—
2014	花生	茎叶	387.51	12.28	1.25	28.98	—

（续）

年份	作物名称	采样部位	全碳（g/kg）	全氮（g/kg）	全磷（g/kg）	全钾（g/kg）	全硫（g/kg）
2014	花生	茎叶	386.83	14.35	0.81	32.61	—
2014	花生	根系	331.44	14.83	1.42	22.39	—
2014	花生	根系	357.08	13.11	1.55	21.88	—
2014	花生	根系	350.22	18.25	1.08	25.29	—
2014	花生	果仁	665.09	43.63	5.39	6.49	—
2014	花生	果仁	659.75	44.63	4.98	7.72	—
2014	花生	果仁	649.03	47.15	4.71	6.92	—
2014	花生	果壳	431.89	11.81	0.81	11.01	—
2014	花生	果壳	429.12	10.45	0.45	9.92	—
2014	花生	果壳	411.36	9.88	0.28	12.52	—
2015	花生	茎秆	385.73	10.75	1.23	30.25	1.07
2015	花生	茎秆	378.78	12.35	1.09	27.60	1.19
2015	花生	茎秆	385.71	9.85	0.71	33.09	1.31
2015	花生	叶片	376.30	20.31	1.11	16.67	1.66
2015	花生	叶片	381.29	23.13	1.19	27.28	1.87
2015	花生	叶片	398.10	26.43	0.99	24.24	1.53
2015	花生	茎叶	394.56	13.21	1.37	27.60	1.93
2015	花生	茎叶	396.69	8.48	1.26	27.41	1.36
2015	花生	茎叶	383.78	11.52	0.68	29.56	1.02
2015	花生	根系	391.01	16.14	1.69	21.80	2.31
2015	花生	根系	374.57	18.20	1.39	17.75	2.11
2015	花生	根系	368.15	18.11	1.02	22.28	1.93
2015	花生	果仁	519.32	48.72	5.17	7.91	1.81
2015	花生	果仁	515.91	52.53	4.96	6.58	1.59
2015	花生	果仁	568.23	49.27	4.90	6.66	1.64
2015	花生	果壳	405.70	10.23	0.88	10.96	0.73
2015	花生	果壳	406.25	12.49	1.04	10.93	0.78
2015	花生	果壳	394.58	10.86	0.39	10.21	0.63

表 3 - 41　辅一观测场农田作物元素含量与能值 2

年份	作物名称	采样部位	全钙（g/kg）	全镁（g/kg）	全铁（g/kg）	全锰（mg/kg）	全铜（mg/kg）	全锌（mg/kg）	全硼（mg/kg）	全硅（g/kg）	干重热值（MJ/kg）	灰分（%）
2005	花生	茎叶	11.47	4.99	1.04	102.70	3.00	57.30	11.17	7.03	14.47	8.85
2005	花生	茎叶	10.99	4.24	1.02	53.60	8.87	29.36	13.87	7.70	14.27	9.11
2005	花生	茎叶	8.50	3.63	1.01	99.58	7.13	44.34	10.92	8.24	13.99	8.07
2005	花生	茎叶	9.43	4.23	1.02	100.24	7.28	37.27	11.27	8.24	14.08	9.02
2005	花生	根系	4.10	1.89	3.54	58.48	21.27	56.29	5.92	20.53	14.33	10.58
2005	花生	根系	4.27	1.85	5.54	48.02	31.80	50.27	7.50	43.72	14.89	16.31
2005	花生	根系	3.95	1.54	2.87	59.73	21.81	60.39	7.10	17.31	14.87	8.22

（续）

年份	作物名称	采样部位	全钙（g/kg）	全镁（g/kg）	全铁（g/kg）	全锰（mg/kg）	全铜（mg/kg）	全锌（mg/kg）	全硼（mg/kg）	全硅（g/kg）	干重热值（MJ/kg）	灰分（%）
2005	花生	根系	4.03	1.78	3.87	56.26	23.87	56.25	7.83	21.44	14.79	10.43
2005	花生	荚壳	1.21	1.13	1.30	31.20	6.41	33.05	7.08	10.51	17.91	5.62
2005	花生	荚壳	1.70	0.94	2.72	50.63	9.11	65.56	7.32	18.87	17.98	6.59
2005	花生	荚壳	1.19	1.14	2.53	42.33	11.04	33.68	11.56	16.70	17.27	6.83
2005	花生	荚壳	1.36	1.13	2.43	42.98	10.00	35.73	9.78	17.26	17.72	6.58
2005	花生	果仁	0.31	1.32	0.01	10.53	2.63	29.63	8.78	0.12	27.48	2.89
2005	花生	果仁	0.34	1.29	0.02	11.65	1.37	29.12	11.52	0.31	27.57	2.42
2005	花生	果仁	0.41	2.00	0.03	15.92	5.36	43.28	18.63	0.85	27.54	2.81
2005	花生	果仁	0.40	1.40	0.02	12.76	3.03	30.57	12.37	0.83	26.82	2.79
2010	花生	茎叶	6.73	2.26	0.93	147.86	4.49	17.96	17.96	1.18	15.18	10.80
2010	花生	茎叶	8.79	1.80	0.76	130.72	5.94	20.51	20.51	1.12	17.09	11.00
2010	花生	茎叶	10.47	2.64	1.43	277.86	7.14	20.22	20.22	1.00	16.54	11.90
2010	花生	根系	4.81	1.77	2.94	110.00	16.21	46.08	12.91	4.05	14.30	17.60
2010	花生	根系	4.60	1.69	3.63	100.00	16.92	76.36	9.20	3.67	14.92	16.60
2010	花生	根系	4.24	1.97	2.92	110.00	21.77	66.08	12.28	4.72	14.09	20.90
2010	花生	果仁	0.25	2.06	0.03	30.00	7.68	36.21	4.68	0.70	28.36	3.03
2010	花生	果仁	0.17	1.93	0.03	30.00	9.77	38.01	4.93	0.60	28.05	2.96
2010	花生	果仁	0.20	2.37	0.04	30.00	12.11	33.03	4.68	0.10	28.04	3.07
2010	花生	果壳	1.07	0.62	0.98	60.00	7.57	24.61	17.58	5.10	17.49	4.02
2010	花生	果壳	1.24	1.16	1.94	70.00	8.69	49.22	8.90	14.10	17.57	4.18
2010	花生	果壳	1.50	1.72	2.02	90.00	12.31	49.24	12.17	13.80	17.79	6.64
2015	花生	茎秆	5.10	1.16	1.62	94.20	4.75	62.61	12.48	0.79	15.47	10.80
2015	花生	茎秆	5.87	2.17	1.59	106.76	4.73	61.71	10.95	0.80	15.81	12.20
2015	花生	茎秆	6.45	1.44	1.72	117.82	3.25	37.11	10.89	0.63	15.16	12.40
2015	花生	叶片	12.83	5.13	2.39	278.73	11.37	123.50	21.90	0.79	16.82	13.10
2015	花生	叶片	8.99	4.99	1.38	259.90	10.08	101.79	24.96	0.47	16.59	11.50
2015	花生	叶片	14.33	4.57	1.24	278.38	12.28	74.78	27.99	0.36	17.11	12.30
2015	花生	茎叶	6.48	2.08	1.35	101.61	7.89	68.64	20.43	1.10	16.24	12.60
2015	花生	茎叶	6.26	2.35	1.26	114.01	7.09	65.74	19.46	0.86	15.95	11.20
2015	花生	茎叶	7.73	1.79	1.75	113.37	7.47	48.67	20.60	0.71	15.99	13.20
2015	花生	根系	5.84	1.89	5.44	57.44	19.23	51.54	19.06	1.23	15.63	15.10
2015	花生	根系	4.37	1.69	5.45	61.07	17.22	46.37	16.80	2.35	15.44	13.70
2015	花生	根系	5.30	1.76	6.17	55.21	15.32	36.10	19.49	1.64	15.49	14.30
2015	花生	果仁	0.80	2.55	0.10	23.69	15.29	55.99	11.94	0.30	28.76	3.30
2015	花生	果仁	0.65	1.97	0.09	26.60	11.00	63.02	11.91	0.26	28.84	3.10
2015	花生	果仁	0.52	2.71	0.10	24.77	11.45	57.01	12.98	0.29	28.61	3.30
2015	花生	果壳	1.57	0.92	1.39	38.33	13.48	28.31	18.37	0.16	17.47	4.20
2015	花生	果壳	1.36	0.85	2.44	42.48	12.28	31.18	16.61	0.43	18.19	5.50
2015	花生	果壳	1.79	0.96	1.69	43.61	12.02	28.10	27.51	0.22	18.29	4.60

表 3 - 42　辅二观测场农田作物元素含量与能值 1

年份	作物名称	采样部位	全碳（g/kg）	全氮（g/kg）	全磷（g/kg）	全钾（g/kg）	全硫（g/kg）
2005	花生	茎叶	381.96	15.55	0.93	22.37	1.98
2005	花生	茎叶	379.80	14.15	0.99	22.30	2.03
2005	花生	茎叶	388.26	14.14	1.01	19.62	2.22
2005	花生	茎叶	381.28	14.36	0.99	20.27	2.13
2005	花生	根系	367.35	17.11	1.39	16.68	2.98
2005	花生	根系	362.90	17.14	1.58	15.55	3.03
2005	花生	根系	366.75	15.08	1.22	12.41	2.33
2005	花生	根系	365.28	17.03	1.40	13.29	2.79
2005	花生	荚壳	366.41	10.55	0.86	12.15	0.84
2005	花生	荚壳	501.62	28.26	2.56	9.78	1.36
2005	花生	荚壳	474.53	20.71	1.99	11.47	1.21
2005	花生	荚壳	476.29	21.68	1.98	11.37	1.27
2005	花生	果仁	522.44	36.61	3.91	6.88	0.66
2005	花生	果仁	364.50	46.87	3.55	6.75	0.44
2005	花生	果仁	483.88	55.04	4.11	7.55	1.44
2005	花生	果仁	378.52	47.28	3.91	7.01	0.89
2008	花生	根系	363.79	11.83	0.87	17.74	—
2008	花生	根系	376.17	12.92	0.89	16.72	—
2008	花生	根系	302.93	9.98	0.88	17.43	—
2008	花生	茎叶	550.36	10.44	0.85	26.23	—
2008	花生	茎叶	426.25	14.80	0.83	21.41	—
2008	花生	茎叶	415.80	8.51	0.65	23.23	—
2008	花生	果仁	652.44	44.79	3.46	7.03	—
2008	花生	果仁	705.76	45.17	4.12	6.39	—
2008	花生	果仁	704.54	37.61	4.18	6.99	—
2008	花生	果壳	468.27	8.22	0.65	7.29	—
2008	花生	果壳	469.93	7.95	0.67	7.22	—
2008	花生	果壳	467.32	6.41	0.48	6.77	—
2010	花生	茎叶	368.01	10.28	0.87	28.46	1.72
2010	花生	茎叶	371.71	11.86	1.05	27.29	1.84
2010	花生	茎叶	369.73	10.98	0.93	27.74	1.82
2010	花生	根系	310.22	12.89	1.63	25.74	3.32
2010	花生	根系	353.66	15.19	1.35	19.21	2.55
2010	花生	根系	343.42	14.85	1.48	18.66	2.35
2010	花生	果仁	535.72	39.57	4.80	7.63	1.86
2010	花生	果仁	574.85	52.32	4.39	7.95	1.79
2010	花生	果仁	575.64	50.17	4.82	7.97	1.74
2010	花生	果壳	393.53	7.38	0.39	13.82	1.25
2010	花生	果壳	398.98	10.67	0.36	12.23	3.05

（续）

年份	作物名称	采样部位	全碳（g/kg）	全氮（g/kg）	全磷（g/kg）	全钾（g/kg）	全硫（g/kg）
2010	花生	果壳	398.19	9.36	0.40	14.98	1.55
2013	花生	茎叶	398.17	15.66	1.02	29.66	—
2013	花生	茎叶	394.89	14.33	0.77	27.21	—
2013	花生	茎叶	404.58	10.02	0.64	25.57	—
2013	花生	根系	394.33	18.02	1.46	17.58	—
2013	花生	根系	372.12	19.44	1.29	18.61	—
2013	花生	根系	354.75	19.12	1.44	18.23	—
2013	花生	果仁	638.85	52.85	4.20	8.84	—
2013	花生	果仁	648.99	53.94	4.29	9.28	—
2013	花生	果仁	630.74	53.54	4.26	9.01	—
2013	花生	果壳	456.85	7.35	0.45	9.34	—
2013	花生	果壳	480.54	8.24	0.31	8.05	—
2013	花生	果壳	479.41	8.39	0.33	8.82	—
2014	花生	茎叶	379.44	15.38	1.74	32.28	—
2014	花生	茎叶	383.21	14.18	1.08	29.69	—
2014	花生	茎叶	379.08	16.07	1.83	26.14	—
2014	花生	根系	374.14	17.44	1.34	20.98	—
2014	花生	根系	366.39	14.78	1.23	21.46	—
2014	花生	根系	369.67	15.39	1.93	24.49	—
2014	花生	果仁	631.18	52.81	4.08	6.33	—
2014	花生	果仁	651.02	49.67	4.71	7.48	—
2014	花生	果仁	654.84	48.16	4.62	6.59	—
2014	花生	果壳	434.42	11.34	0.31	9.44	—
2014	花生	果壳	425.35	9.88	0.28	9.95	—
2014	花生	果壳	428.73	11.14	0.34	10.61	—
2015	花生	茎秆	397.22	12.92	0.96	23.16	1.05
2015	花生	茎秆	396.45	12.93	1.44	26.37	1.03
2015	花生	茎秆	394.98	10.47	1.17	22.34	1.42
2015	花生	叶片	391.55	16.79	1.24	23.41	1.63
2015	花生	叶片	399.09	21.82	1.12	22.74	1.36
2015	花生	叶片	400.99	22.39	1.13	17.24	1.22
2015	花生	茎叶	392.79	16.16	1.09	25.58	1.05
2015	花生	茎叶	400.26	14.95	1.21	26.37	1.08
2015	花生	茎叶	407.08	12.51	1.17	20.86	0.88
2015	花生	根系	360.76	18.19	1.43	14.39	1.67
2015	花生	根系	357.67	16.61	1.91	17.87	1.67
2015	花生	根系	359.89	17.09	1.56	14.86	1.57
2015	花生	果仁	480.17	53.64	4.52	5.93	1.35

（续）

年份	作物名称	采样部位	全碳（g/kg）	全氮（g/kg）	全磷（g/kg）	全钾（g/kg）	全硫（g/kg）
2015	花生	果仁	584.48	57.34	5.11	6.43	1.44
2015	花生	果仁	506.05	53.51	4.97	6.87	0.78
2015	花生	果壳	418.86	12.52	0.45	3.72	0.60
2015	花生	果壳	414.28	11.38	1.06	9.75	0.62
2015	花生	果壳	436.65	10.99	0.85	9.12	0.53

表 3-43　辅二观测场农田作物元素含量与能值 2

年份	作物名称	采样部位	全钙（g/kg）	全镁（g/kg）	全铁（g/kg）	全锰（mg/kg）	全铜（mg/kg）	全锌（mg/kg）	全硼（mg/kg）	全硅（g/kg）	干重热值（MJ/kg）	灰分（%）
2005	花生	茎叶	11.20	3.82	1.14	78.17	11.52	34.22	12.31	10.01	14.32	8.87
2005	花生	茎叶	8.23	4.66	0.87	144.21	10.30	55.20	11.75	6.10	14.28	8.74
2005	花生	茎叶	8.63	3.55	0.67	25.22	11.72	25.95	8.80	4.89	14.39	7.81
2005	花生	茎叶	9.22	3.78	0.98	48.76	11.36	38.68	9.96	6.28	14.25	8.26
2005	花生	根系	4.61	1.65	3.48	43.77	24.20	50.08	8.54	21.66	14.47	12.78
2005	花生	根系	3.99	1.76	3.57	80.04	23.76	56.62	7.43	23.65	14.98	10.29
2005	花生	根系	3.90	1.61	4.32	33.85	30.95	47.17	6.80	34.01	14.79	13.32
2005	花生	根系	4.13	1.66	3.74	43.76	26.32	49.27	8.08	28.28	14.99	11.28
2005	花生	荚壳	1.62	0.93	0.95	27.27	5.49	31.62	5.37	7.69	16.52	5.11
2005	花生	荚壳	1.35	1.86	2.41	29.28	11.89	38.17	12.48	25.54	17.01	8.37
2005	花生	荚壳	1.59	1.44	1.26	20.25	7.19	30.67	9.44	11.93	16.28	5.61
2005	花生	荚壳	1.41	1.47	2.01	23.65	8.56	33.30	9.47	12.19	17.02	5.87
2005	花生	果仁	0.42	1.72	0.03	9.99	2.62	37.09	10.17	0.96	27.85	2.74
2005	花生	果仁	0.49	1.73	0.03	11.52	3.68	32.49	13.73	1.00	27.78	2.69
2005	花生	果仁	0.47	2.04	0.02	9.12	5.36	36.72	11.16	1.02	27.35	2.93
2005	花生	果仁	0.47	1.90	0.02	9.26	3.71	33.57	11.28	1.02	26.99	2.79
2010	花生	茎叶	8.23	2.57	0.84	100.50	5.32	145.10	14.13	4.55	15.68	9.02
2010	花生	茎叶	8.27	3.12	0.90	119.00	5.94	182.01	13.07	6.27	15.55	8.31
2010	花生	茎叶	8.88	2.69	1.32	149.00	6.60	189.07	13.48	8.25	15.27	9.22
2010	花生	根系	5.98	2.50	8.86	100.00	17.81	144.70	13.64	65.70	13.12	19.39
2010	花生	根系	5.74	1.61	2.79	80.00	23.05	124.88	11.02	23.60	15.08	10.80
2010	花生	根系	6.26	1.96	2.99	100.00	17.50	157.54	10.58	46.90	12.98	15.48
2010	花生	果仁	0.32	2.20	0.03	30.00	9.12	52.71	9.50	0.30	28.61	2.90
2010	花生	果仁	0.36	2.05	0.03	30.00	8.84	49.75	4.50	0.40	28.09	2.48
2010	花生	果仁	0.29	2.02	0.03	30.00	9.19	51.03	7.33	0.20	28.03	2.52
2010	花生	果壳	2.80	1.04	2.43	60.00	11.06	80.15	7.69	18.10	16.68	5.29
2010	花生	果壳	3.89	0.78	1.71	60.00	13.70	86.11	6.93	12.60	17.44	6.33
2010	花生	果壳	2.92	0.87	1.91	60.00	10.65	93.18	9.41	9.70	17.59	3.84
2015	花生	茎秆	4.62	2.06	1.46	60.83	4.38	181.88	16.67	0.70	15.92	9.15
2015	花生	茎秆	4.43	2.22	1.11	57.06	3.83	178.23	16.40	0.84	16.15	9.25

（续）

年份	作物名称	采样部位	全钙（g/kg）	全镁（g/kg）	全铁（g/kg）	全锰（mg/kg）	全铜（mg/kg）	全锌（mg/kg）	全硼（mg/kg）	全硅（g/kg）	干重热值（MJ/kg）	灰分（%）
2015	花生	茎秆	4.85	1.66	1.54	86.60	4.51	129.13	15.72	1.32	15.81	10.90
2015	花生	叶片	10.70	5.54	0.73	189.69	9.17	264.71	30.44	0.45	17.20	10.70
2015	花生	叶片	11.44	5.74	0.82	163.80	9.04	253.09	29.21	0.29	16.64	10.50
2015	花生	叶片	11.65	5.57	1.09	201.72	13.22	235.62	26.50	0.49	17.70	10.10
2015	花生	茎叶	6.30	2.58	0.97	80.63	8.48	193.11	23.13	0.52	16.25	9.90
2015	花生	茎叶	5.85	2.59	1.08	53.53	5.31	161.64	20.06	0.48	16.67	9.70
2015	花生	茎叶	6.42	2.59	2.01	74.45	9.10	171.75	30.28	0.93	16.29	11.60
2015	花生	根系	3.93	1.50	4.96	41.76	13.09	105.08	16.32	1.77	15.68	11.00
2015	花生	根系	4.61	1.79	5.13	40.59	16.62	113.34	16.67	1.68	15.60	13.50
2015	花生	根系	3.50	1.86	4.26	58.79	15.48	89.54	17.48	1.12	15.48	15.50
2015	花生	果仁	0.58	1.92	0.12	23.09	12.11	76.58	13.08	0.41	28.71	2.90
2015	花生	果仁	0.54	2.32	0.08	23.20	11.28	78.06	13.92	0.32	28.46	3.00
2015	花生	果仁	0.52	2.37	0.06	28.09	12.53	62.45	13.43	0.33	28.49	2.90
2015	花生	果壳	1.72	0.86	2.08	30.12	11.43	60.03	13.69	0.41	18.33	5.10
2015	花生	果壳	2.11	1.01	1.94	31.83	12.22	53.97	15.96	0.54	17.96	5.50
2015	花生	果壳	1.34	0.73	1.57	42.39	11.87	59.84	11.55	0.38	18.33	4.40

表 3-44　辅三观测场农田作物元素含量与能值 1

年份	作物名称	采样部位	全碳（g/kg）	全氮（g/kg）	全磷（g/kg）	全钾（g/kg）	全硫（g/kg）
2005	花生	茎叶	377.93	16.29	1.07	18.12	2.53
2005	花生	茎叶	365.95	17.02	1.07	10.68	3.09
2005	花生	茎叶	378.31	18.84	1.08	14.09	1.85
2005	花生	茎叶	378.38	16.99	1.07	15.65	2.93
2005	花生	根系	368.02	16.66	1.34	11.71	2.96
2005	花生	根系	388.32	14.49	1.50	9.17	3.42
2005	花生	根系	376.05	16.56	1.64	12.67	3.07
2005	花生	根系	369.69	15.69	1.51	11.67	3.02
2005	花生	荚壳	419.43	10.18	0.94	13.25	1.05
2005	花生	荚壳	455.97	12.99	1.07	14.45	0.83
2005	花生	荚壳	438.95	15.32	1.22	15.30	1.06
2005	花生	荚壳	427.97	11.37	1.13	13.89	0.98
2005	花生	果仁	524.52	39.45	4.06	7.41	1.31
2005	花生	果仁	511.95	35.98	3.93	8.18	1.49
2005	花生	果仁	512.59	41.14	4.28	8.18	1.21
2005	花生	果仁	578.92	39.02	4.09	8.05	1.37
2008	花生	根系	283.01	10.30	1.04	8.87	—
2008	花生	根系	366.27	12.22	0.87	12.91	—
2008	花生	根系	339.15	12.61	0.78	8.08	—

（续）

年份	作物名称	采样部位	全碳（g/kg）	全氮（g/kg）	全磷（g/kg）	全钾（g/kg）	全硫（g/kg）
2008	花生	根系	346.77	12.71	0.99	12.34	—
2008	花生	茎叶	412.02	16.15	1.08	8.27	—
2008	花生	茎叶	422.40	11.72	0.77	14.70	—
2008	花生	茎叶	418.13	11.80	0.89	9.79	—
2008	花生	茎叶	423.45	12.08	1.19	15.29	—
2008	花生	果仁	708.92	29.17	4.65	6.46	—
2008	花生	果仁	688.44	38.30	3.27	6.58	—
2008	花生	果仁	688.59	32.28	3.50	6.72	—
2008	花生	果仁	680.38	38.54	3.70	6.89	—
2008	花生	果壳	396.57	7.25	0.82	6.75	—
2008	花生	果壳	469.24	6.17	0.42	5.82	—
2008	花生	果壳	470.85	7.75	0.65	7.17	—
2008	花生	果壳	465.25	6.82	0.50	7.09	—
2010	花生	茎叶	358.25	12.63	1.19	8.22	1.71
2010	花生	茎叶	366.07	13.87	0.84	17.76	1.52
2010	花生	茎叶	378.05	14.45	0.91	14.45	1.43
2010	花生	茎叶	370.50	12.48	0.97	18.64	1.71
2010	花生	根系	332.49	16.45	1.62	10.23	2.35
2010	花生	根系	356.24	18.53	1.09	15.59	2.42
2010	花生	根系	351.00	22.04	1.25	10.06	1.79
2010	花生	根系	362.98	15.68	1.37	13.77	2.38
2010	花生	果仁	540.96	50.02	5.01	7.71	2.14
2010	花生	果仁	513.09	48.03	4.32	8.31	1.54
2010	花生	果仁	459.80	44.84	4.22	7.94	1.77
2010	花生	果仁	554.57	43.38	4.88	8.41	1.73
2010	花生	果壳	427.68	8.59	0.27	7.31	1.12
2010	花生	果壳	403.89	12.57	0.39	12.92	1.15
2010	花生	果壳	397.79	13.32	0.46	12.41	1.64
2010	花生	果壳	399.74	11.03	0.40	11.09	1.19
2013	花生	茎叶	410.65	17.87	1.24	5.91	—
2013	花生	茎叶	408.99	17.76	1.05	13.83	—
2013	花生	茎叶	408.66	19.46	1.42	7.68	—
2013	花生	茎叶	414.60	21.30	1.48	9.88	—
2013	花生	根系	402.86	21.25	1.53	6.16	—
2013	花生	根系	409.82	19.87	1.31	10.96	—
2013	花生	根系	395.23	21.73	1.93	11.90	—
2013	花生	根系	403.93	21.98	1.81	10.64	—
2013	花生	果仁	645.23	46.06	4.47	9.33	—

（续）

年份	作物名称	采样部位	全碳（g/kg）	全氮（g/kg）	全磷（g/kg）	全钾（g/kg）	全硫（g/kg）
2013	花生	果仁	629.67	36.74	3.94	10.10	—
2013	花生	果仁	642.74	39.64	5.06	10.12	—
2013	花生	果仁	640.49	52.67	4.88	9.74	—
2013	花生	果壳	456.85	14.12	0.87	7.72	—
2013	花生	果壳	461.47	10.72	0.63	10.49	—
2013	花生	果壳	461.61	19.44	1.38	10.56	—
2013	花生	果壳	429.60	11.17	0.78	9.76	—
2014	花生	茎叶	375.37	12.79	1.26	19.97	—
2014	花生	茎叶	374.24	12.86	1.03	20.04	—
2014	花生	茎叶	386.83	15.07	1.43	20.55	—
2014	花生	茎叶	380.20	16.10	1.59	19.76	—
2014	花生	根系	357.94	16.78	1.18	11.42	—
2014	花生	根系	363.64	20.94	1.27	13.85	—
2014	花生	根系	367.66	19.17	1.45	13.62	—
2014	花生	根系	389.97	14.23	1.80	20.02	—
2014	花生	果仁	618.77	52.47	2.94	5.52	—
2014	花生	果仁	634.00	49.09	3.58	6.23	—
2014	花生	果仁	627.45	44.99	3.64	6.04	—
2014	花生	果仁	631.11	51.99	4.19	6.13	—
2014	花生	果壳	439.19	9.69	0.33	7.06	—
2014	花生	果壳	433.24	12.68	0.38	8.89	—
2014	花生	果壳	435.37	11.05	0.34	8.23	—
2014	花生	果壳	435.34	15.92	0.62	7.42	—
2015	花生	茎秆	403.26	11.25	0.81	12.80	0.91
2015	花生	茎秆	398.31	11.84	0.72	9.93	1.07
2015	花生	茎秆	402.62	11.49	0.78	11.61	1.12
2015	花生	茎秆	393.66	11.06	0.50	10.80	0.63
2015	花生	叶片	383.69	28.10	1.63	12.50	1.79
2015	花生	叶片	397.96	24.84	1.49	15.66	1.62
2015	花生	叶片	397.59	26.70	1.32	14.73	1.47
2015	花生	叶片	411.95	21.27	0.83	15.59	1.85
2015	花生	茎叶	399.99	13.21	0.93	12.94	1.02
2015	花生	茎叶	392.27	12.75	0.87	12.13	1.21
2015	花生	茎叶	393.66	11.68	0.79	10.77	0.94
2015	花生	茎叶	393.49	11.46	0.54	10.01	0.72
2015	花生	根系	378.41	20.34	1.45	11.67	2.78
2015	花生	根系	356.44	16.84	1.00	8.94	2.17
2015	花生	根系	335.87	19.89	1.39	10.46	2.19

（续）

年份	作物名称	采样部位	全碳（g/kg）	全氮（g/kg）	全磷（g/kg）	全钾（g/kg）	全硫（g/kg）
2015	花生	根系	370.94	17.91	0.87	9.64	2.42
2015	花生	果仁	477.98	57.41	4.31	5.72	1.11
2015	花生	果仁	619.52	55.85	3.98	5.99	0.84
2015	花生	果仁	550.34	57.13	4.29	6.66	0.86
2015	花生	果仁	524.75	50.90	3.90	6.36	1.34
2015	花生	果壳	442.19	10.30	0.78	7.78	0.52
2015	花生	果壳	423.24	11.45	0.48	7.02	0.61
2015	花生	果壳	417.95	12.62	0.52	5.93	0.52
2015	花生	果壳	429.70	11.02	0.45	6.33	0.53

表 3-45　辅三观测场农田作物元素含量与能值 2

年份	作物名称	采样部位	全钙（g/kg）	全镁（g/kg）	全铁（g/kg）	全锰（mg/kg）	全铜（mg/kg）	全锌（mg/kg）	全硼（mg/kg）	全硅（g/kg）	干重热值（MJ/kg）	灰分（%）
2005	花生	茎叶	8.34	4.03	1.55	82.94	10.59	21.74	17.02	11.84	14.34	8.82
2005	花生	茎叶	10.12	4.47	1.77	80.30	10.85	24.22	17.35	15.71	14.28	10.34
2005	花生	茎叶	10.33	4.46	1.16	95.26	9.24	29.20	17.62	12.30	14.39	9.18
2005	花生	茎叶	10.02	4.43	1.63	83.49	10.35	22.99	17.67	15.21	13.93	9.13
2005	花生	根系	3.67	1.60	3.02	45.66	15.59	31.56	8.08	21.88	14.32	7.99
2005	花生	根系	4.25	1.60	3.53	51.02	15.81	38.96	7.44	29.70	15.02	12.01
2005	花生	根系	4.32	1.64	2.51	47.99	16.56	34.13	7.72	22.16	14.99	8.05
2005	花生	根系	4.26	1.63	3.16	48.86	15.93	38.97	7.76	24.27	14.72	9.26
2005	花生	荚壳	1.53	0.88	1.29	30.93	4.55	24.18	9.68	9.94	16.89	4.37
2005	花生	荚壳	1.61	1.03	1.83	33.85	5.07	28.78	9.95	11.42	17.29	5.73
2005	花生	荚壳	1.68	1.04	1.50	32.85	4.41	33.06	9.87	14.24	17.26	5.62
2005	花生	荚壳	1.63	1.01	1.67	31.03	4.58	28.35	9.88	12.44	17.40	5.52
2005	花生	果仁	0.44	2.02	0.04	15.21	1.45	34.31	11.68	0.99	29.43	2.53
2005	花生	果仁	0.51	2.10	0.03	14.70	7.77	31.25	12.79	1.11	27.89	2.57
2005	花生	果仁	0.48	1.97	0.03	14.83	7.52	33.29	8.27	0.76	28.38	2.63
2005	花生	果仁	0.49	2.01	0.04	14.46	7.47	32.13	10.98	1.03	28.97	2.57
2010	花生	茎叶	11.12	6.67	1.27	80.20	6.19	53.81	19.24	9.95	15.78	7.74
2010	花生	茎叶	8.86	2.64	0.93	101.24	4.64	31.89	16.59	6.20	15.88	6.62
2010	花生	茎叶	9.40	3.77	1.37	114.58	7.01	35.15	20.23	10.88	15.75	7.15
2010	花生	茎叶	7.75	2.92	0.89	91.97	4.79	24.85	15.66	6.43	15.70	7.09
2010	花生	根系	5.20	2.87	3.81	60.00	9.23	57.08	13.24	34.50	14.85	12.93
2010	花生	根系	5.39	1.73	2.63	60.00	16.99	27.60	12.99	20.10	15.31	10.61
2010	花生	根系	5.42	2.31	2.64	70.00	11.02	25.42	10.44	18.10	15.78	11.67
2010	花生	根系	5.12	2.04	2.12	50.00	18.36	20.20	12.41	18.50	15.36	12.21
2010	花生	果仁	0.37	2.11	0.03	30.00	7.78	42.81	9.38	0.70	28.48	2.63
2010	花生	果仁	0.26	2.03	0.02	30.00	6.65	37.24	9.93	0.90	28.33	2.67

（续）

年份	作物名称	采样部位	全钙 (g/kg)	全镁 (g/kg)	全铁 (g/kg)	全锰 (mg/kg)	全铜 (mg/kg)	全锌 (mg/kg)	全硼 (mg/kg)	全硅 (g/kg)	干重热值 (MJ/kg)	灰分 (%)
2010	花生	果仁	0.20	1.88	0.03	30.00	6.93	35.79	12.02	0.10	28.02	2.45
2010	花生	果仁	0.16	2.11	0.03	30.00	7.34	37.93	10.85	0.20	28.17	2.62
2010	花生	果壳	1.47	0.58	1.06	40.00	7.34	27.73	5.91	4.60	17.53	3.83
2010	花生	果壳	1.06	0.95	0.92	50.00	6.36	28.63	8.67	2.70	17.21	3.32
2010	花生	果壳	1.12	0.88	0.85	40.00	6.62	26.47	12.38	2.90	17.25	3.61
2010	花生	果壳	0.89	0.73	0.66	50.00	6.45	19.35	9.40	2.10	17.42	3.94
2015	花生	茎秆	5.40	5.76	2.33	42.09	3.89	72.69	19.96	1.17	16.28	8.90
2015	花生	茎秆	4.60	2.77	3.44	60.13	4.50	69.08	18.80	1.05	15.52	11.10
2015	花生	茎秆	4.40	3.56	2.21	62.10	4.44	49.80	17.33	1.04	15.71	8.21
2015	花生	茎秆	4.18	3.88	2.03	54.78	3.48	27.61	14.06	1.14	16.13	8.15
2015	花生	叶片	11.82	6.48	1.00	174.88	11.61	308.06	49.65	0.36	17.76	9.92
2015	花生	叶片	10.48	5.39	1.38	264.20	10.20	94.72	38.11	0.55	17.32	10.51
2015	花生	叶片	12.05	6.23	1.65	184.82	18.69	82.50	38.53	0.59	17.30	10.62
2015	花生	叶片	11.36	5.98	0.93	201.53	7.23	56.55	34.18	0.31	17.06	9.82
2015	花生	茎叶	5.45	4.61	2.18	60.77	8.58	47.14	20.30	0.64	16.48	8.65
2015	花生	茎叶	5.70	3.21	2.53	87.28	8.07	71.11	22.17	0.84	16.34	9.44
2015	花生	茎叶	5.35	4.06	2.77	72.29	7.79	62.77	21.24	0.67	16.73	8.35
2015	花生	茎叶	5.15	4.99	2.08	66.03	5.80	35.03	21.04	0.78	16.35	7.52
2015	花生	根系	3.01	3.49	6.39	48.51	13.53	129.68	20.16	2.03	15.35	14.62
2015	花生	根系	2.80	2.72	7.45	67.41	14.63	72.44	20.72	1.66	15.37	11.71
2015	花生	根系	3.14	3.21	7.06	55.90	13.68	60.40	19.50	2.16	15.77	13.92
2015	花生	根系	2.55	2.61	4.27	42.41	10.02	32.40	18.51	1.73	15.73	9.02
2015	花生	果仁	0.55	2.19	0.07	25.88	9.78	77.22	18.97	0.51	28.49	2.82
2015	花生	果仁	0.36	2.07	0.10	28.15	9.53	55.67	16.28	0.54	28.49	2.74
2015	花生	果仁	0.41	2.22	0.05	26.80	7.87	50.60	14.42	0.46	27.38	3.01
2015	花生	果仁	0.41	2.28	0.07	27.05	7.49	45.50	16.41	0.51	28.48	2.72
2015	花生	果壳	1.47	1.02	2.15	45.89	11.41	109.79	11.59	0.44	17.91	4.73
2015	花生	果壳	0.81	0.68	1.51	44.88	11.41	42.63	14.11	0.24	18.23	3.81
2015	花生	果壳	1.74	0.85	1.31	43.02	10.03	28.82	11.65	0.18	18.50	3.83
2015	花生	果壳	0.98	0.78	1.61	43.23	10.20	25.78	10.69	0.29	18.00	3.65

表 3 - 46　站区一调查点农田作物元素含量与能值 1

年份	作物名称	采样部位	全碳 (g/kg)	全氮 (g/kg)	全磷 (g/kg)	全钾 (g/kg)	全硫 (g/kg)
2010	花生	茎叶	369.67	11.44	0.91	24.53	1.84
2010	花生	根系	350.32	11.65	0.89	7.56	1.75
2010	花生	果仁	514.01	44.69	3.98	7.68	2.34
2010	花生	果壳	389.25	8.31	0.40	9.28	1.28
2013	花生	茎叶	416.63	16.56	0.89	18.30	—

（续）

年份	作物名称	采样部位	全碳（g/kg）	全氮（g/kg）	全磷（g/kg）	全钾（g/kg）	全硫（g/kg）
2013	花生	根系	387.39	15.17	1.25	15.09	—
2013	花生	果仁	627.60	50.32	3.93	10.39	—
2013	花生	果壳	475.71	12.33	0.71	10.77	—
2014	花生	根系	388.03	15.54	1.06	14.73	—
2014	花生	果仁	635.95	52.69	3.99	7.34	—
2014	花生	果壳	437.61	10.39	0.29	7.14	—
2015	花生	茎秆	387.82	10.40	0.59	23.25	1.11
2015	花生	叶片	386.53	18.20	1.05	19.56	1.03
2015	花生	茎叶	388.80	14.48	0.87	21.11	0.99
2015	花生	根系	424.13	19.27	1.88	10.16	2.11
2015	花生	果仁	456.70	36.13	2.01	8.88	1.88
2015	花生	果壳	399.18	15.89	0.89	10.99	0.79

表 3－47　站区一调查点农田作物元素含量与能值 2

年份	作物名称	采样部位	全钙（g/kg）	全镁（g/kg）	全铁（g/kg）	全锰（mg/kg）	全铜（mg/kg）	全锌（mg/kg）	全硼（mg/kg）	全硅（g/kg）	干重热值（MJ/kg）	灰分（%）
2010	花生	茎叶	11.27	4.63	0.84	132.78	4.77	19.66	17.09	4.73	15.81	8.25
2010	花生	根系	0.84	0.67	13.68	100.05	9.34	82.18	12.31	37.21	15.57	10.39
2010	花生	果仁	0.46	2.07	0.25	36.12	11.67	31.26	12.14	0.24	28.40	2.39
2010	花生	果壳	2.51	0.96	1.22	50.09	8.51	16.47	9.17	3.47	17.36	3.57
2015	花生	茎秆	4.62	2.62	0.47	56.17	2.64	27.09	13.92	0.09	16.63	7.72
2015	花生	叶片	10.55	2.56	0.55	70.15	7.01	48.55	20.17	0.08	17.11	11.25
2015	花生	茎叶	5.23	2.15	0.73	71.72	6.23	38.12	18.21	0.23	16.98	6.81
2015	花生	根系	4.03	1.83	1.46	55.68	10.78	45.09	18.89	0.88	16.25	8.82
2015	花生	果仁	0.78	2.12	1.04	53.11	11.25	40.05	15.27	0.23	28.66	2.83
2015	花生	果壳	1.55	1.18	1.78	38.23	9.64	35.12	13.29	0.21	18.43	3.85

表 3－48　站区二调查点农田作物元素含量与能值 1

年份	作物名称	采样部位	全碳（g/kg）	全氮（g/kg）	全磷（g/kg）	全钾（g/kg）	全硫（g/kg）
2008	水稻	根系	402.81	10.80	1.06	7.41	—
2008	水稻	茎叶	397.00	5.84	0.53	32.97	—
2008	水稻	籽粒	431.51	11.74	2.17	2.67	—
2008	水稻	根系	401.94	5.43	1.21	5.84	—
2008	水稻	茎叶	435.87	6.13	1.63	15.80	—
2008	水稻	籽粒	487.69	9.38	2.78	3.22	—
2008	水稻	根系	407.50	7.10	0.72	8.76	—
2010	水稻	茎叶	379.07	5.75	0.80	28.96	1.46
2010	水稻	根系	398.10	8.00	1.48	2.66	1.21
2010	水稻	籽粒	390.28	9.96	3.27	3.82	1.09

（续）

年份	作物名称	采样部位	全碳（g/kg）	全氮（g/kg）	全磷（g/kg）	全钾（g/kg）	全硫（g/kg）
2010	水稻	茎叶	393.90	6.80	1.20	16.66	1.61
2010	水稻	根系	276.56	6.96	0.82	6.71	1.89
2010	水稻	籽粒	409.70	11.50	2.96	4.57	1.47
2013	中稻	茎叶	433.79	11.95	1.57	18.92	—
2013	中稻	根系	353.13	9.59	1.49	6.69	—
2013	中稻	籽粒	434.17	12.93	2.82	5.49	—
2014	早稻	茎叶	396.61	10.61	2.41	23.22	—
2014	早稻	根系	357.76	8.38	1.29	9.25	—
2014	早稻	籽粒	402.48	11.32	3.38	3.63	—
2014	晚稻	茎叶	414.02	7.49	2.11	22.91	—
2014	晚稻	根系	298.57	7.55	1.48	5.56	—
2014	晚稻	籽粒	413.79	8.01	2.87	3.44	—
2015	水稻	茎秆	370.32	5.19	0.86	40.48	0.95
2015	水稻	叶片	410.69	12.97	0.96	12.70	1.05
2015	水稻	茎叶	394.09	14.82	1.44	32.19	1.03
2015	水稻	根系	281.69	7.48	2.60	6.08	1.22
2015	水稻	籽粒	411.43	12.27	2.19	3.34	0.79
2015	水稻	茎秆	394.48	5.06	2.28	26.75	1.12
2015	水稻	叶片	416.25	10.83	1.60	10.91	0.54
2015	水稻	茎叶	406.88	8.02	1.59	19.53	1.24
2015	水稻	根系	369.11	8.72	2.88	7.99	1.94
2015	水稻	籽粒	392.28	10.41	2.03	1.63	0.86

表 3 - 49 站区二调查点农田作物元素含量与能值 2

年份	作物名称	采样部位	全钙（g/kg）	全镁（g/kg）	全铁（g/kg）	全锰（mg/kg）	全铜（mg/kg）	全锌（mg/kg）	全硼（mg/kg）	全硅（g/kg）	干重热值（MJ/kg）	灰分（%）
2010	水稻	茎叶	4.75	0.84	0.57	372.20	9.77	98.18	3.53	15.57	15.36	9.68
2010	水稻	根系	0.50	0.38	27.17	90.00	28.40	43.49	2.32	40.50	14.80	14.02
2010	水稻	籽粒	0.31	1.20	0.18	60.00	5.64	22.55	2.38	6.60	16.13	2.86
2010	水稻	茎叶	3.49	0.98	0.21	274.44	10.40	62.84	3.18	12.36	15.87	7.16
2010	水稻	根系	1.01	1.13	10.51	80.00	23.69	68.66	4.54	121.50	9.80	35.16
2010	水稻	籽粒	0.62	1.25	0.21	110.00	4.94	28.66	1.84	8.40	16.59	3.62
2015	水稻	茎秆	1.65	0.94	1.07	308.19	11.24	196.55	2.70	0.97	15.53	10.51
2015	水稻	叶片	8.41	1.29	0.72	764.85	7.05	37.01	5.75	1.70	17.14	9.52
2015	水稻	茎叶	3.12	1.59	1.27	645.70	7.25	169.55	5.64	2.09	15.82	13.82
2015	水稻	根系	0.97	1.17	7.78	105.35	25.51	111.52	14.62	4.83	12.69	35.75
2015	水稻	籽粒	0.60	1.24	0.20	81.50	6.33	24.28	1.12	0.84	16.27	4.23
2015	水稻	茎秆	1.47	1.25	0.68	419.29	7.48	104.53	3.12	16.43	16.22	9.54
2015	水稻	叶片	9.47	1.17	0.43	898.84	9.34	43.39	9.09	16.44	17.03	8.23

（续）

年份	作物名称	采样部位	全钙（g/kg）	全镁（g/kg）	全铁（g/kg）	全锰（mg/kg）	全铜（mg/kg）	全锌（mg/kg）	全硼（mg/kg）	全硅（g/kg）	干重热值（MJ/kg）	灰分（%）
2015	水稻	茎叶	6.09	1.07	0.50	600.62	7.98	98.29	6.06	16.20	16.50	9.24
2015	水稻	根系	0.27	1.06	23.90	206.10	23.23	142.98	6.01	57.17	13.98	23.45
2015	水稻	籽粒	0.38	1.01	0.11	64.11	4.59	27.32	1.72	6.11	16.08	2.65

表 3-50　站区三调查点农田作物元素含量与能值 1

年份	作物名称	采样部位	全碳（g/kg）	全氮（g/kg）	全磷（g/kg）	全钾（g/kg）	全硫（g/kg）
2010	花生	茎叶	377.23	13.62	0.87	24.90	1.84
2010	花生	根系	348.25	11.47	0.96	7.45	1.47
2010	花生	果仁	530.88	44.95	3.89	7.34	2.05
2010	花生	果壳	398.24	8.13	0.30	9.19	1.14
2013	花生	茎叶	410.14	11.28	2.19	12.78	—
2013	花生	根系	347.74	14.86	0.86	13.64	—
2013	花生	果仁	645.23	50.36	3.00	7.61	—
2013	花生	果壳	410.43	15.01	0.59	17.84	—
2014	花生	茎叶	383.51	15.59	1.51	20.16	—
2014	花生	根系	378.81	16.70	1.62	16.82	—
2014	花生	果仁	629.28	48.49	3.92	6.08	—
2014	花生	果壳	435.35	13.49	0.48	7.82	—
2015	花生	茎秆	387.82	10.40	0.59	23.25	1.11
2015	花生	叶片	382.64	25.51	1.40	30.22	1.29
2015	花生	茎叶	390.42	10.90	0.70	20.96	1.11
2015	花生	根系	370.37	18.07	1.05	15.09	1.86
2015	花生	果仁	479.60	58.43	3.95	6.03	1.61
2015	花生	果壳	425.70	11.17	0.64	7.75	0.52

表 3-51　站区三调查点农田作物元素含量与能值 2

年份	作物名称	采样部位	全钙（g/kg）	全镁（g/kg）	全铁（g/kg）	全锰（mg/kg）	全铜（mg/kg）	全锌（mg/kg）	全硼（mg/kg）	全硅（g/kg）	干重热值（MJ/kg）	灰分（%）
2010	花生	茎叶	11.66	4.67	0.72	135.50	5.22	19.50	18.15	4.50	15.56	8.33
2010	花生	根系	0.74	0.62	13.97	100.00	9.32	82.88	12.32	37.60	15.23	10.93
2010	花生	果仁	0.45	2.02	0.02	30.00	11.75	31.33	12.42	0.50	27.94	2.28
2010	花生	果壳	2.15	0.89	1.00	50.00	8.40	16.80	8.98	3.10	17.66	3.83
2015	花生	茎秆	4.62	2.62	0.47	56.17	2.64	27.09	13.93	0.09	16.48	7.72
2015	花生	叶片	12.65	3.33	0.42	257.98	6.98	64.31	22.48	0.06	17.21	11.31
2015	花生	茎叶	5.04	2.75	0.63	73.28	5.50	32.79	17.86	0.12	16.61	6.62
2015	花生	根系	3.15	1.65	5.09	67.02	12.81	43.46	18.55	0.90	16.13	8.52
2015	花生	果仁	0.44	2.18	0.09	26.66	13.83	46.71	19.24	0.41	28.88	2.82
2015	花生	果壳	1.28	1.07	1.38	50.05	10.85	33.28	11.30	0.19	18.68	3.83

表 3-52 站区四调查点农田作物元素含量与能值 1

年份	作物名称	采样部位	全碳（g/kg）	全氮（g/kg）	全磷（g/kg）	全钾（g/kg）	全硫（g/kg）
2008	水稻	茎叶	390.14	11.32	1.17	31.32	—
2008	水稻	籽粒	439.33	10.23	2.40	2.93	—
2008	水稻	根系	365.37	5.61	1.24	4.38	—
2008	水稻	茎叶	412.10	6.51	1.33	16.25	—
2008	水稻	籽粒	455.81	9.45	2.65	3.14	—
2010	水稻	茎叶	360.24	7.20	1.02	29.91	1.72
2010	水稻	根系	367.43	8.78	1.03	17.09	2.43
2010	水稻	籽粒	397.31	11.48	3.24	4.79	1.13
2010	水稻	茎叶	404.17	10.11	0.82	4.18	2.46
2010	水稻	根系	312.08	8.41	2.05	5.58	1.12
2010	水稻	籽粒	389.63	13.28	2.14	2.91	1.71
2013	早稻	茎叶	369.66	6.48	1.12	17.89	—
2013	早稻	根系	382.37	8.39	1.26	9.86	—
2013	早稻	籽粒	393.80	11.49	3.12	4.31	—
2013	晚稻	茎叶	407.00	12.11	2.31	16.32	—
2013	晚稻	根	299.40	9.29	2.34	7.62	—
2013	晚稻	籽粒	430.46	12.05	2.75	4.58	—
2014	早稻	茎叶	396.66	12.43	1.37	17.33	—
2014	早稻	根系	296.12	6.84	2.76	4.19	—
2014	早稻	籽粒	396.00	10.83	2.27	2.73	—
2014	晚稻	茎叶	401.07	10.01	1.92	12.17	—
2014	晚稻	根系	338.12	6.29	2.93	3.29	—
2014	晚稻	籽粒	413.38	11.16	2.96	3.32	—
2015	水稻	茎秆	388.64	11.47	1.34	31.96	1.12
2015	水稻	叶片	404.46	21.34	1.84	15.27	1.64
2015	水稻	茎叶	398.95	9.49	1.24	34.29	0.53
2015	水稻	根系	344.38	11.34	2.49	4.57	0.72
2015	水稻	籽粒	342.03	15.12	1.93	3.79	0.63
2015	水稻	茎秆	406.88	12.53	2.07	16.63	1.56
2015	水稻	叶片	414.27	14.98	2.55	11.61	0.96
2015	水稻	茎叶	397.39	10.24	1.86	16.83	0.67
2015	水稻	根系	332.64	11.47	2.06	5.35	1.35
2015	水稻	籽粒	405.41	11.90	2.76	3.37	0.85

表 3-53 站区四调查点农田作物元素含量与能值 2

年份	作物名称	采样部位	全钙（g/kg）	全镁（g/kg）	全铁（g/kg）	全锰（mg/kg）	全铜（mg/kg）	全锌（mg/kg）	全硼（mg/kg）	全硅（g/kg）	干重热值（MJ/kg）	灰分（%）
2010	水稻	茎叶	4.63	0.69	0.97	458.80	4.28	73.92	3.31	29.42	14.77	13.68
2010	水稻	根系	4.57	2.14	10.47	90.00	11.19	24.86	5.50	31.80	14.82	21.85

（续）

年份	作物名称	采样部位	全钙 (g/kg)	全镁 (g/kg)	全铁 (g/kg)	全锰 (mg/kg)	全铜 (mg/kg)	全锌 (mg/kg)	全硼 (mg/kg)	全硅 (g/kg)	干重热值 (MJ/kg)	灰分 (%)
2010	水稻	籽粒	0.28	0.93	0.14	60.00	3.28	18.60	1.76	11.10	16.62	4.76
2010	水稻	茎叶	3.94	0.89	0.28	0.41	5.14	21.09	4.45	21.50	16.01	5.92
2010	水稻	根系	1.17	0.78	36.96	270.00	14.28	102.36	6.53	67.00	13.97	15.69
2010	水稻	籽粒	0.36	0.82	0.07	100.00	3.89	26.22	1.21	8.40	16.05	3.89
2015	水稻	茎秆	1.39	1.27	1.67	389.70	4.42	190.95	1.52	1.72	15.50	10.90
2015	水稻	叶片	8.05	2.09	1.04	1 523.89	8.05	34.46	7.08	2.21	17.38	12.40
2015	水稻	茎叶	3.56	1.09	0.74	495.48	9.09	125.24	7.49	1.24	15.67	11.20
2015	水稻	根系	0.91	0.86	46.22	126.64	16.90	114.53	9.86	6.85	12.91	25.20
2015	水稻	籽粒	0.42	1.12	0.26	70.56	5.55	27.76	1.03	0.37	16.37	3.60
2015	水稻	茎秆	4.84	1.58	0.49	802.86	10.09	188.42	4.87	11.51	16.40	9.60
2015	水稻	叶片	8.13	1.41	0.36	990.53	9.05	60.84	7.99	23.24	16.58	10.30
2015	水稻	茎叶	1.79	1.51	0.41	667.93	9.69	197.01	4.05	18.20	15.78	9.40
2015	水稻	根系	0.23	0.88	20.45	194.02	28.10	242.81	6.36	77.38	13.35	37.90
2015	水稻	籽粒	0.48	1.09	0.12	145.98	6.22	32.12	2.73	8.58	16.33	3.00

3.1.8　作物叶面积与地上生物量动态观测

1. 概述

本数据集包括鹰潭站 2 个综合观测场（2005—2015 年）和 3 个辅助观测场（2006—2015 年）样地的年度观测数据，主要种植作物为花生和水稻。作物叶面积指数（leafareaindex，LAI）指一定土地面积上作物所有绿色叶面积（单面）的总和与土地面积的比值。作物叶面积指数可以很好地反映作物长势、产量、病虫害情况等，对田间管理也有很好的指示作用。具体调查指标包括：密度、单株（穴）总茎数（水稻）、群体株高、叶面积指数。

2. 数据采集和处理方法

选择具有代表性、生长较一致的地块进行多点调查和取样。一般选做 6 个样点重复，选取各点作物应长势一致、株距均匀、不缺苗。一般各点采取 30 个左右的样株，利用叶片打孔称重法测算花生和水稻不同生育期叶面积指数。作物地上生物量的测定采用直接收获法。

3. 数据质量控制和评估

（1）生物量动态。

①"单株（穴）分蘖茎数"仅水稻需要观测，其他作物不用观测。

②"群体株高"指的是自然状态下植株群体的平均高度，而不是拉伸长度。

③对于小株分蘖作物的密度测定，在生育期第一次选取样点时，先预选取 6～7 个重复样点进行测定，舍弃偏离均值较远的样点，保留 4 个重复样点并做标记，以后每个生育期密度测定都在同一位置测定。

（2）叶面积指数打孔法。

①由于打孔法测量结果受叶片的厚薄、叶龄、打孔位置以及叶片含水量影响很大，所以在测定时要尽量保证每片叶片都能均匀地打孔、计数，在打孔时，一定要注意所打孔的完整性、均匀性。

②注意取样时不同叶龄的叶片均要选到，因为叶龄不同含水量不同，会影响叶面积测量结果，也可以按照不同叶龄的叶片分别打孔、称重。

③植株叶面积的测量过程中，主要测定展开的绿叶面积，枯黄的叶片以及未展开的心叶不在叶面积的计算范围内。

④野外调查，用固定格式专用表格记录数据，表格要求注明调查时间、地点和调查人员等，以便日后对数据进行检查、复原和核对。

⑤每次打孔结束后都需将打孔器清洗干净，避免生锈或损坏。

4. 数据价值/数据使用方法和建议

叶面积指数是反映作物群体光合面积大小的动态指标。作物一生中叶面积指数的消长大致呈一抛物线，最大的 LAI 一般出现在初花（孕穗）期。以水稻为例，移栽返青后，随着分蘖盛期的到来，叶面积迅速增长，抽穗前后达到最高峰，然后又逐步降低。作物生物量动态是作物生长状况的直接反映，干物质的积累和分配随作物生育时期生长中心的转移而转移，与叶面积动态变化相关，与环境因子联合可以分析作物产量形成的机制。

5. 数据

旱地和水田综合观测场、辅一至辅三观测场农田作物叶面积指数数据见表 3 - 54 至表 3 - 58。

表 3 - 54　旱地综合观测场农田作物叶面积指数

年份	作物名称	作物生育时期	调查株（穴）数	密度（株或穴/m²）	群体高度（cm）	叶面积指数
2005	花生	幼苗期	12	12	18.90	0.69
2005	花生	幼苗期	13	13	17.30	0.66
2005	花生	幼苗期	12	12	16.70	0.66
2005	花生	幼苗期	14	14	16.30	0.68
2005	花生	幼苗期	13	13	19.30	0.57
2005	花生	幼苗期	12	12	17.60	0.56
2005	花生	开花期	13	13	30.80	2.07
2005	花生	开花期	12	12	34.20	1.71
2005	花生	开花期	10	10	28.20	1.78
2005	花生	开花期	12	12	31.40	2.02
2005	花生	开花期	13	13	32.60	1.98
2005	花生	开花期	11	11	29.60	1.89
2005	花生	成熟期	11	11	31.40	2.17
2005	花生	成熟期	12	12	30.80	1.32
2005	花生	成熟期	11	11	34.00	1.45
2005	花生	成熟期	12	12	31.00	1.87
2005	花生	成熟期	13	13	31.20	2.03
2005	花生	成熟期	12	12	33.00	1.89
2006	花生	结荚期	12	12	50.20	1.33
2006	花生	结荚期	12	12	49.00	1.33
2006	花生	结荚期	12	6	40.20	1.17
2006	花生	结荚期	12	8	42.00	1.27
2006	花生	收获期	12	12	47.20	0.76
2006	花生	收获期	12	12	46.40	0.92
2006	花生	收获期	9	9	49.20	1.19

（续）

年份	作物名称	作物生育时期	调查株（穴）数	密度（株或穴/m²）	群体高度（cm）	叶面积指数
2006	花生	收获期	8	8	51.60	1.12
2007	花生	初花期	12	12	25.60	0.87
2007	花生	初花期	12	12	23.80	0.98
2007	花生	初花期	12	12	22.40	0.84
2007	花生	初花期	14	14	20.00	0.98
2007	花生	结荚期	12	12	43.60	2.76
2007	花生	结荚期	14	14	47.60	2.69
2007	花生	结荚期	14	14	39.20	2.00
2007	花生	结荚期	14	14	41.00	2.42
2007	花生	收获期	13	13	41.80	0.85
2007	花生	收获期	11	11	51.80	0.74
2007	花生	收获期	12	12	45.60	0.69
2007	花生	收获期	12	12	45.40	0.76
2008	花生	初花期	13	13	29.40	0.88
2008	花生	初花期	14	14	28.80	0.94
2008	花生	初花期	14	14	28.40	1.16
2008	花生	初花期	14	14	23.80	1.08
2008	花生	结荚期	11	11	38.50	1.58
2008	花生	结荚期	11	11	45.60	1.61
2008	花生	结荚期	10	10	49.00	1.72
2008	花生	结荚期	11	11	37.20	1.69
2008	花生	收获期	12	12	46.90	0.48
2008	花生	收获期	11	11	48.30	0.74
2008	花生	收获期	13	13	50.00	0.60
2008	花生	收获期	13	13	38.80	1.40
2009	花生	初花期	13	13	15.90	0.48
2009	花生	初花期	12	12	17.50	0.58
2009	花生	初花期	12	12	13.70	0.44
2009	花生	初花期	12	12	12.90	0.45
2009	花生	结荚期	11	11	27.00	1.17
2009	花生	结荚期	11	11	28.40	1.40
2009	花生	结荚期	12	12	24.20	0.92
2009	花生	结荚期	10	10	18.40	1.04
2009	花生	收获期	10	10	27.40	1.41
2009	花生	收获期	12	12	25.80	1.09
2009	花生	收获期	10	10	25.60	0.86
2009	花生	收获期	11	11	25.60	1.10
2010	花生	初花期	10	10	17.40	0.45

（续）

年份	作物名称	作物生育时期	调查株（穴）数	密度（株或穴/m²）	群体高度（cm）	叶面积指数
2010	花生	初花期	13	13	18.40	0.43
2010	花生	初花期	13	13	16.60	0.53
2010	花生	初花期	10	10	14.80	0.37
2010	花生	结荚期	10	10	36.80	1.95
2010	花生	结荚期	12	12	38.20	1.43
2010	花生	结荚期	10	10	35.80	1.91
2010	花生	结荚期	9	9	26.00	1.18
2010	花生	收获期	10	10	36.60	0.58
2010	花生	收获期	10	10	37.20	0.54
2010	花生	收获期	10	10	37.60	0.43
2010	花生	收获期	8	8	30.60	0.51
2011	花生	初花期	9	9	15.00	0.42
2011	花生	初花期	10	10	15.40	0.34
2011	花生	初花期	9	9	11.00	0.34
2011	花生	初花期	9	9	14.40	0.36
2011	花生	结荚期	7	7	34.00	1.12
2011	花生	结荚期	8	8	34.00	0.75
2011	花生	结荚期	7	7	32.00	1.33
2011	花生	结荚期	8	8	37.40	0.63
2011	花生	收获期	8	8	40.00	1.37
2011	花生	收获期	10	10	40.20	0.59
2011	花生	收获期	8	8	37.40	0.48
2011	花生	收获期	9	9	36.20	0.44
2012	花生	初花期	11	11	18.40	0.65
2012	花生	初花期	11	11	19.40	0.81
2012	花生	初花期	8	8	19.00	0.38
2012	花生	初花期	8	8	15.60	0.59
2012	花生	结荚期	9	9	31.80	1.21
2012	花生	结荚期	8	8	30.60	0.88
2012	花生	结荚期	7	7	29.00	0.85
2012	花生	结荚期	8	8	29.00	0.72
2012	花生	收获期	8	8	31.40	0.40
2012	花生	收获期	8	8	25.00	0.51
2012	花生	收获期	7	7	26.60	0.84
2012	花生	收获期	9	9	26.20	0.68
2013	花生	初花期	10	10	19.80	0.61
2013	花生	初花期	10	10	20.40	0.80
2013	花生	初花期	10	10	21.40	0.99

（续）

年份	作物名称	作物生育时期	调查株（穴）数	密度（株或穴/m²）	群体高度（cm）	叶面积指数
2013	花生	初花期	10	10	22.00	0.84
2013	花生	结荚期	10	10	34.80	1.53
2013	花生	结荚期	10	10	32.00	1.16
2013	花生	结荚期	10	10	35.80	1.53
2013	花生	结荚期	10	10	39.00	1.30
2013	花生	收获期	10	10	29.40	0.88
2013	花生	收获期	11	11	35.20	0.75
2013	花生	收获期	10	10	39.20	0.82
2013	花生	收获期	10	10	40.60	0.90
2014	花生	初花期	11	11	16.20	0.45
2014	花生	初花期	10	10	17.60	0.46
2014	花生	初花期	12	12	17.40	0.54
2014	花生	初花期	11	11	16.60	0.45
2014	花生	结荚期	11	11	35.40	1.18
2014	花生	结荚期	10	10	37.40	1.56
2014	花生	结荚期	11	11	38.40	1.57
2014	花生	结荚期	12	12	32.80	1.59
2014	花生	收获期	10	10	36.60	1.01
2014	花生	收获期	11	11	35.60	1.00
2014	花生	收获期	12	12	37.60	0.97
2014	花生	收获期	10	10	37.40	1.04
2015	花生	初花期	10	10	25.00	1.00
2015	花生	初花期	9	9	29.40	0.86
2015	花生	初花期	10	10	32.00	1.09
2015	花生	初花期	10	10	30.60	0.96
2015	花生	结荚期	10	10	36.60	1.77
2015	花生	结荚期	10	10	38.40	1.55
2015	花生	结荚期	10	10	37.40	1.94
2015	花生	结荚期	10	10	37.20	1.74
2015	花生	收获期	10	10	37.60	0.43
2015	花生	收获期	10	10	39.00	0.55
2015	花生	收获期	12	12	29.00	0.69
2015	花生	收获期	10	10	30.00	0.40

表 3-55　水田综合观测场农田作物叶面积指数

年份	作物名称	作物生育时期	调查株（穴）数	密度（株或穴/m²）	群体高度（cm）	叶面积指数
2005	水稻	移栽期	16	16	31.50	0.45
2005	水稻	移栽期	16	16	31.30	0.35

（续）

年份	作物名称	作物生育时期	调查株（穴）数	密度（株或穴/m²）	群体高度（cm）	叶面积指数
2005	水稻	移栽期	16	16	31.60	0.39
2005	水稻	移栽期	16	16	30.60	0.55
2005	水稻	分蘖期	16	16	46.70	1.84
2005	水稻	分蘖期	15	15	46.20	1.86
2005	水稻	分蘖期	16	16	44.40	2.09
2005	水稻	分蘖期	16	16	42.60	1.98
2005	水稻	拔节期	16	16	67.80	4.45
2005	水稻	拔节期	16	16	72.40	4.35
2005	水稻	拔节期	15	15	69.50	4.08
2005	水稻	拔节期	16	16	70.90	3.98
2005	水稻	抽穗期	16	16	87.60	5.17
2005	水稻	抽穗期	15	15	85.40	5.12
2005	水稻	抽穗期	16	16	79.40	5.45
2005	水稻	抽穗期	16	16	82.20	5.27
2005	水稻	收获期	16	16	99.30	3.88
2005	水稻	收获期	16	16	104.30	4.26
2005	水稻	收获期	16	16	102.30	4.32
2005	水稻	收获期	16	16	101.30	3.35
2006	水稻	移栽期	16	16	29.80	0.43
2006	水稻	移栽期	16	16	30.50	0.34
2006	水稻	移栽期	16	16	30.20	0.23
2006	水稻	移栽期	16	16	30.10	0.45
2006	水稻	分蘖期	16	16	75.00	0.86
2006	水稻	分蘖期	16	16	72.40	0.99
2006	水稻	分蘖期	16	16	74.20	0.77
2006	水稻	分蘖期	16	16	75.00	0.88
2006	水稻	拔节期	16	16	79.10	3.75
2006	水稻	拔节期	16	16	80.30	3.89
2006	水稻	拔节期	15	15	81.20	3.78
2006	水稻	拔节期	16	16	82.60	3.67
2006	水稻	抽穗期	16	16	99.00	4.23
2006	水稻	抽穗期	15	15	89.80	4.12
2006	水稻	抽穗期	16	16	100.20	4.34
2006	水稻	抽穗期	16	16	99.60	4.23
2006	水稻	收获期	16	16	108.40	3.45
2006	水稻	收获期	16	16	109.40	2.77
2006	水稻	收获期	16	16	104.60	2.90
2006	水稻	收获期	16	16	106.60	2.99

（续）

年份	作物名称	作物生育时期	调查株（穴）数	密度（株或穴/m²）	群体高度（cm）	叶面积指数
2006	水稻	收获期	16	16	109.20	2.85
2006	水稻	收获期	16	16	104.40	2.37
2007	水稻	分蘖期	16	16	61.40	1.96
2007	水稻	分蘖期	16	16	62.80	1.69
2007	水稻	分蘖期	16	16	64.40	2.35
2007	水稻	分蘖期	16	16	66.00	2.67
2007	水稻	分蘖期	16	16	62.40	3.04
2007	水稻	分蘖期	16	16	63.40	2.60
2007	水稻	拔节期	16	16	72.80	5.22
2007	水稻	拔节期	16	16	75.80	3.86
2007	水稻	拔节期	16	16	73.20	4.47
2007	水稻	拔节期	16	16	76.60	4.58
2007	水稻	拔节期	16	16	78.20	4.80
2007	水稻	拔节期	16	16	76.40	3.15
2007	水稻	抽穗期	16	16	108.00	4.16
2007	水稻	抽穗期	16	16	107.60	4.14
2007	水稻	抽穗期	16	16	107.20	4.70
2007	水稻	抽穗期	16	16	106.60	4.89
2007	水稻	抽穗期	16	16	109.20	5.84
2007	水稻	抽穗期	16	16	104.80	3.96
2007	水稻	收获期	16	16	100.20	2.50
2007	水稻	收获期	16	16	102.00	1.92
2007	水稻	收获期	16	16	101.00	2.86
2007	水稻	收获期	16	16	102.40	2.31
2007	水稻	收获期	16	16	103.40	2.70
2007	水稻	收获期	16	16	101.20	2.44
2008	水稻	移栽期	16	16	34.40	0.57
2008	水稻	移栽期	16	16	32.00	0.43
2008	水稻	移栽期	16	16	32.30	0.62
2008	水稻	移栽期	16	16	32.80	0.43
2008	水稻	移栽期	16	16	36.40	0.57
2008	水稻	移栽期	16	16	36.60	0.47
2008	水稻	分蘖期	16	16	56.40	1.18
2008	水稻	分蘖期	16	16	58.80	1.86
2008	水稻	分蘖期	16	16	63.80	1.20
2008	水稻	分蘖期	16	16	64.20	1.80
2008	水稻	分蘖期	16	16	63.60	1.57
2008	水稻	分蘖期	16	16	64.20	1.48

（续）

年份	作物名称	作物生育时期	调查株（穴）数	密度（株或穴/m²）	群体高度（cm）	叶面积指数
2008	水稻	拔节期	16	16	75.60	3.52
2008	水稻	拔节期	16	16	76.70	1.97
2008	水稻	拔节期	16	16	82.20	2.72
2008	水稻	拔节期	16	16	79.10	3.17
2008	水稻	拔节期	16	16	82.90	4.14
2008	水稻	拔节期	16	16	80.10	4.16
2008	水稻	抽穗期	16	16	105.20	2.76
2008	水稻	抽穗期	16	16	102.80	3.32
2008	水稻	抽穗期	16	16	108.20	2.54
2008	水稻	抽穗期	16	16	107.40	3.73
2008	水稻	抽穗期	16	16	107.80	3.60
2008	水稻	抽穗期	16	16	111.00	3.28
2008	水稻	收获期	16	16	108.40	2.56
2008	水稻	收获期	16	16	110.60	2.62
2008	水稻	收获期	16	16	112.00	2.22
2008	水稻	收获期	16	16	104.60	2.08
2008	水稻	收获期	16	16	106.40	2.33
2008	水稻	收获期	16	16	105.60	2.53
2009	中稻	移栽期	16	16	22.20	0.03
2009	中稻	移栽期	16	16	22.60	0.03
2009	中稻	移栽期	16	16	23.60	0.04
2009	中稻	移栽期	16	16	23.80	0.04
2009	中稻	移栽期	16	16	22.00	0.03
2009	中稻	移栽期	16	16	21.00	0.04
2009	中稻	分蘖期	16	16	55.60	0.90
2009	中稻	分蘖期	16	16	53.80	0.93
2009	中稻	分蘖期	16	16	57.80	0.98
2009	中稻	分蘖期	16	16	56.80	0.99
2009	中稻	分蘖期	16	16	43.80	0.73
2009	中稻	分蘖期	16	16	53.20	0.96
2009	中稻	拔节期	16	16	83.60	4.76
2009	中稻	拔节期	16	16	82.40	4.43
2009	中稻	拔节期	16	16	83.00	4.03
2009	中稻	拔节期	16	16	83.00	4.43
2009	中稻	拔节期	16	16	71.40	2.76
2009	中稻	拔节期	16	16	83.40	4.63
2009	中稻	抽穗期	16	16	109.80	8.90
2009	中稻	抽穗期	16	16	109.00	9.36

（续）

年份	作物名称	作物生育时期	调查株（穴）数	密度（株或穴/m²）	群体高度（cm）	叶面积指数
2009	中稻	抽穗期	16	16	114.80	8.12
2009	中稻	抽穗期	16	16	110.40	8.00
2009	中稻	抽穗期	16	16	103.60	7.62
2009	中稻	抽穗期	16	16	112.40	9.96
2009	中稻	收获期	16	16	112.00	5.68
2009	中稻	收获期	16	16	107.60	4.71
2009	中稻	收获期	16	16	115.00	5.65
2009	中稻	收获期	16	16	115.00	5.09
2009	中稻	收获期	16	16	108.00	3.76
2009	中稻	收获期	16	16	120.00	4.79
2010	中稻	移栽期	16	16	36.80	0.17
2010	中稻	移栽期	16	16	37.80	0.18
2010	中稻	移栽期	16	16	36.60	0.18
2010	中稻	移栽期	16	16	36.40	0.19
2010	中稻	移栽期	16	16	39.00	0.18
2010	中稻	移栽期	16	16	37.80	0.18
2010	中稻	分蘖期	16	16	50.40	2.23
2010	中稻	分蘖期	16	16	49.60	1.89
2010	中稻	分蘖期	16	16	47.60	1.95
2010	中稻	分蘖期	16	16	51.60	1.93
2010	中稻	分蘖期	16	16	44.60	1.48
2010	中稻	分蘖期	16	16	40.40	1.21
2010	中稻	拔节期	16	16	74.20	4.28
2010	中稻	拔节期	16	16	68.40	3.36
2010	中稻	拔节期	16	16	70.60	3.01
2010	中稻	拔节期	16	16	77.80	4.64
2010	中稻	拔节期	16	16	65.80	3.79
2010	中稻	拔节期	16	16	63.00	2.55
2010	中稻	抽穗期	16	16	99.40	5.89
2010	中稻	抽穗期	16	16	96.00	4.21
2010	中稻	抽穗期	16	16	96.80	3.54
2010	中稻	抽穗期	16	16	96.80	3.99
2010	中稻	抽穗期	16	16	96.80	4.26
2010	中稻	抽穗期	16	16	87.60	2.44
2010	中稻	收获期	16	16	88.60	3.27
2010	中稻	收获期	16	16	81.40	2.68
2010	中稻	收获期	16	16	85.40	2.48
2010	中稻	收获期	16	16	89.80	2.48

（续）

年份	作物名称	作物生育时期	调查株（穴）数	密度（株或穴/m²）	群体高度（cm）	叶面积指数
2010	中稻	收获期	16	16	83.00	2.50
2010	中稻	收获期	16	16	85.80	1.83
2011	中稻	移栽期	16	16	42.60	0.18
2011	中稻	移栽期	16	16	40.80	0.16
2011	中稻	移栽期	16	16	40.20	0.15
2011	中稻	移栽期	16	16	40.20	0.15
2011	中稻	移栽期	16	16	39.60	0.16
2011	中稻	移栽期	16	16	38.40	0.11
2011	中稻	分蘖期	16	16	60.80	1.81
2011	中稻	分蘖期	16	16	57.80	1.57
2011	中稻	分蘖期	16	16	57.70	2.06
2011	中稻	分蘖期	16	16	60.40	1.51
2011	中稻	分蘖期	16	16	56.80	1.65
2011	中稻	分蘖期	16	16	57.80	1.58
2011	中稻	拔节期	16	16	70.40	2.74
2011	中稻	拔节期	16	16	72.80	3.66
2011	中稻	拔节期	16	16	70.40	2.52
2011	中稻	拔节期	16	16	67.00	2.79
2011	中稻	拔节期	16	16	67.00	2.40
2011	中稻	拔节期	16	16	68.80	2.73
2011	中稻	抽穗期	16	16	106.80	3.40
2011	中稻	抽穗期	16	16	105.20	3.40
2011	中稻	抽穗期	16	16	106.40	3.81
2011	中稻	抽穗期	16	16	104.80	3.13
2011	中稻	抽穗期	16	16	106.60	3.54
2011	中稻	抽穗期	16	16	106.80	2.64
2011	中稻	收获期	16	16	103.80	2.18
2011	中稻	收获期	16	16	105.80	3.26
2011	中稻	收获期	16	16	103.80	3.05
2011	中稻	收获期	16	16	105.60	2.56
2011	中稻	收获期	16	16	105.20	2.72
2011	中稻	收获期	16	16	102.80	2.31
2012	中稻	移栽期	16	16	47.60	0.17
2012	中稻	移栽期	16	16	46.80	0.18
2012	中稻	移栽期	16	16	48.00	0.16
2012	中稻	移栽期	16	16	48.00	0.17
2012	中稻	移栽期	16	16	47.80	0.14
2012	中稻	移栽期	16	16	47.20	0.20

（续）

年份	作物名称	作物生育时期	调查株（穴）数	密度（株或穴/m²）	群体高度（cm）	叶面积指数
2012	中稻	分蘖期	16	16	73.40	1.92
2012	中稻	分蘖期	16	16	68.20	2.45
2012	中稻	分蘖期	16	16	72.80	2.09
2012	中稻	分蘖期	16	16	69.60	2.24
2012	中稻	分蘖期	16	16	73.20	2.18
2012	中稻	分蘖期	16	16	72.60	1.69
2012	中稻	拔节期	16	16	86.40	3.38
2012	中稻	拔节期	16	16	81.60	2.69
2012	中稻	拔节期	16	16	93.00	5.17
2012	中稻	拔节期	16	16	89.60	3.45
2012	中稻	拔节期	16	16	90.80	4.17
2012	中稻	拔节期	16	16	93.40	6.07
2012	中稻	抽穗期	16	16	87.20	3.62
2012	中稻	抽穗期	16	16	87.20	3.44
2012	中稻	抽穗期	16	16	93.60	3.66
2012	中稻	抽穗期	16	16	90.40	3.90
2012	中稻	抽穗期	16	16	91.20	4.50
2012	中稻	抽穗期	16	16	94.30	3.80
2012	中稻	收获期	16	16	84.60	1.77
2012	中稻	收获期	16	16	83.60	2.32
2012	中稻	收获期	16	16	84.20	1.63
2012	中稻	收获期	16	16	87.00	2.99
2012	中稻	收获期	16	16	85.80	3.97
2012	中稻	收获期	16	16	87.80	1.95
2013	中稻	移栽期	16	16	48.40	0.30
2013	中稻	移栽期	16	16	48.40	0.25
2013	中稻	移栽期	16	16	48.20	0.31
2013	中稻	移栽期	16	16	47.40	0.29
2013	中稻	移栽期	16	16	49.60	0.23
2013	中稻	移栽期	16	16	48.20	0.33
2013	中稻	分蘖期	16	16	67.80	1.89
2013	中稻	分蘖期	16	16	64.60	1.50
2013	中稻	分蘖期	16	16	67.20	1.44
2013	中稻	分蘖期	16	16	66.20	1.41
2013	中稻	分蘖期	16	16	64.80	1.25
2013	中稻	分蘖期	16	16	61.60	1.41
2013	中稻	拔节期	16	16	81.00	4.04
2013	中稻	拔节期	16	16	76.80	2.96

（续）

年份	作物名称	作物生育时期	调查株（穴）数	密度（株或穴/m²）	群体高度（cm）	叶面积指数
2013	中稻	拔节期	16	16	71.20	3.06
2013	中稻	拔节期	16	16	78.20	4.39
2013	中稻	拔节期	16	16	77.60	4.19
2013	中稻	拔节期	16	16	75.00	3.93
2013	中稻	抽穗期	16	16	95.80	3.28
2013	中稻	抽穗期	16	16	83.40	2.41
2013	中稻	抽穗期	16	16	86.40	3.39
2013	中稻	抽穗期	16	16	82.60	2.41
2013	中稻	抽穗期	16	16	85.20	3.27
2013	中稻	抽穗期	16	16	91.40	1.81
2013	中稻	收获期	16	16	76.20	2.59
2013	中稻	收获期	16	16	79.40	2.15
2013	中稻	收获期	16	16	78.20	2.61
2013	中稻	收获期	16	16	80.20	2.63
2013	中稻	收获期	16	16	82.60	2.89
2013	中稻	收获期	16	16	80.20	2.32
2014	中稻	移栽期	16	16	37.00	0.46
2014	中稻	移栽期	16	16	37.80	0.46
2014	中稻	移栽期	16	16	38.00	0.47
2014	中稻	移栽期	16	16	39.40	0.45
2014	中稻	移栽期	16	16	38.80	0.45
2014	中稻	移栽期	16	16	37.60	0.46
2014	中稻	分蘖期	16	16	55.80	1.35
2014	中稻	分蘖期	16	16	54.40	1.32
2014	中稻	分蘖期	16	16	50.00	1.27
2014	中稻	分蘖期	16	16	46.80	1.21
2014	中稻	分蘖期	16	16	56.00	1.64
2014	中稻	分蘖期	16	16	47.60	1.27
2014	中稻	拔节期	16	16	71.80	3.21
2014	中稻	拔节期	16	16	70.80	3.26
2014	中稻	拔节期	16	16	71.20	2.94
2014	中稻	拔节期	16	16	71.00	2.99
2014	中稻	拔节期	16	16	68.60	3.51
2014	中稻	拔节期	16	16	70.00	3.09
2014	中稻	抽穗期	16	16	80.40	3.34
2014	中稻	抽穗期	16	16	83.20	2.95
2014	中稻	抽穗期	16	16	80.00	2.29
2014	中稻	抽穗期	16	16	83.00	2.82

（续）

年份	作物名称	作物生育时期	调查株（穴）数	密度（株或穴/m²）	群体高度（cm）	叶面积指数
2014	中稻	抽穗期	16	16	84.40	3.12
2014	中稻	抽穗期	16	16	79.60	3.11
2014	中稻	收获期	16	16	86.80	1.95
2014	中稻	收获期	16	16	87.20	1.61
2014	中稻	收获期	16	16	89.00	2.09
2014	中稻	收获期	16	16	87.80	2.19
2014	中稻	收获期	16	16	87.80	1.68
2014	中稻	收获期	16	16	85.20	1.35
2015	中稻	移栽期	16	16	37.90	0.48
2015	中稻	移栽期	16	16	36.80	0.50
2015	中稻	移栽期	16	16	37.60	0.49
2015	中稻	移栽期	16	16	38.00	0.50
2015	中稻	移栽期	16	16	38.80	0.47
2015	中稻	移栽期	16	16	39.40	0.49
2015	中稻	分蘖期	16	16	66.60	1.82
2015	中稻	分蘖期	16	16	63.40	1.53
2015	中稻	分蘖期	16	16	65.60	1.73
2015	中稻	分蘖期	16	16	65.20	1.47
2015	中稻	分蘖期	16	16	65.60	1.58
2015	中稻	分蘖期	16	16	63.80	1.68
2015	中稻	拔节期	16	16	85.00	4.58
2015	中稻	拔节期	16	16	92.60	4.46
2015	中稻	拔节期	16	16	80.00	4.50
2015	中稻	拔节期	16	16	95.00	5.64
2015	中稻	拔节期	16	16	92.20	3.63
2015	中稻	拔节期	16	16	79.00	3.46
2015	中稻	抽穗期	16	16	97.00	4.60
2015	中稻	抽穗期	16	16	96.20	5.26
2015	中稻	抽穗期	16	16	93.80	4.00
2015	中稻	抽穗期	16	16	94.00	5.35
2015	中稻	抽穗期	16	16	103.80	5.23
2015	中稻	抽穗期	16	16	91.00	3.12
2015	中稻	收获期	16	16	87.20	3.78
2015	中稻	收获期	16	16	89.20	2.82
2015	中稻	收获期	16	16	88.80	2.53
2015	中稻	收获期	16	16	88.60	2.04
2015	中稻	收获期	16	16	87.60	3.12
2015	中稻	收获期	16	16	88.40	2.71

表 3 - 56　辅一观测场农田作物叶面积指数

年份	作物名称	作物生育时期	调查株（穴）数	密度（株或穴/m²）	群体高度（cm）	叶面积指数
2006	花生	收获期	9	9	47.40	0.47
2006	花生	收获期	9	9	49.30	0.39
2006	花生	收获期	9	9	48.70	0.41
2007	花生	收获期	10	10	45.80	1.01
2007	花生	收获期	10	10	46.00	0.90
2007	花生	收获期	10	10	46.10	0.93
2008	花生	收获期	11	11	46.80	0.81
2008	花生	收获期	10	10	54.80	0.65
2008	花生	收获期	10	10	52.80	0.83
2009	花生	收获期	12	12	30.80	0.99
2009	花生	收获期	11	11	31.80	1.24
2009	花生	收获期	12	12	35.80	1.34
2010	花生	收获期	10	10	44.60	0.54
2010	花生	收获期	12	12	44.40	0.77
2010	花生	收获期	11	11	44.40	0.63
2011	花生	收获期	10	10	44.40	0.70
2011	花生	收获期	9	9	49.60	1.49
2011	花生	收获期	10	10	38.20	1.17
2012	花生	收获期	11	11	33.00	0.64
2012	花生	收获期	12	12	33.00	0.69
2012	花生	收获期	11	11	28.60	0.96
2013	花生	收获期	11	11	36.80	0.83
2013	花生	收获期	10	10	38.20	0.64
2013	花生	收获期	11	11	39.80	0.58
2014	花生	收获期	10	10	49.00	0.84
2014	花生	收获期	10	10	44.00	0.93
2014	花生	收获期	11	11	41.60	1.14
2015	花生	收获期	10	10	34.00	0.51
2015	花生	收获期	10	10	38.00	0.60
2015	花生	收获期	10	10	41.00	0.44

表 3 - 57　辅二观测场农田作物叶面积指数

年份	作物名称	作物生育时期	调查株（穴）数	密度（株或穴/m²）	群体高度（cm）	叶面积指数
2006	花生	收获期	10	10	47.20	0.24
2006	花生	收获期	9	9	49.20	0.44
2006	花生	收获期	9	9	48.20	0.39
2007	花生	收获期	10	10	44.00	0.59
2007	花生	收获期	10	10	47.20	0.67

（续）

年份	作物名称	作物生育时期	调查株（穴）数	密度（株或穴/m²）	群体高度（cm）	叶面积指数
2007	花生	收获期	10	10	45.60	0.64
2008	花生	收获期	10	10	45.40	0.74
2008	花生	收获期	11	11	48.20	1.04
2008	花生	收获期	11	11	47.40	0.52
2009	花生	收获期	11	11	34.80	0.77
2009	花生	收获期	11	11	36.80	0.58
2009	花生	收获期	11	11	35.00	1.09
2010	花生	收获期	12	12	44.20	0.47
2010	花生	收获期	11	11	44.60	0.50
2010	花生	收获期	11	11	43.80	0.48
2011	花生	收获期	10	10	42.80	0.53
2011	花生	收获期	9	9	40.60	0.53
2011	花生	收获期	10	10	45.40	0.59
2012	花生	收获期	10	10	34.80	0.60
2012	花生	收获期	10	10	32.60	0.78
2012	花生	收获期	10	10	35.40	0.49
2013	花生	收获期	11	11	39.60	0.56
2013	花生	收获期	10	10	41.40	0.48
2013	花生	收获期	10	10	36.60	0.48
2014	花生	收获期	11	11	40.20	0.85
2014	花生	收获期	11	11	42.00	0.75
2014	花生	收获期	12	12	39.60	0.84
2015	花生	收获期	10	10	38.00	0.37
2015	花生	收获期	10	10	37.00	0.42
2015	花生	收获期	10	10	39.00	0.25

表 3 - 58　辅三观测场农田作物叶面积指数

年份	作物名称	作物生育时期	调查株（穴）数	密度（株或穴/m²）	群体高度（cm）	叶面积指数
2006	花生	收获期	6	6	36.80	0.24
2006	花生	收获期	10	10	36.20	0.32
2006	花生	收获期	10	10	36.10	0.29
2008	花生	收获期	11	11	41.20	1.25
2008	花生	收获期	12	12	37.10	1.30
2008	花生	收获期	11	11	38.00	1.04
2008	花生	收获期	8	8	42.00	1.05
2009	花生	收获期	12	12	27.40	0.61
2009	花生	收获期	11	11	30.60	0.93
2009	花生	收获期	12	12	34.40	0.60

（续）

年份	作物名称	作物生育时期	调查株（穴）数	密度（株或穴/m²）	群体高度（cm）	叶面积指数
2009	花生	收获期	12	12	31.80	1.06
2010	花生	收获期	10	10	34.40	0.25
2010	花生	收获期	10	10	33.80	0.29
2010	花生	收获期	10	10	34.00	0.40
2010	花生	收获期	10	10	33.60	0.28
2011	花生	收获期	10	10	50.80	0.31
2011	花生	收获期	9	9	51.00	0.21
2011	花生	收获期	10	10	51.40	0.34
2011	花生	收获期	10	10	43.40	0.36
2012	花生	收获期	10	10	40.80	0.27
2012	花生	收获期	10	10	36.40	0.21
2012	花生	收获期	9	9	37.00	0.47
2012	花生	收获期	9	9	38.00	0.27
2013	花生	收获期	10	10	36.40	0.91
2013	花生	收获期	10	10	37.00	1.01
2013	花生	收获期	10	10	34.80	0.90
2013	花生	收获期	10	10	35.60	0.96
2014	花生	收获期	10	10	39.40	0.98
2014	花生	收获期	12	12	40.60	1.02
2014	花生	收获期	12	12	43.00	1.05
2014	花生	收获期	12	12	44.80	0.95
2015	花生	收获期	10	10	26.00	0.27
2015	花生	收获期	10	10	33.00	0.18
2015	花生	收获期	10	10	38.00	0.23
2015	花生	收获期	10	10	38.00	0.22

3.2 土壤观测数据

3.2.1 土壤交换量

1. 概述

土壤阳离子交换量（cation exchange capacity，CEC）是指土壤胶体所能吸附各种阳离子的总量，其数值以每千克土壤中含有各种阳离子的物质的量来表示，即 mol/kg。土壤交换性能对植物营养和施肥具有重大意义，它能调节土壤溶液的浓度，保持土壤溶液成分的多样性，减少土壤中养分离子的淋失。本数据集包括鹰潭站 2005—2015 年 9 个长期监测样地的年尺度土壤交换量监测数据，包括交换性钙、交换性镁、交换性钾、交换性钠和阳离子交换量 5 项指标。

2. 数据采集和处理方法

按照中国生态系统研究网络（CERN）长期观测规范，土壤交换量数据监测频率为每 5 年 1 次。每年作物收获后，采集各观测场 0～20 cm 土壤样品，用取土铲在采样区内取 0～20 cm 表层土壤，每个重复样品由 10～12 个按"S"形采样方式采集的样品混合而成（约 1 kg），取回的土样置于干净的白纸上风干，挑除根系和石子，四分法取适量样品碾磨后，过 2 mm 筛，进行测定，测定方法为乙酸铵交换法。

3. 数据质量控制和评估

（1）数据分析过程中，插入国家标准物质样品同时进行测定，用标准数据进行质量控制。

（2）测试分析时，选择 3 次平行样品同时测定。

（3）利用校验软件检查每个监测数据是否超出相同条件下的历史数据阈值范围、每个观测场监测项目均值是否超出该样地相同深度历史数据均值的 2 倍标准差、每个观测场监测项目标准差是否超出该样地相同深度历史数据的 2 倍标准差或者样地空间变异调查的 2 倍标准差等。对于超出范围的数据进行核实或再次测定。

4. 数据价值/数据使用方法和建议

土壤交换性能是改良土壤和合理施肥的重要依据，阳离子交换量的大小，可以作为评价土壤保水保肥能力的指标。该数据集包含了红壤旱地和水田的土壤阳离子量和 6 种交换性阳离子含量，可为红壤农田生态系统养分管理提供数据支持。

5. 数据

鹰潭站土壤交换性阳离子含量数据见表 3－59。

表 3－59　鹰潭站土壤交换性阳离子含量

年份	月份	样地代码	观测层次 (cm)	交换性钙离子 [mmol·kg⁻¹ (1/2 Ca²⁺)]	交换性镁离子 [mmol·kg⁻¹ (1/2 Mg²⁺)]	交换性钾离子 [mmol·kg⁻¹ (K⁺)]	交换性钠离子 [mmol·kg⁻¹ (Na⁺)]	交换性铝离子 [mmol·kg⁻¹ (1/3 Al³⁺)]	交换性氢离子 [mmol·kg⁻¹ (H⁺)]	阳离子交换 (mmol·kg)	重复数
2005	10	YTAZH01ABC_01	0～20	29.40	7.98	6.24	1.77	88.69	2.05	155.23	6
2010	8	YTAZH01ABC_01	0～20	29.20	8.63	6.02	1.94	90.28	2.29	159.23	6
2015	9	YTAZH01ABC_01	0～20	26.24	7.35	4.58	0.77	—	—	172.50	6
2005	10	YTAZH02ABC_01	0～20	39.97	12.88	2.78	1.69	12.57	1.30	109.03	6
2010	10	YTAZH02ABC_01	0～20	45.57	11.04	3.63	1.70	13.34	0.99	116.16	6
2015	12	YTAZH02ABC_01	0～20	50.26	16.60	4.10	0.96	—	—	158.70	6
2005	8	YTAFZ01ABC_01	0～20	24.79	12.60	4.57	3.67	52.91	1.30	126.68	6
2010	8	YTAFZ01ABC_01	0～20	29.56	8.89	7.43	2.30	65.27	2.59	141.57	6
2015	9	YTAFZ01ABC_01	0～20	27.95	8.63	6.29	0.64	—	—	146.00	6
2005	8	YTAFZ02ABC_01	0～20	31.58	14.14	4.85	3.35	19.38	0.60	101.50	6
2010	8	YTAFZ02ABC_01	0～20	37.13	10.42	6.28	2.37	39.80	2.59	125.07	6
2015	9	YTAFZ02ABC_01	0～20	44.05	15.48	5.43	0.77	—	—	147.67	6
2005	8	YTAFZ03ABC_01	0～20	24.33	11.74	3.59	3.10	24.80	0.93	99.33	6
2010	8	YTAFZ03ABC_01	0～20	35.56	11.70	2.27	1.20	33.40	1.83	122.76	6
2015	9	YTAFZ03ABC_01	0～20	23.38	8.74	2.45	0.64	—	—	124.67	6
2005	8	YTAZQ01ABC_01	0～20	14.00	3.17	4.00	2.50	24.41	1.11	64.52	3
2010	8	YTAZQ01ABC_01	0～20	16.40	3.16	2.65	1.50	34.31	1.53	80.52	3
2015	9	YTAZQ01ABC_01	0～20	29.51	6.39	1.71	0.64	—	—	91.00	3
2005	7	YTAZQ02ABC_01	0～20	19.08	2.43	1.00	2.83	15.16	1.74	67.02	3

（续）

年份	月份	样地代码	观测层次（cm）	交换性钙离子 [mmol·kg^{-1} (1/2 Ca^{2+})]	交换性镁离子 [mmol·kg^{-1} (1/2 Mg^{2+})]	交换性钾离子 [mmol·kg^{-1} (K$^+$)]	交换性钠离子 [mmol·kg^{-1} (Na$^+$)]	交换性铝离子 [mmol·kg^{-1} (1/3 Al^{3+})]	交换性氢离子 [mmol·kg^{-1} (H$^+$)]	阳离子交换 (mmol·kg)	重复数
2005	11	YTAZQ02ABC_01	0~20	21.25	2.46	0.92	1.40	23.06	0.93	76.86	3
2010	7	YTAZQ02ABC_01	0~20	24.85	4.06	3.21	1.21	16.32	1.37	76.23	3
2010	11	YTAZQ02ABC_01	0~20	31.94	4.31	3.59	1.43	19.83	2.44	80.52	3
2015	7	YTAZQ02ABC_01	0~20	18.90	4.20	2.45	0.51	—	—	109.33	3
2015	12	YTAZQ02ABC_01	0~20	15.76	4.94	2.24	0.64	—	—	110.02	3
2005	8	YTAZQ03ABC_01	0~20	12.61	6.77	5.18	2.66	40.97	0.56	92.06	3
2010	8	YTAZQ03ABC_01	0~20	24.90	7.26	7.73	1.94	37.06	1.53	122.76	3
2015	9	YTAZQ03ABC_01	0~20	24.38	8.33	5.12	0.64	—	—	142.33	3
2005	7	YTAZQ04ABC_01	0~20	22.28	4.60	1.54	3.40	11.55	0.56	82.79	3
2005	11	YTAZQ04ABC_01	0~20	18.49	2.78	1.76	1.55	31.19	1.67	83.04	3
2010	7	YTAZQ04ABC_01	0~20	26.27	4.34	2.40	1.20	12.66	1.53	88.11	3
2010	11	YTAZQ04ABC_01	0~20	24.98	3.44	1.30	0.87	22.88	2.14	90.42	3
2015	7	YTAZQ04ABC_01	0~20	13.07	5.69	1.60	0.64	—	—	90.33	3
2015	12	YTAZQ04ABC_01	0~20	18.32	6.52	1.81	0.64	—	—	108.99	3

3.2.2　土壤养分

1. 概述

本数据集包括鹰潭站 2005—2015 年 9 个长期监测样地的年尺度土壤养分数据，包括有机质、全氮、全磷、全钾、碱解氮、有效磷、速效钾、缓效钾和 pH 9 项指标。

2. 数据采集和处理方法

按照 CERN 长期观测规范，表层（0~20 cm）土壤的碱解氮、有效磷和速效钾的监测频率为 1 次/年，有机质、全氮、全磷、全钾、缓效钾和 pH 的监测频率为每 2~3 年 1 次。鹰潭站增加了监测频率，每年秋季作物收获后，采集各观测场 0~20 cm 土壤样品，用取土铲在采样区内取 0~20 cm 表层土壤，每个重复样品由 10~12 个按"S"形采样方式采集的样品混合而成（约 1 kg），取回的土样置于干净的白纸上风干，挑除根系和石子，四分法取适量样品碾磨后，过 2 mm 筛，再用四分法从全部过 2 mm 筛的土样中取适量，磨细后过 0.25 mm 筛。2 mm 土样用于分析碱解氮、有效磷、速效钾、缓效钾和 pH，0.25 mm 土样用于分析有机质、全氮、全磷和全钾。

3. 数据质量控制和评估

（1）测定时插入国家标准样品进行质量控制。

（2）分析时进行 3 次平行样品测定。

（3）利用校验软件检查每个监测数据是否超出相同土壤类型和采样深度的历史数据阈值范围、每个观测场监测项目均值是否超出该样地相同深度历史数据均值的 2 倍标准差、每个观测场监测项目标准差是否超出该样地相同深度历史数据的 2 倍标准差或者样地空间变异调查的 2 倍标准差等。对于超出范围的数据进行核实或再次测定。

4. 数据价值/数据使用方法和建议

土壤的营养成分关系到农作物的生长数量和质量，土壤养分的研究是现在农业缺乏的一项科学工作，根据土壤情况可以指定适合的肥料，补充有机质等营养成分，给土地修复，增加土地的活力和动力，土地是有生命的。所以，土壤养分的长期连续观测研究，是我国农业发展的一项不可缺少的环节。

该数据集包含了红壤旱地、水田等6个观测场和3个典型站区调查点连续11年的土壤养分指标，可为红壤肥力演变和优化红壤施肥措施提供数据支持。

5. 数据

鹰潭站土壤养分含量数据见表 3-60。

表 3-60　鹰潭站土壤养分含量

年份	月份	样地代码	观测层次（cm）	土壤有机质（g/kg）	全氮（g/kg）	全磷（g/kg）	全钾（g/kg）	速效氮（碱解氮）（mg/kg）	有效磷（mg/kg）	速效钾（mg/kg）	缓效钾（mg/kg）	水提pH	重复数
2005	8	YTAZH01ABC_01	0~20	10.54	0.67	—	—	45.68	14.19	203.96	277.60	4.68	6
2006	8	YTAZH01ABC_01	0~20	9.23	0.62	0.37	14.48	53.08	12.90	187.10	176.20	4.74	6
2007	8	YTAZH01ABC_01	0~20	9.38	0.62	0.51	12.03	49.00	20.24	237.12	303.66	4.93	6
2008	8	YTAZH01ABC_01	0~20	9.43	0.71	0.43	14.48	59.50	12.90	202.08	186.98	4.53	6
2009	8	YTAZH01ABC_01	0~20	10.59	0.65	0.44	14.96	63.81	16.16	198.33	202.43	5.08	6
2010	8	YTAZH01ABC_01	0~20	9.78	0.66	0.42	15.27	54.83	15.69	205.50	246.58	4.49	6
2011	8	YTAZH01ABC_01	0~20	10.44	0.64	0.43	14.37	55.34	25.53	160.63	252.92	4.69	6
2012	8	YTAZH01ABC_01	0~20	10.78	0.65	0.44	15.71	58.90	17.70	172.17	286.58	4.81	6
2013	8	YTAZH01ABC_01	0~20	10.56	0.69	0.47	13.40	55.66	26.63	184.64	276.41	5.03	6
2014	8	YTAZH01ABC_01	0~20	11.66	0.73	0.57	14.56	59.50	26.28	180.42	263.33	4.64	6
2015	8	YTAZH01ABC_01	0~20	9.75	0.70	0.48	15.95	51.45	17.39	194.17	197.92	4.71	6
2005	10	YTAZH02ABC_01	0~20	11.58	0.74	—	—	64.86	13.30	108.58	201.42	6.02	6
2006	10	YTAZH02ABC_01	0~20	12.18	0.79	0.51	14.53	64.17	13.96	119.52	110.43	5.68	6
2007	10	YTAZH02ABC_01	0~20	12.32	0.87	0.64	9.77	59.41	18.59	126.81	128.87	5.47	6
2008	10	YTAZH02ABC_01	0~20	11.54	0.72	0.50	12.63	60.10	8.27	121.33	110.03	5.46	6
2009	10	YTAZH02ABC_01	0~20	12.64	0.77	0.57	11.97	64.36	12.32	94.17	126.93	5.35	6
2010	10	YTAZH02ABC_01	0~20	12.48	0.80	0.53	12.04	64.17	12.78	135.23	169.17	5.32	6
2011	10	YTAZH02ABC_01	0~20	11.83	0.80	0.56	12.82	71.61	24.52	129.79	210.83	5.25	6
2012	10	YTAZH02ABC_01	0~20	14.21	0.87	0.61	12.69	65.70	16.08	130.92	174.79	5.32	6
2013	10	YTAZH02ABC_01	0~20	14.34	0.92	0.58	11.13	73.19	23.78	112.71	139.13	5.29	6
2014	10	YTAZH02ABC_01	0~20	15.74	1.05	0.69	12.04	82.71	17.33	100.42	156.04	5.29	6
2015	12	YTAZH02ABC_01	0~20	20.91	1.25	0.55	13.02	116.50	7.46	155.42	167.92	5.14	6
2005	8	YTAFZ01ABC_01	0~20	12.82	0.84	—	—	58.87	42.67	174.17	199.66	4.77	6
2006	8	YTAFZ01ABC_01	0~20	13.02	0.82	0.59	13.01	64.17	31.86	185.63	136.72	4.70	6
2007	8	YTAFZ01ABC_01	0~20	11.56	0.75	0.75	11.26	57.58	47.91	203.91	242.85	4.83	6
2008	8	YTAFZ01ABC_01	0~20	11.92	0.77	0.55	13.70	67.83	23.77	179.17	162.92	4.72	6
2009	8	YTAFZ01ABC_01	0~20	12.28	0.76	0.64	13.43	73.71	30.53	220.02	161.97	4.95	6
2010	8	YTAFZ01ABC_01	0~20	12.63	0.82	0.62	12.76	64.17	32.51	236.23	192.94	4.61	6

（续）

年份	月份	样地代码	观测层次（cm）	土壤有机质（g/kg）	全氮（g/kg）	全磷（g/kg）	全钾（g/kg）	速效氮（碱解氮）（mg/kg）	有效磷（mg/kg）	速效钾（mg/kg）	缓效钾（mg/kg）	水提pH	重复数
2011	8	YTAFZ01ABC_01	0～20	10.94	0.71	0.60	12.09	57.51	50.27	179.17	333.33	4.63	6
2012	8	YTAFZ01ABC_01	0～20	12.66	0.66	0.68	14.06	64.20	40.35	191.12	182.53	4.86	6
2013	8	YTAFZ01ABC_01	0～20	12.83	0.83	0.67	13.12	63.09	53.93	193.75	214.25	5.07	6
2014	8	YTAFZ01ABC_01	0～20	13.28	0.78	0.81	13.66	64.26	47.03	157.52	250.83	4.68	6
2015	9	YTAFZ01ABC_01	0～20	11.56	0.82	0.69	12.95	69.83	41.61	283.33	125.23	4.96	6
2005	8	YTAFZ02ABC_01	0～20	10.49	0.67	—	—	49.06	32.35	181.42	201.53	5.09	6
2006	8	YTAFZ02ABC_01	0～20	8.94	0.58	0.46	9.29	44.92	18.46	185.65	127.21	4.86	6
2007	8	YTAFZ02ABC_01	0～20	9.34	0.70	0.68	7.87	49.00	37.92	159.94	156.75	5.01	6
2008	8	YTAFZ02ABC_01	0～20	9.69	0.68	0.54	10.60	49.98	25.37	171.67	144.80	4.89	6
2009	8	YTAFZ02ABC_01	0～20	10.27	0.66	0.60	10.15	61.61	38.90	211.67	144.97	5.16	6
2010	8	YTAFZ02ABC_01	0～20	9.86	0.66	0.59	10.37	58.33	39.98	217.38	182.62	4.75	6
2011	8	YTAFZ02ABC_01	0～20	10.82	0.69	0.64	10.38	58.59	71.64	195.21	221.67	4.89	6
2012	8	YTAFZ02ABC_01	0～20	11.46	0.80	0.73	11.28	62.50	58.88	213.33	170.83	4.95	6
2013	8	YTAFZ02ABC_01	0～20	13.01	0.83	0.80	9.73	67.38	113.94	210.54	194.23	5.29	6
2014	8	YTAFZ02ABC_01	0～20	13.85	0.86	0.93	10.51	67.83	103.66	174.17	242.51	5.42	6
2015	9	YTAFZ02ABC_01	0～20	12.57	0.96	0.94	10.12	74.73	120.54	231.67	130.23	5.52	6
2005	8	YTAFZ03ABC_01	0～20	10.07	0.66	—	—	46.01	29.56	138.96	166.94	5.13	6
2006	8	YTAFZ03ABC_01	0～20	7.21	0.56	0.43	9.00	44.92	14.45	72.10	116.20	4.91	6
2007	8	YTAFZ03ABC_01	0～20	8.45	0.64	0.59	7.13	46.55	26.17	85.97	186.70	5.08	6
2008	8	YTAFZ03ABC_01	0～20	8.86	0.57	0.47	9.24	46.41	13.90	92.50	104.41	4.98	6
2009	8	YTAFZ03ABC_01	0～20	10.54	0.68	0.54	9.51	60.51	20.67	113.33	122.06	5.18	6
2010	8	YTAFZ03ABC_01	0～20	9.05	0.74	0.51	9.13	53.67	20.41	98.58	151.42	4.93	6
2011	8	YTAFZ03ABC_01	0～20	11.32	0.73	0.54	9.47	59.68	39.51	85.00	235.83	5.03	6
2012	8	YTAFZ03ABC_01	0～20	10.98	0.70	0.49	9.98	60.40	18.88	111.50	148.75	5.07	6
2013	8	YTAFZ03ABC_01	0～20	11.91	0.80	0.62	9.01	69.83	43.87	147.50	152.17	5.11	6
2014	8	YTAFZ03ABC_01	0～20	11.75	0.78	0.60	9.69	61.88	22.09	100.00	145.83	4.78	6
2015	9	YTAFZ03ABC_01	0～20	9.86	0.69	0.53	9.90	56.35	19.55	87.50	121.67	5.05	6
2005	8	YTAZQ01ABC_01	0～20	9.58	0.56	—	—	40.28	15.88	152.97	90.61	5.05	3
2006	8	YTAZQ01ABC_01	0～20	9.92	0.64	0.38	5.80	52.50	15.96	106.70	66.90	4.83	3
2007	8	YTAZQ01ABC_01	0～20	8.76	0.63	0.42	4.41	45.33	21.12	108.48	116.17	4.93	3
2008	8	YTAZQ01ABC_01	0～20	9.42	0.57	0.42	5.95	49.98	11.93	125.83	71.08	4.88	3
2009	8	YTAZQ01ABC_01	0～20	10.72	0.65	0.43	5.39	61.61	15.86	126.67	71.97	5.36	3
2010	8	YTAZQ01ABC_01	0～20	9.05	0.55	0.38	5.80	51.33	16.67	105.13	119.87	4.65	3
2011	8	YTAZQ01ABC_01	0～20	8.85	0.63	0.41	6.57	56.42	27.95	110.83	97.50	4.81	3
2012	8	YTAZQ01ABC_01	0～20	10.84	0.78	0.53	6.32	62.50	34.84	95.00	96.67	4.96	3
2013	8	YTAZQ01ABC_01	0～20	11.37	0.71	0.48	6.01	61.86	35.22	114.58	93.42	5.09	3
2014	8	YTAZQ01ABC_01	0～20	12.36	0.74	0.50	5.23	63.07	33.73	128.33	105.00	5.38	3

（续）

年份	月份	样地代码	观测层次（cm）	土壤有机质（g/kg）	全氮（g/kg）	全磷（g/kg）	全钾（g/kg）	速效氮（碱解氮）（mg/kg）	有效磷（mg/kg）	速效钾（mg/kg）	缓效钾（mg/kg）	水提pH	重复数
2015	9	YTAZQ01ABC_01	0～20	9.39	0.69	0.42	6.43	61.25	21.18	98.33	80.83	4.99	3
2005	7	YTAZQ02ABC_01	0～20	29.51	1.84	—	—	151.88	15.57	40.12	103.70	4.93	3
2005	11	YTAZQ02ABC_01	0～20	36.51	2.03	—	—	186.49	9.46	36.93	83.27	5.45	3
2006	7	YTAZQ02ABC_01	0～20	34.75	2.19	0.40	7.24	185.29	14.51	36.00	64.40	4.90	3
2006	11	YTAZQ02ABC_01	0～20	36.64	2.02	0.43	6.98	180.74	14.87	41.60	71.80	5.59	3
2007	7	YTAZQ02ABC_01	0～20	38.01	2.25	0.46	5.24	187.43	17.50	116.52	88.12	4.88	3
2007	11	YTAZQ02ABC_01	0～20	39.31	2.18	0.45	5.39	176.40	11.56	90.79	80.48	5.13	3
2008	7	YTAZQ02ABC_01	0～20	36.01	2.29	0.41	7.59	202.30	10.46	130.83	66.08	5.12	3
2008	11	YTAZQ02ABC_01	0～20	35.40	2.02	0.39	7.85	193.97	11.96	130.13	71.18	4.88	3
2009	7	YTAZQ02ABC_01	0～20	35.55	2.02	0.36	7.20	218.93	23.79	165.24	66.31	5.11	3
2009	11	YTAZQ02ABC_01	0～20	36.81	2.03	0.39	7.28	196.93	10.72	98.33	63.56	5.33	3
2010	7	YTAZQ02ABC_01	0～20	36.31	2.20	0.40	7.31	231.00	14.06	129.71	66.12	5.11	3
2010	11	YTAZQ02ABC_01	0～20	40.22	2.17	0.39	7.36	194.83	13.31	135.12	94.17	4.97	3
2011	7	YTAZQ02ABC_01	0～20	41.43	2.33	0.42	8.01	210.49	23.47	136.25	128.33	5.05	3
2011	11	YTAZQ02ABC_01	0～20	45.25	2.26	0.42	7.85	197.47	16.60	108.33	104.17	4.98	3
2012	7	YTAZQ02ABC_01	0～20	39.44	2.44	0.39	8.08	196.30	19.02	108.75	111.67	5.08	3
2012	11	YTAZQ02ABC_01	0～20	39.44	2.13	0.39	8.27	145.80	25.56	103.33	113.33	5.05	3
2013	10	YTAZQ02ABC_01	0～20	44.38	2.54	0.49	7.68	193.41	24.91	92.50	90.67	5.09	3
2014	7	YTAZQ02ABC_01	0～20	33.48	2.16	0.77	5.85	170.17	67.38	85.83	68.33	4.68	3
2014	10	YTAZQ02ABC_01	0～20	42.49	2.46	0.52	7.57	191.59	40.72	60.02	55.31	4.86	3
2015	7	YTAZQ02ABC_01	0～20	44.38	2.95	0.65	8.82	237.65	67.06	121.67	74.17	4.74	3
2015	12	YTAZQ02ABC_01	0～20	38.96	2.22	0.48	7.23	212.33	21.52	113.17	82.50	4.65	3
2005	8	YTAZQ03ABC_01	0～20	10.83	0.66	—	—	34.31	8.41	196.24	160.19	4.95	3
2006	8	YTAZQ03ABC_01	0～20	10.44	0.62	0.38	8.94	51.33	12.15	208.12	103.21	4.91	3
2007	8	YTAZQ03ABC_01	0～20	10.96	0.73	0.51	7.68	47.78	21.08	235.51	145.24	5.21	3
2008	8	YTAZQ03ABC_01	0～20	11.33	0.74	0.40	10.18	55.93	11.44	211.67	126.15	5.35	3
2009	8	YTAZQ03ABC_01	0～20	10.24	0.62	0.45	10.15	58.31	29.69	42.52	58.14	5.16	3
2010	8	YTAZQ03ABC_01	0～20	9.56	0.67	0.42	10.09	56.23	13.17	280.47	148.72	4.82	3
2011	8	YTAZQ03ABC_01	0～20	10.25	0.71	0.39	10.22	51.16	21.86	157.53	217.53	4.97	3
2012	8	YTAZQ03ABC_01	0～20	11.11	0.62	0.41	10.16	48.74	12.01	159.17	145.12	4.93	3
2013	8	YTAZQ03ABC_01	0～20	9.62	0.73	0.53	9.25	57.63	27.81	156.67	151.67	5.14	3
2014	8	YTAZQ03ABC_01	0～20	8.96	0.75	0.52	9.79	63.07	26.07	160.35	135.42	4.82	3
2015	9	YTAZQ03ABC_01	0～20	9.39	0.70	0.59	10.68	60.03	25.42	231.67	128.33	4.89	3
2005	7	YTAZQ04ABC_01	0～20	29.83	1.73	—	—	121.27	38.29	52.29	95.26	5.07	3
2005	11	YTAZQ04ABC_01	0～20	30.91	1.87	—	—	158.96	43.24	69.42	80.63	5.56	3
2006	7	YTAZQ04ABC_01	0～20	22.26	1.34	0.76	5.86	119.33	26.36	37.15	62.37	5.26	3
2006	11	YTAZQ04ABC_01	0～20	30.45	1.73	0.87	6.18	141.42	68.91	73.92	81.12	5.77	3

（续）

年份	月份	样地代码	观测层次（cm）	土壤有机质（g/kg）	全氮（g/kg）	全磷（g/kg）	全钾（g/kg）	速效氮（碱解氮）（mg/kg）	有效磷（mg/kg）	速效钾（mg/kg）	缓效钾（mg/kg）	水提pH	重复数
2007	7	YTAZQ04ABC_01	0～20	31.49	1.73	0.70	3.97	135.98	45.27	95.62	62.33	4.97	3
2007	11	YTAZQ04ABC_01	0～20	30.93	1.93	0.75	3.62	135.98	48.74	42.55	69.38	4.96	3
2008	7	YTAZQ04ABC_01	0～20	27.87	1.53	0.63	5.90	149.94	24.82	46.67	47.76	5.11	3
2008	11	YTAZQ04ABC_01	0～20	27.57	1.61	0.57	6.41	151.37	25.74	55.31	47.97	4.95	3
2009	7	YTAZQ04ABC_01	0～20	26.38	1.58	0.63	5.60	146.32	16.05	47.55	56.67	5.12	3
2009	11	YTAZQ04ABC_01	0～20	28.64	1.63	0.64	6.05	134.22	29.75	66.67	50.31	5.23	3
2010	7	YTAZQ04ABC_01	0～20	30.47	2.15	0.66	5.54	268.33	36.43	101.86	173.14	5.28	3
2010	11	YTAZQ04ABC_01	0～20	32.97	2.15	0.68	5.79	163.33	43.17	48.33	97.58	4.87	3
2011	7	YTAZQ04ABC_01	0～20	33.43	1.83	0.72	6.48	171.43	57.93	85.21	94.17	4.96	3
2011	11	YTAZQ04ABC_01	0～20	30.80	1.64	0.67	5.97	151.90	52.51	48.33	93.33	5.03	3
2012	7	YTAZQ04ABC_01	0～20	32.95	2.12	0.72	6.60	199.16	47.51	75.83	124.17	5.06	3
2012	11	YTAZQ04ABC_01	0～20	34.57	1.89	0.71	6.94	129.82	33.25	42.73	114.17	5.07	3
2013	7	YTAZQ04ABC_01	0～20	37.70	2.22	0.73	6.32	181.37	64.99	51.67	77.33	5.03	3
2013	11	YTAZQ04ABC_01	0～20	36.77	2.05	0.71	6.02	157.41	56.34	51.67	77.54	5.15	3
2014	7	YTAZQ04ABC_01	0～20	40.54	2.34	0.55	7.59	208.25	34.28	115.12	85.12	4.77	3
2014	10	YTAZQ04ABC_01	0～20	37.84	2.23	0.82	5.96	169.58	41.76	65.42	66.67	4.79	3
2015	7	YTAZQ04ABC_01	0～20	30.76	2.05	0.76	5.66	177.63	71.22	71.67	78.33	4.98	3
2015	12	YTAZQ04ABC_01	0～20	40.12	2.41	0.53	6.62	219.33	20.04	87.52	79.17	4.66	3

3.2.3　土壤速效微量元素

1. 概述

本数据集包括鹰潭站9个长期监测样地2005年、2010年、2015年表层（0～20 cm）土壤速效微量元素数据，包括有效硼、有效锌、有效锰、有效铁、有效铜、有效硫和有效钼7项指标。

2. 数据采集和处理方法

按照CERN长期观测规范，表层（0～20 cm）土壤速效微量元素的监测频率为每5年1次。2005年、2010年和2015年每年秋季作物收获后，采集各观测场0～20 cm土壤样品，用取土铲在采样区内取0～20 cm表层土壤，每个重复样品由10～12个按"S"形采样方式采集的样品混合而成（约1 kg），取回的土样置于干净的白纸上风干，挑除根系和石子，四分法取适量样品碾磨后，过2 mm筛备用。

3. 数据质量控制和评估

（1）测定时插入国家标准样品进行质量控制。

（2）分析时进行3次平行样品测定。

（3）利用校验软件检查每个监测数据是否超出相同土壤类型和采样深度的历史数据阈值范围、每个观测场监测项目均值是否超出该样地相同深度历史数据均值的2倍标准差、每个观测场监测项目标准差是否超出该样地相同深度历史数据的2倍标准差或者样地空间变异调查的2倍标准差等。对于超出范围的数据进行核实或再次测定。

4. 数据价值/数据使用方法和建议

土壤中的微量元素含量很低，但科学研究和生产实践证明微量元素为有机体正常生命活动所必需的，在有机体的生活中起着重要作用。长期监测土壤中速效微量元素的含量变化对农业和人类健康有重要意义。土壤中有效态微量元素的供给情况为农业生产计划的制订提供了进一步的依据。

5. 数据

鹰潭站土壤速效微量元素含量数据见表 3‐61。

表 3‐61　鹰潭站土壤速效微量元素含量

年份	样地代码	观测层次 (cm)	有效铜 (mg/kg)	有效硼 (mg/kg)	有效锰 (mg/kg)	有效锌 (mg/kg)	有效硫 (mg/kg)
2005	YTAZH01ABC_01	0～20	0.96	0.09	12.16	1.87	41.15
2005	YTAZH02ABC_01	0～20	2.04	0.08	13.39	2.35	32.34
2005	YTAFZ01ABC_01	0～20	1.17	0.06	6.92	1.86	35.15
2005	YTAFZ02ABC_01	0～20	1.96	0.06	4.94	2.84	50.53
2005	YTAFZ03ABC_01	0～20	0.83	0.09	6.38	1.08	48.62
2005	YTAZQ01ABC_01	0～20	0.55	0.16	1.78	1.21	106.21
2005	YTAZQ02ABC_01	0～20	2.58	0.06	2.75	2.45	26.42
2005	YTAZQ02ABC_01	0～20	2.86	0.07	2.04	2.93	14.12
2005	YTAZQ03ABC_01	0～20	0.35	0.02	4.64	0.74	190.12
2005	YTAZQ04ABC_01	0～20	3.75	0.11	9.15	3.64	32.15
2005	YTAZQ04ABC_01	0～20	4.02	0.08	4.47	4.67	21.23
2010	YTAZH01ABC_01	0～20	2.16	0.13	15.77	1.83	42.71
2010	YTAZH02ABC_01	0～20	3.22	0.07	15.9	2.99	45.18
2010	YTAFZ01ABC_01	0～20	2.84	0.13	8.53	3.28	42.45
2010	YTAFZ02ABC_01	0～20	4.57	0.13	6.35	7.27	52.41
2010	YTAFZ03ABC_01	0～20	2.15	0.12	16.03	1.85	60.51
2010	YTAZQ01ABC_01	0～20	2.13	0.11	3.23	1.58	71.39
2010	YTAZQ02ABC_01	0～20	4.56	0.09	2.97	2.67	27.64
2010	YTAZQ02ABC_01	0～20	4.53	0.15	2.97	3.32	23.83
2010	YTAZQ03ABC_01	0～20	2.89	0.15	16.9	2.43	88.93
2010	YTAZQ04ABC_01	0～20	5.55	0.09	9.37	5.37	33.61
2010	YTAZQ04ABC_01	0～20	6.33	0.11	6.37	7.38	27.72
2015	YTAZH01ABC_01	0～20	0.46	0.22	1.93	0.60	33.44
2015	YTAZH02ABC_01	0～20	1.60	0.19	8.10	0.82	28.40
2015	YTAFZ01ABC_01	0～20	1.16	0.24	5.07	0.91	32.48
2015	YTAFZ02ABC_01	0～20	2.69	0.27	3.79	4.97	29.03
2015	YTAFZ03ABC_01	0～20	2.73	0.22	3.92	8.18	27.81
2015	YTAZQ01ABC_01	0～20	0.80	0.21	2.12	3.99	48.88
2015	YTAZQ02ABC_01	0～20	1.84	0.20	3.93	1.81	44.05
2015	YTAZQ02ABC_01	0～20	2.69	0.18	5.53	3.14	24.32
2015	YTAZQ03ABC_01	0～20	1.51	0.21	6.41	2.13	72.53
2015	YTAZQ04ABC_01	0～20	1.52	0.25	5.90	2.53	69.09
2015	YTAZQ04ABC_01	0～20	2.40	0.19	4.40	3.44	19.71

3.2.4 剖面土壤机械组成

土壤是由大小不同的土粒按不同的比例组合而成的，这些不同的粒级混合在一起表现出的土壤粗细状况称土壤机械组成或土壤质地。土壤机械组成决定着土壤的物理、化学和生物特性，影响着土壤水分、空气和热量运动，也影响养分的转化，还影响土壤结构类型。

1. 概述

本数据集为鹰潭站 9 个长期监测样地 2005 年和 2015 年剖面（0～10 cm、10～20 cm、20～40 cm、40～60 cm 和 60～100 cm）土壤的机械组成。

2. 数据采集和处理方法

按照 CERN 长期观测规范，剖面土壤机械组成的监测频率为每 10 年 1 次。2005 年和 2015 年秋季作物收获后，在采样点挖取长 1.5 m、宽 1 m、深 1.2 m 的土壤剖面，观察面向阳，挖出的土壤按不同层次分开放置，用木制土铲铲除观察面表层与铁锹接触的土壤，自下向上采集各层土样，每层约 1.5 kg，装入棉质土袋中，最后将挖出土壤按层回填。取回的土样置于干净的白纸上风干，挑除根系和石子，四分法取适量样品碾磨后，过 2 mm 筛备用。机械组成分析方法为吸管法。

3. 数据质量控制和评估

（1）分析时进行 3 次平行样品测定。

（2）测定时保证由同一个实验人员进行操作，避免人为因素导致的结果差异。

（3）由于土壤机械组成较为稳定，台站区域内的土壤机械组成基本一致，因此，测定时，我们会将测定结果与站内其他样地的历史机械组成结果进行对比，观察数据是否存在异常，如果同一层土壤质地划分与历史存在差异，则对数据进行核实或再次测定。

4. 数据价值/数据使用方法和建议

土壤机械组成不仅是土壤分类的重要诊断指标，也是影响土壤水、肥、气、热状况，物质迁移转化及土壤退化过程研究的重要因素。该数据集采用美国制命名土壤质地，展示了 2005 年和 2015 年红壤农田的土壤质地情况。

5. 数据

鹰潭站土壤剖面颗粒组成数据见表 3 - 62。

表 3 - 62　鹰潭站土壤剖面颗粒组成

年份	样地代码	作物名称	观测层次（cm）	2～0.05 mm 时（%）	0.05～0.002 mm 时（%）	<0.002 mm 时（%）	土壤质地名称	重复数
2005	YTAZH01ABC_01	花生	0～10	30.90	42.55	26.55	黏壤土	6
2005	YTAZH01ABC_01	花生	10～20	27.33	41.75	30.92	黏壤土	6
2005	YTAZH01ABC_01	花生	20～40	34.05	37.27	28.68	黏土	6
2005	YTAZH01ABC_01	花生	40～60	28.53	38.53	32.94	黏土	6
2005	YTAZH01ABC_01	花生	60～100	29.48	44.44	26.08	粉砂壤土	6
2005	YTAZH02ABC_01	水稻	0～10	19.31	39.72	40.97	粉砂质黏土	6
2005	YTAZH02ABC_01	水稻	10～20	19.69	38.64	41.68	黏土	6
2005	YTAZH02ABC_01	水稻	20～40	19.73	36.76	43.52	黏土	6
2005	YTAZH02ABC_01	水稻	40～60	22.48	38.06	39.46	黏土	6
2005	YTAZH02ABC_01	水稻	60～100	21.25	40.60	38.15	黏土	6
2005	YTAFZ01ABC_01	花生	0～10	27.27	35.26	37.47	黏土	6
2005	YTAFZ01ABC_01	花生	10～20	27.43	36.07	36.50	黏土	6

（续）

年份	样地代码	作物名称	观测层次（cm）	2～0.05 mm 时（%）	0.05～0.002 mm 时（%）	<0.002 mm 时（%）	土壤质地名称	重复数
2005	YTAFZ01ABC_01	花生	20～40	29.23	38.38	32.38	黏壤土	6
2005	YTAFZ01ABC_01	花生	40～60	31.28	35.35	33.37	黏壤土	6
2005	YTAFZ01ABC_01	花生	60～100	33.26	40.75	25.99	壤土	6
2005	YTAFZ02ABC_01	花生	0～10	24.88	35.30	39.82	黏土	6
2005	YTAFZ02ABC_01	花生	10～20	24.63	32.69	42.69	黏土	6
2005	YTAFZ02ABC_01	花生	20～40	24.01	35.10	40.90	黏土	6
2005	YTAFZ02ABC_01	花生	40～60	27.33	34.36	38.31	黏土	6
2005	YTAFZ02ABC_01	花生	60～100	28.16	35.27	36.57	黏土	6
2005	YTAFZ03ABC_01	花生	0～10	23.31	38.99	37.70	黏土	6
2005	YTAFZ03ABC_01	花生	10～20	22.90	38.05	39.05	黏土	6
2005	YTAFZ03ABC_01	花生	20～40	23.97	36.70	39.33	黏土	6
2005	YTAFZ03ABC_01	花生	40～60	23.27	37.27	39.47	黏土	6
2005	YTAFZ03ABC_01	花生	60～100	23.06	37.44	39.49	黏土	6
2005	YTAZQ01ABC_01	花生	0～10	46.86	33.10	20.03	黏壤土	6
2005	YTAZQ01ABC_01	花生	10～20	47.75	31.54	20.71	黏壤土	6
2005	YTAZQ01ABC_01	花生	20～40	45.21	30.38	24.41	黏土	6
2005	YTAZQ01ABC_01	花生	40～60	44.84	29.89	25.27	黏土	6
2005	YTAZQ01ABC_01	花生	60～100	46.73	28.79	24.48	黏土	6
2005	YTAZQ03ABC_01	花生	0～10	32.81	42.63	24.56	黏土	6
2005	YTAZQ03ABC_01	花生	10～20	32.46	41.70	25.84	黏土	6
2005	YTAZQ03ABC_01	花生	20～40	32.06	41.23	26.71	黏土	6
2005	YTAZQ03ABC_01	花生	40～60	32.75	40.75	26.50	黏土	6
2005	YTAZQ03ABC_01	花生	60～100	27.95	38.56	33.49	黏土	6
2005	YTAZQ04ABC_01	早稻	0～10	31.70	48.12	20.18	壤土	6
2005	YTAZQ04ABC_01	早稻	10～20	33.72	45.98	20.30	壤土	6
2005	YTAZQ04ABC_01	早稻	20～40	41.19	40.04	18.77	壤土	6
2005	YTAZQ04ABC_01	早稻	40～60	38.00	40.93	21.07	壤土	6
2005	YTAZQ04ABC_01	早稻	60～100	33.15	38.63	28.22	壤土	6
2005	YTAZQ04ABC_01	晚稻	0～10	41.80	42.55	15.66	壤土	6
2005	YTAZQ04ABC_01	晚稻	10～20	42.48	41.09	16.43	壤土	6
2005	YTAZQ04ABC_01	晚稻	20～40	35.66	44.69	19.66	壤土	6
2005	YTAZQ04ABC_01	晚稻	40～60	38.48	43.19	18.32	壤土	6
2005	YTAZQ04ABC_01	晚稻	60～100	30.40	41.17	28.43	壤土	6
2015	YTAZH01ABC_01	花生	0～10	27.95	37.89	34.15	黏壤土	6
2015	YTAZH01ABC_01	花生	10～20	26.07	37.84	36.09	黏壤土	6
2015	YTAZH01ABC_01	花生	20～40	24.55	35.59	39.86	黏土	6
2015	YTAZH01ABC_01	花生	40～60	20.73	38.80	40.47	黏土	6
2015	YTAZH01ABC_01	花生	60～100	26.42	40.95	32.63	黏壤土	6

（续）

年份	样地代码	作物名称	观测层次（cm）	2～0.05 mm 时（%）	0.05～0.002 mm 时（%）	＜0.002 mm 时（%）	土壤质地名称	重复数
2015	YTAZH02ABC＿01	水稻	0～10	24.05	39.61	36.35	黏壤土	6
2015	YTAZH02ABC＿01	水稻	10～20	24.12	39.33	36.55	黏壤土	6
2015	YTAZH02ABC＿01	水稻	20～40	22.79	38.33	38.88	黏壤土	6
2015	YTAZH02ABC＿01	水稻	40～60	23.39	40.60	36.01	粉砂质黏土	6
2015	YTAZH02ABC＿01	水稻	60～100	21.27	43.29	35.43	黏壤土	6
2015	YTAFZ01ABC＿01	花生	0～10	27.05	36.32	36.63	黏壤土	6
2015	YTAFZ01ABC＿01	花生	10～20	27.18	33.82	39.00	黏壤土	6
2015	YTAFZ01ABC＿01	花生	20～40	25.88	33.19	40.93	黏土	6
2015	YTAFZ01ABC＿01	花生	40～60	27.75	33.03	39.22	黏壤土	6
2015	YTAFZ01ABC＿01	花生	60～100	25.32	34.05	40.63	黏壤土	6
2015	YTAFZ02ABC＿01	花生	0～10	24.27	36.29	39.44	黏壤土	6
2015	YTAFZ02ABC＿01	花生	10～20	24.81	34.00	41.19	黏壤土	6
2015	YTAFZ02ABC＿01	花生	20～40	24.65	33.65	41.69	黏壤土	6
2015	YTAFZ02ABC＿01	花生	40～60	29.37	31.44	39.19	黏壤土	6
2015	YTAFZ02ABC＿01	花生	60～100	23.48	35.12	41.40	黏壤土	6
2015	YTAFZ03ABC＿01	花生	0～10	22.92	35.23	41.85	黏土	6
2015	YTAFZ03ABC＿01	花生	10～20	23.24	35.09	41.67	黏土	6
2015	YTAFZ03ABC＿01	花生	20～40	20.65	35.64	43.71	黏土	6
2015	YTAFZ03ABC＿01	花生	40～60	22.22	34.05	43.73	黏土	6
2015	YTAFZ03ABC＿01	花生	60～100	20.47	35.68	43.85	黏土	6
2015	YTAZQ01ABC＿01	花生	0～10	48.44	21.13	30.43	砂质黏壤土	6
2015	YTAZQ01ABC＿01	花生	10～20	44.13	22.57	33.29	砂质黏壤土	6
2015	YTAZQ01ABC＿01	花生	20～40	38.84	22.96	38.20	黏壤土	6
2015	YTAZQ01ABC＿01	花生	40～60	38.64	21.12	40.24	黏壤土	6
2015	YTAZQ01ABC＿01	花生	60～100	38.09	21.20	40.71	黏壤土	6
2015	YTAZQ02ABC＿01	晚稻	0～10	51.35	31.04	17.61	壤土	6
2015	YTAZQ02ABC＿01	晚稻	10～20	54.83	27.15	18.03	砂质壤土	6
2015	YTAZQ02ABC＿01	晚稻	20～40	49.95	30.07	19.99	壤土	6
2015	YTAZQ02ABC＿01	晚稻	40～60	48.04	31.25	20.71	壤土	6
2015	YTAZQ02ABC＿01	晚稻	60～100	43.01	33.43	23.56	壤土	6
2015	YTAZQ03ABC＿01	花生	0～10	21.63	34.84	43.53	黏土	6
2015	YTAZQ03ABC＿01	花生	10～20	21.72	34.95	43.33	黏土	6
2015	YTAZQ03ABC＿01	花生	20～40	20.51	34.68	44.81	黏土	6
2015	YTAZQ03ABC＿01	花生	40～60	21.85	34.17	43.97	黏土	6
2015	YTAZQ03ABC＿01	花生	60～100	23.37	31.85	44.77	黏土	6
2015	YTAZQ04ABC＿01	晚稻	0～10	37.25	44.56	18.19	壤土	6
2015	YTAZQ04ABC＿01	晚稻	10～20	37.80	42.73	19.47	壤土	6
2015	YTAZQ04ABC＿01	晚稻	20～40	36.04	40.63	23.33	壤土	6

（续）

年份	样地代码	作物名称	观测层次 （cm）	2～0.05 mm 时（%）	0.05～0.002 mm 时（%）	＜0.002 mm 时（%）	土壤质地 名称	重复数
2015	YTAZQ04ABC＿01	晚稻	40～60	38.36	38.27	23.37	壤土	6
2015	YTAZQ04ABC＿01	晚稻	60～100	37.33	36.72	25.95	壤土	6

3.2.5　剖面土壤重金属全量

1. 概述

本数据集为鹰潭站 5 个长期监测样地 2005 年、2010 年和 2015 年剖面（0～10 cm、10～20 cm、20～40 cm、40～60 cm 和 60～100 cm）土壤的 7 种重金属（铅、铬、镍、镉、硒、砷和汞）全量数据。

2. 数据采集和处理方法

按照 CERN 长期观测规范，剖面土壤重金属含量的监测频率为每 5 年 1 次。2005 年、2010 年和 2015 年秋季作物收获后，在采样点挖取长 1.5 m、宽 1 m、深 1.2 m 的土壤剖面，观察面向阳，挖出的土壤按不同层次分开放置，用木制土铲铲除观察面表层与铁锹接触的土壤，自下向上采集各层土样，每层约 1.5 kg，装入棉质土袋中，最后将挖出的土壤按层回填。取回的土样置于干净的白纸上风干，挑除根系和石子，四分法取适量样品碾磨后，过 2 mm 筛备用。

3. 数据质量控制和评估

（1）测定时插入国家标准样品进行质量控制。

（2）分析时进行 3 次平行样品测定。

（3）利用校验软件检查每个监测数据是否超出相同土壤类型和采样深度的历史数据阈值范围、每个观测场监测项目均值是否超出该样地相同深度历史数据均值的 2 倍标准差、每个观测场监测项目标准差是否超出该样地相同深度历史数据的 2 倍标准差或者样地空间变异调查的 2 倍标准差等。对于超出范围的数据进行核实或再次测定。

4. 数据价值/数据使用方法和建议

土壤重金属含量是土壤重要的环境要素，尽管土壤具有对污染物的降解能力，但对于重金属元素，土壤尚不能发挥其天然净化功能，因此对其进行长期、系统的监测显得尤为重要。鹰潭站剖面土壤重金属元素数据可为区域土壤环境质量评估、土壤污染风险评估以及环境土壤学研究等工作提供数据基础。

5. 数据

旱地和水田综合观测场、辅一至辅三观测场剖面土壤重金属全量数据见表 3-63 至表 3-67。

表 3-63　旱地综合观测场剖面土壤重金属全量

年份	月份	样地代码	观测层次 （cm）	硒 （mg/kg）	镉 （mg/kg）	铅 （mg/kg）	铬 （mg/kg）	镍 （mg/kg）	砷 （mg/kg）
2005	8	YTAZH01ABC＿01	0～10	0.4	0.1	30.9	55.0	26.42	12.5
2005	8	YTAZH01ABC＿01	10～20	0.4	0.1	29.5	60.9	23.66	14.8
2005	8	YTAZH01ABC＿01	20～40	0.3	0.1	32.4	54.4	35.54	12.3
2005	8	YTAZH01ABC＿01	40～60	0.3	0.1	37.3	47.5	30.93	13.4
2005	8	YTAZH01ABC＿01	60～100	0.2	0.1	31.2	42.5	21.95	10.5
2010	8	YTAZH01ABC＿01	0～10	0.4	0.1	29.1	63.3	16.16	7.8

（续）

年份	月份	样地代码	观测层次（cm）	硒（mg/kg）	镉（mg/kg）	铅（mg/kg）	铬（mg/kg）	镍（mg/kg）	砷（mg/kg）
2010	8	YTAZH01ABC_01	10~20	0.4	0.1	29.3	66.1	17.35	7.7
2010	8	YTAZH01ABC_01	20~40	0.3	0.1	28.7	62.3	15.53	6.8
2010	8	YTAZH01ABC_01	40~60	0.3	0.1	31.5	59.4	15.73	6.3
2010	8	YTAZH01ABC_01	60~100	0.3	0.1	33.9	54.6	18.21	5.8
2015	10	YTAZH01ABC_01	0~10	—	0.13	35.41	65.9	27.34	—
2015	10	YTAZH01ABC_01	10~20	—	0.10	33.51	63.2	25.62	—
2015	10	YTAZH01ABC_01	20~40	—	0.10	30.62	55.3	23.74	—
2015	10	YTAZH01ABC_01	40~60	—	0.11	31.27	47.4	23.84	—
2015	10	YTAZH01ABC_01	60~100	—	0.11	27.78	49.3	24.63	—

表3-64 水田综合观测场剖面土壤重金属全量

年份	月份	样地代码	观测层次（cm）	硒（mg/kg）	镉（mg/kg）	铅（mg/kg）	铬（mg/kg）	镍（mg/kg）	砷（mg/kg）
2005	8	YTAZH02ABC_01	0~10	0.4	0.1	36.53	85.5	37.1	19.5
2005	8	YTAZH02ABC_01	10~20	0.4	0.1	35.34	75.6	36.0	17.6
2005	8	YTAZH02ABC_01	20~40	0.5	0.1	35.28	64.0	35.4	18.4
2005	8	YTAZH02ABC_01	40~60	0.4	0.1	42.26	57.0	29.6	17.9
2005	8	YTAZH02ABC_01	60~100	0.5	0.1	52.54	64.8	23.6	21.5
2010	8	YTAZH02ABC_01	0~10	0.6	0.2	30.23	64.5	26.5	13.7
2010	8	YTAZH02ABC_01	10~20	0.6	0.2	29.62	64.5	25.7	13.6
2010	8	YTAZH02ABC_01	20~40	0.6	0.1	25.61	55.2	23.5	13.3
2010	8	YTAZH02ABC_01	40~60	0.7	0.1	28.55	55.1	21.1	12.6
2010	8	YTAZH02ABC_01	60~100	0.7	0.1	32.34	54.9	18.2	12.3
2015	10	YTAZH02ABC_01	0~10	0.5	0.2	29.86	—	—	9.9
2015	10	YTAZH02ABC_01	10~20	0.5	0.1	28.75	—	—	10.2
2015	10	YTAZH02ABC_01	20~40	0.4	0.1	31.74	—	—	8.7
2015	10	YTAZH02ABC_01	40~60	0.3	0.1	34.03	—	—	7.9
2015	10	YTAZH02ABC_01	60~100	0.3	0.1	35.12	—	—	6.6

表3-65 辅一观测场剖面土壤重金属全量

年份	月份	样地代码	观测层次（cm）	硒（mg/kg）	镉（mg/kg）	铅（mg/kg）	铬（mg/kg）	镍（mg/kg）	砷（mg/kg）
2005	8	YTAFZ01ABC_01	0~10	0.3	0.2	34.2	68.9	27	19.1
2005	8	YTAFZ01ABC_01	10~20	0.3	0.1	30.1	72.3	30.8	16.8
2005	8	YTAFZ01ABC_01	20~40	0.2	0.1	29.7	68.3	31.6	19.3
2005	8	YTAFZ01ABC_01	40~60	0.3	0.1	31.7	57.3	28.7	13
2005	8	YTAFZ01ABC_01	60~100	0.1	0.1	39.5	49.5	23.9	12.5
2010	8	YTAFZ01ABC_01	0~10	0.6	0.1	26.7	81.6	21.1	11.5
2010	8	YTAFZ01ABC_01	43 758	0.5	0.1	30.1	85.6	21.8	11.4

（续）

年份	月份	样地代码	观测层次(cm)	硒(mg/kg)	镉(mg/kg)	铅(mg/kg)	铬(mg/kg)	镍(mg/kg)	砷(mg/kg)
2010	8	YTAFZ01ABC_01	20~40	0.5	0.1	29.8	84.2	20.3	11.4
2010	8	YTAFZ01ABC_01	40~60	0.5	0.1	28.2	71.4	18.4	10
2010	8	YTAFZ01ABC_01	60~100	0.4	0.1	29.8	73.9	19.8	8.3
2015	10	YTAFZ01ABC_01	0~10	—	0.12	30.48	59.10	27.83	—
2015	10	YTAFZ01ABC_01	10~20	—	0.12	31.03	57.41	24.94	—
2015	10	YTAFZ01ABC_01	20~40	—	0.09	31.06	49.13	23.13	—
2015	10	YTAFZ01ABC_01	40~60	—	0.11	26.02	53.32	26.66	—
2015	10	YTAFZ01ABC_01	60~100	—	0.11	31.16	44.54	27.17	—

表 3-66　辅二观测场剖面土壤重金属全量

年份	月份	样地代码	观测层次(cm)	硒(mg/kg)	镉(mg/kg)	铅(mg/kg)	铬(mg/kg)	镍(mg/kg)	汞(mg/kg)	砷(mg/kg)
2005	8	YTAFZ02ABC_01	0~10	0.3	0.3	30.6	58	31.7	0.1	19.5
2005	8	YTAFZ02ABC_01	10~20	0.3	0.1	29.6	64.9	32.3	0.1	19.2
2005	8	YTAFZ02ABC_01	20~40	0.3	0.1	27.2	54.7	27.8	0.1	16.7
2005	8	YTAFZ02ABC_01	40~60	0.4	0.1	27.1	57.5	21.2	0.1	17.7
2005	8	YTAFZ02ABC_01	60~100	0.3	0.1	26.7	64.3	20.7	0.1	18.2
2010	8	YTAFZ02ABC_01	0~10	0.5	0.2	26.4	70.3	23.8	0.1	12.1
2010	8	YTAFZ02ABC_01	43758	0.5	0.2	25.4	63.5	22.8	0.1	12.1
2010	8	YTAFZ02ABC_01	20~40	0.4	0.1	25.5	60.4	21.3	0.1	11.4
2010	8	YTAFZ02ABC_01	40~60	0.5	0.1	24.1	62.5	19.3	0.1	11.1
2010	8	YTAFZ02ABC_01	60~100	0.7	0.1	32.9	62.5	18.5	0.1	11.2
2015	10	YTAFZ02ABC_01	0~10	—	0.37	25.29	50.71	25.73	—	—
2015	10	YTAFZ02ABC_01	10~20	—	0.35	23.22	43.98	22.16	—	—
2015	10	YTAFZ02ABC_01	20~40	—	0.26	26.67	46.99	17.74	—	—
2015	10	YTAFZ02ABC_01	40~60	—	0.21	33.23	44.08	16.43	—	—
2015	10	YTAFZ02ABC_01	60~100	—	0.09	34.48	41.56	22.80	—	—

表 3-67　辅三观测场剖面土壤重金属全量

年份	月份	样地代码	观测层次(cm)	硒(mg/kg)	镉(mg/kg)	铅(mg/kg)	铬(mg/kg)	镍(mg/kg)	砷(mg/kg)
2005	8	YTAFZ03ABC_01	0~10	0.3	0.1	28.5	64.2	31.3	15.7
2005	8	YTAFZ03ABC_01	10~20	0.3	0.1	27.8	59.1	31.2	18.3
2005	8	YTAFZ03ABC_01	20~40	0.3	0	27	62	30.5	16.5
2005	8	YTAFZ03ABC_01	40~60	0.2	0	27.9	64.2	29.1	16.9
2005	8	YTAFZ03ABC_01	60~100	0.2	0	28.1	50.9	28.2	17.7
2010	8	YTAFZ03ABC_01	0~10	0.5	0.2	24	60.2	27.6	13.9
2010	8	YTAFZ03ABC_01	43758	0.4	0.1	25.7	62.5	28.3	12.6

（续）

年份	月份	样地代码	观测层次 （cm）	硒 （mg/kg）	镉 （mg/kg）	铅 （mg/kg）	铬 （mg/kg）	镍 （mg/kg）	砷 （mg/kg）
2010	8	YTAFZ03ABC_01	20～40	0.5	0.1	23.6	62.5	26.4	15.1
2010	8	YTAFZ03ABC_01	40～60	0.5	0.1	26.8	59.2	25.8	12.8
2010	8	YTAFZ03ABC_01	60～100	0.5	0.1	24.3	58.3	24.7	15.2
2015	10	YTAFZ03ABC_01	0～10	—	0.12	28.34	69.19	22.52	—
2015	10	YTAFZ03ABC_01	10～20	—	0.15	28.15	55.93	26.15	—
2015	10	YTAFZ03ABC_01	20～40	—	0.04	25.16	55.60	25.59	—
2015	10	YTAFZ03ABC_01	40～60	—	0.05	21.88	50.06	21.80	—
2015	10	YTAFZ03ABC_01	60～100	—	0.02	22.59	60.31	22.43	—

3.2.6　剖面土壤微量元素

1. 概述

本数据集为鹰潭站 5 个长期监测样地 2005 年、2010 年和 2015 年剖面（0～10 cm、10～20 cm、20～40 cm、40～60 cm 和 60～100 cm）土壤的 7 种微量元素（全钼、全锌、全锰、全铜、全铁和全硼）数据。

2. 数据采集和处理方法

按照 CERN 长期观测规范，剖面土壤微量元素含量的监测频率为每 5 年 1 次。2005 年、2010 年秋季作物收获后，在采样点挖取长 1.5 m、宽 1 m、深 1.2 m 的土壤剖面，观察面向阳，挖出的土壤按不同层次分开放置，用木制土铲铲除观察面表层与铁锹接触的土壤，自下向上采集各层土样，每层约 1.5 kg，装入棉质土袋中，最后将挖出的土壤按层回填。取回的土样置于干净的白纸上风干，挑除根系和石子，四分法取适量样品碾磨后，过 2 mm 筛，再四分法取适量样品碾磨后，过 0.149 mm 筛备用。

3. 数据质量控制和评估

（1）测定时插入国家标准样品进行质量控制。

（2）分析时进行 3 次平行样品测定。

（3）利用校验软件检查每个监测数据是否超出相同土壤类型和采样深度的历史数据阈值范围、每个观测场监测项目均值是否超出该样地相同深度历史数据均值的 2 倍标准差、每个观测场监测项目标准差是否超出该样地相同深度历史数据的 2 倍标准差或者样地空间变异调查的 2 倍标准差等。对于超出范围的数据进行核实或再次测定。

4. 数据价值/数据使用方法和建议

尽管土壤微量元素的含量较低，最多不超过 0.01%，但它们对植物的正常生长不可或缺，具有很强的专一性，一旦缺乏，植物便不能正常生长，并成为作物产量和品质的限制因子。这些元素在低含量时对植物和人体是有用无害的，但是如果含量过高对人体是有害的。通常土壤中的含量很低，不会达到重金属污染的标准，对人体和植物有益。长期监测元素含量的情况，也是为保护土壤环境提供预警性数据。

5. 数据

旱地和水田综合观测场、辅一至辅三观测场土壤微量元素和重金属元素数据见表 3-68 至表 3-72。

表 3-68　旱地综合观测场土壤微量元素和重金属元素

年份	观测层次 (cm)	全硼 (mg/kg)	全钼 (mg/kg)	全锰 (mg/kg)	全锌 (mg/kg)	全铜 (mg/kg)	全铁 (g/kg)	硒 (mg/kg)	镉 (mg/kg)	铅 (mg/kg)	铬 (mg/kg)	镍 (mg/kg)	汞 (mg/kg)	砷 (mg/kg)
2005	0~10	58.33	0.98	229.56	81.32	28.34	41.67	0.35	0.13	30.94	55.22	26.44	0.02	12.53
2005	10~20	57.67	1.09	256.89	63.16	43.47	43.13	0.39	0.13	29.55	60.89	23.56	0.03	14.77
2005	20~40	59.23	1.12	275.23	87.43	39.16	44.63	0.32	0.13	32.42	54.39	35.46	0.02	12.26
2005	40~60	54.15	1.06	389.98	87.27	29.32	45.21	0.34	0.14	37.34	47.52	30.85	0.02	13.39
2005	60~100	58.33	0.92	284.44	45.39	24.92	46.11	0.24	0.12	31.02	42.47	21.95	0.03	10.51
2010	0~10	60.72	0.68	90.59	55.92	24.35	30.82	0.38	0.11	29.14	63.31	16.13	0.03	7.85
2010	10~20	60.72	0.69	104.74	54.92	24.75	31.12	0.38	0.13	29.04	66.13	17.34	0.02	7.69
2010	20~40	57.25	0.95	88.09	56.49	23.66	32.73	0.34	0.09	28.68	62.32	15.51	0.03	6.83
2010	40~60	57.25	0.61	108.07	59.18	24.01	33.82	0.32	0.09	31.54	59.43	15.65	0.03	5.96
2010	60~100	55.33	0.57	188.91	61.91	23.91	33.37	0.33	0.15	33.87	54.56	18.04	0.02	5.76

表 3-69　水田综合观测场土壤微量元素和重金属元素

年份	观测层次 (cm)	全硼 (mg/kg)	全钼 (mg/kg)	全锰 (mg/kg)	全锌 (mg/kg)	全铜 (mg/kg)	全铁 (g/kg)	硒 (mg/kg)	镉 (mg/kg)	铅 (mg/kg)	铬 (mg/kg)	镍 (mg/kg)	汞 (mg/kg)	砷 (mg/kg)
2005	0~10	72.67	1.92	231.73	59.63	35.34	45.34	0.36	0.13	36.45	85.46	37.13	0.07	19.01
2005	10~20	72.00	2.85	251.76	74.55	28.59	46.54	0.39	0.10	35.30	75.60	36.00	0.07	17.58
2005	20~40	71.67	2.25	237.80	82.98	27.97	48.12	0.45	0.08	35.25	63.98	35.43	0.06	18.42
2005	40~60	59.00	1.69	237.54	58.88	22.72	46.18	0.40	0.08	42.25	56.99	29.59	0.05	17.94
2005	60~100	70.67	1.72	203.39	57.10	22.41	54.92	0.47	0.09	52.49	64.82	23.62	0.05	21.51
2010	0~10	77.58	1.01	97.11	70.69	26.10	44.41	0.58	0.18	30.18	64.46	26.54	0.06	13.68
2010	10~20	72.52	0.85	101.63	68.12	25.64	43.15	0.58	0.17	29.63	64.47	25.69	0.06	13.59
2010	20~40	78.63	0.76	109.09	57.62	22.66	43.81	0.60	0.07	25.61	55.22	23.54	0.05	12.96
2010	40~60	77.73	0.85	105.02	59.95	23.02	47.08	0.65	0.07	28.53	55.08	21.07	0.05	12.62
2010	60~100	70.45	0.91	94.06	58.92	22.88	52.21	0.71	0.07	33.24	56.32	18.51	0.05	12.49

表 3-70　辅一观测场土壤微量元素和重金属元素

年份	观测层次 (cm)	全硼 (mg/kg)	全钼 (mg/kg)	全锰 (mg/kg)	全锌 (mg/kg)	全铜 (mg/kg)	全铁 (g/kg)	硒 (mg/kg)	镉 (mg/kg)	铅 (mg/kg)	铬 (mg/kg)	镍 (mg/kg)	汞 (mg/kg)	砷 (mg/kg)
2005	0~10	72.11	4.54	213.49	77.12	29.66	42.56	0.31	0.17	34.17	68.92	27.21	0.05	19.13
2005	10~20	73.22	3.64	219.94	71.25	27.44	42.37	0.27	0.14	30.13	72.26	30.85	0.05	16.75
2005	20~40	78.67	1.73	219.21	72.99	25.01	45.35	0.22	0.08	29.71	68.32	31.55	0.05	19.27
2005	40~60	74.15	1.64	194.13	79.21	26.07	50.59	0.29	0.06	31.72	57.31	28.67	0.04	13.05
2005	60~100	60.23	1.15	211.94	80.32	25.78	9.64	0.14	0.09	39.53	49.52	23.88	0.04	12.52
2010	0~10	62.84	1.72	75.76	54.89	25.8	34.46	0.57	0.15	26.69	81.58	21.12	0.04	11.53
2010	10~20	60.2	1.78	70.68	57.62	26.24	36.82	0.52	0.11	30.14	85.61	21.76	0.04	11.45
2010	20~40	64.17	1.15	70.83	54.54	24.07	37.17	0.53	0.07	29.78	83.98	19.97	0.04	11.39
2010	40~60	63.27	0.84	65.79	50.57	23.22	38.11	0.48	0.08	28.19	71.43	18.39	0.04	9.98
2010	60~100	54.83	0.73	200.95	59.65	24.49	37.11	0.39	0.08	29.79	73.92	19.79	0.02	8.31

表 3 - 71　辅二观测场土壤微量元素和重金属元素

年份	观测层次 (cm)	全硼 (mg/kg)	全钼 (mg/kg)	全锰 (mg/kg)	全锌 (mg/kg)	全铜 (mg/kg)	全铁 (g/kg)	硒 (mg/kg)	镉 (mg/kg)	铅 (mg/kg)	铬 (mg/kg)	镍 (mg/kg)	汞 (mg/kg)	砷 (mg/kg)
2005	0～10	78.67	1.43	217.85	72.22	25.92	39.66	0.28	0.25	30.59	57.99	31.72	0.08	19.47
2005	10～20	88.67	1.39	214.56	77.32	24.68	42.01	0.29	0.11	29.64	64.93	32.33	0.07	19.17
2005	20～40	79.12	0.84	200.21	84.73	24.77	39.86	0.27	0.08	27.22	54.72	27.83	0.06	16.66
2005	40～60	67.67	0.87	153.54	74.58	24.02	44.45	0.36	0.07	27.15	57.49	21.01	0.06	17.74
2005	60～100	77.67	1.07	151.54	70.46	23.45	45.54	0.34	0.06	26.7	64.29	20.72	0.06	18.04
2010	0～10	66.83	0.89	84.45	66.15	31.06	35.67	0.47	0.21	26.38	70.34	23.78	0.07	12.09
2010	10～20	60.93	0.94	83.16	64.7	29.56	34.8	0.22	0.22	25.44	63.52	22.83	0.07	12.15
2010	20～40	64.87	0.61	74.24	59.17	24.49	36.17	0.41	0.08	25.48	60.42	21.32	0.07	11.42
2010	40～60	66.43	0.91	65.46	51.81	24.05	38.79	0.47	0.06	24.08	62.47	19.34	0.06	11.14
2010	60～100	60.83	0.61	62.04	55.16	23.82	46.13	0.65	0.05	32.88	62.54	18.54	0.07	11.23

表 3 - 72　辅三观测场土壤微量元素和重金属元素

年份	观测层次 (cm)	全硼 (mg/kg)	全钼 (mg/kg)	全锰 (mg/kg)	全锌 (mg/kg)	全铜 (mg/kg)	全铁 (g/kg)	硒 (mg/kg)	镉 (mg/kg)	铅 (mg/kg)	铬 (mg/kg)	镍 (mg/kg)	汞 (mg/kg)	砷 (mg/kg)
2005	0～10	70.67	1.10	225.48	96.18	26.06	38.18	0.30	0.09	28.47	64.22	30.99	0.08	15.73
2005	10～20	72.67	1.10	224.19	79.13	25.47	39.76	0.29	0.06	27.76	59.08	31.20	0.09	18.30
2005	20～40	66.33	1.37	231.23	78.72	24.83	40.30	0.27	0.05	27.03	62.00	30.49	0.10	16.46
2005	40～60	72.33	1.12	231.68	55.63	19.71	38.92	0.24	0.05	27.88	64.15	29.07	0.09	16.87
2005	60～100	76.67	0.71	238.22	67.37	23.74	41.67	0.24	0.04	28.10	50.94	28.18	0.10	17.66
2010	0～10	67.03	0.90	94.15	63.20	25.66	33.13	0.54	0.16	24.02	60.20	27.60	0.06	13.90
2010	10～20	68.80	0.86	93.99	64.60	24.94	34.33	0.43	0.13	25.68	62.46	28.33	0.07	12.56
2010	20～40	64.83	1.02	96.54	58.77	24.18	34.89	0.50	0.07	23.63	62.45	26.37	0.06	15.08
2010	40～60	65.27	0.77	98.24	59.01	24.21	35.20	0.47	0.07	26.76	59.18	25.79	0.06	12.81
2010	60～100	64.10	0.62	101.21	57.33	24.11	34.51	0.53	0.06	24.27	58.31	24.70	0.07	15.02

3.2.7　剖面土壤矿质全量

1. 概述

本数据集为鹰潭站 5 个长期监测样地 2005 年剖面（0～10 cm、10～20 cm、20～40 cm、40～60 cm 和 60～100 cm）土壤的矿质（SiO_2、Fe_2O_3、Al_2O_3、TiO_2、MnO、CaO、MgO、K_2O、Na_2O、P_2O_5、烧失量和全硫）全量数据。

2. 数据采集和处理方法

按照 CERN 长期观测规范，剖面土壤矿质全量的监测频率为每 10 年 1 次。2005 年秋季作物收获后，在采样点挖取长 1.5 m、宽 1 m、深 1.2 m 的土壤剖面，观察面向阳，挖出的土壤按不同层次分开放置，用木制土铲铲除观察面表层与铁锹接触的土壤，自下向上采集各层样，每层约 1.5 kg，装入棉质土袋中，最后将挖出土壤按层回填。取回的土样置于干净的白纸上风干，挑除根系和石子，四分法取适量样品碾磨后，过 2 mm 筛，再四分法取适量样品碾磨后，过 0.149 mm 筛备用。

3. 数据质量控制和评估

（1）分析时进行 3 次平行样品测定。

（2）由于土壤矿质全量较为稳定，台站区域内的土壤矿质全量基本一致，因此，测定时，我们会将测定结果与站内其他样地的历史土壤矿质全量结果进行对比，观察数据是否存在异常，如果同一层土壤容重与历史存在差异，则对数据进行核实或再次测定。

4. 数据价值/数据使用方法和建议

分析土壤中矿质全量成分，对于了解土壤矿质元素的迁移变化情况、阐明土壤化学组成在土壤发育发生过程中的演变规律，以及了解土壤肥力状况等都具有非常重要的意义。

5. 数据

旱地和水田综合观测场、辅一至辅三观测场剖面土壤矿质全量数据见表 3-73 至表 3-77。

表 3-73　旱地综合观测场剖面土壤矿质全量

年份	月份	观测层次（cm）	SiO_2（%）	Fe_2O_3（%）	MnO（%）	TiO_2（%）	Al_2O_3（%）	CaO（%）	MgO（%）	K_2O（%）	Na_2O（%）	P_2O_5（%）	LOI（烧失量,%）	S（g/kg）
2005	8	0～10	65.83	5.96	0.03	0.76	16.7	0.16	1.23	2.4	0.1	0.11	6.63	0.14
2005	8	10～20	64.46	6.16	0.03	0.75	17.3	0.15	1.38	2.62	0.1	0.1	6.73	0.12
2005	8	20～40	65.42	6.38	0.04	0.79	17.45	0.1	1.32	2.54	0.1	0.09	6.67	0.15
2005	8	40～60	63.92	6.46	0.05	0.77	17.95	0.09	1.35	2.64	0.1	0.06	6.29	0.14
2005	8	60～100	63.21	6.59	0.04	0.72	17.81	0.09	1.55	2.85	0.1	0.08	6.81	0.13

表 3-74　水田综合观测场剖面土壤矿质全量

年份	月份	观测层次（cm）	SiO_2（%）	Fe_2O_3（%）	MnO（%）	TiO_2（%）	Al_2O_3（%）	CaO（%）	MgO（%）	K_2O（%）	Na_2O（%）	P_2O_5（%）	LOI（烧失量,%）	S（g/kg）
2005	8	0～10	63.24	6.48	0.03	1.04	17.87	0.23	0.87	1.91	0.11	0.16	8.01	0.15
2005	8	10～20	63.23	6.65	0.03	1.05	18.08	0.22	0.87	1.92	0.1	0.12	7.71	0.15
2005	8	20～40	63.07	6.88	0.03	1.00	18.09	0.16	0.98	2.15	0.1	0.07	7.49	0.17
2005	8	40～60	63.14	6.60	0.03	0.93	17.97	0.06	1.07	2.24	0.1	0.07	7.29	0.14
2005	8	60～100	59.97	7.85	0.03	0.80	18.56	0.06	1.49	2.93	0.1	0.09	8.16	0.09

表 3-75　辅一观测场剖面土壤矿质全量

年份	月份	观测层次（cm）	SiO_2（%）	Fe_2O_3（%）	MnO（%）	TiO_2（%）	Al_2O_3（%）	CaO（%）	MgO（%）	K_2O（%）	Na_2O（%）	P_2O_5（%）	LOI（烧失量,%）	S（g/kg）
2005	8	0～10	66.63	6.09	0.03	0.91	16.51	0.17	0.85	1.76	0.10	0.21	7.12	0.18
2005	8	10～20	67.31	6.06	0.03	0.96	16.49	0.14	0.81	1.72	0.10	0.15	6.79	0.18
2005	8	20～40	65.68	6.48	0.03	1.12	17.21	0.10	0.79	1.77	0.09	0.08	7.09	0.24
2005	8	40～60	63.74	7.23	0.03	0.92	18.16	0.09	1.10	2.18	0.10	0.08	6.55	0.22
2005	8	60～100	62.65	7.10	0.03	0.73	17.73	0.09	1.55	3.01	0.11	0.11	6.94	0.12

表 3-76　辅二观测场剖面土壤矿质全量

年份	月份	观测层次（cm）	SiO_2（%）	Fe_2O_3（%）	MnO（%）	TiO_2（%）	Al_2O_3（%）	CaO（%）	MgO（%）	K_2O（%）	Na_2O（%）	P_2O_5（%）	LOI（烧失量,%）	S（g/kg）
2005	8	0～10	66.82	5.67	0.03	0.99	16.86	0.17	0.77	1.63	0.12	0.15	6.61	0.14

（续）

年份	月份	观测层次（cm）	SiO₂（%）	Fe₂O₃（%）	MnO（%）	TiO₂（%）	Al₂O₃（%）	CaO（%）	MgO（%）	K₂O（%）	Na₂O（%）	P₂O₅（%）	LOI（烧失量,%）	S（g/kg）
2005	8	10～20	66.25	6.01	0.03	1.03	17.47	0.14	0.77	1.58	0.10	0.14	6.70	0.16
2005	8	20～40	68.39	5.72	0.03	1.02	16.84	0.09	0.73	1.51	0.10	0.07	5.90	0.25
2005	8	40～60	66.82	6.36	0.02	1.05	17.10	0.08	0.78	1.68	0.10	0.07	5.80	0.24
2005	8	60～100	66.34	6.51	0.02	1.05	17.26	0.26	0.78	1.7	0.11	0.07	5.87	0.14

表 3-77 辅三观测场剖面土壤矿质全量

年份	月份	观测层次（cm）	SiO₂（%）	Fe₂O₃（%）	MnO（%）	TiO₂（%）	Al₂O₃（%）	CaO（%）	MgO（%）	K₂O（%）	Na₂O（%）	P₂O₅（%）	LOI（烧失量,%）	S（g/kg）
2005	8	0～10	68.28	5.46	0.03	1.03	16.15	0.15	0.71	1.46	0.10	0.17	6.48	0.13
2005	8	10～20	67.84	5.69	0.03	1.05	16.68	0.13	0.71	1.49	0.09	0.07	6.34	0.21
2005	8	20～40	67.53	5.76	0.03	1.06	16.81	0.10	0.71	1.54	0.10	0.06	6.21	0.24
2005	8	40～60	68.52	5.57	0.03	1.05	16.39	0.07	0.69	1.54	0.10	0.06	5.96	0.12
2005	8	60～100	68.71	5.93	0.03	1.04	15.92	0.06	0.73	1.62	0.10	0.05	5.84	0.11

3.2.8 剖面土壤容重

1. 概述

本数据集为鹰潭站 5 个长期监测样地 2005 年和 2015 年剖面（0～10 cm、10～20 cm、20～40 cm、40～60 cm 和 60～100 cm）土壤的容重。

2. 数据采集和处理方法

按照 CERN 长期观测规范，剖面土壤容重的监测频率为每 10 年 1 次。2005 年和 2015 年秋季作物收获后，在采样点挖取长 1.5 m、宽 1 m、深 1.2 m 的土壤剖面，采用环刀法测定各层（0～10 cm、10～20 cm、20～40 cm、40～60 cm 和 60～100 cm）土壤容重，每层重复采集 5 次。

土壤容重是单位体积自然状态下土壤（包括土壤空隙的体积）的干重，是土壤紧实度的一个指标。土壤容重是由土壤孔隙和土壤固体的数量来决定的。根据土壤容重可以计算出任何单位土壤的重量。

3. 数据质量控制和评估

（1）采样时每个剖面的每个土层重复进行 5 次测定。

（2）环刀样品采集由同一个实验人员完成，避免人为因素导致的结果差异。

（3）由于土壤容重较为稳定，台站区域内的土壤容重基本一致，随着年代的推移，不会出现太大的变化。因此，我们会将测定结果与站内其他样地的历史土壤容重结果进行对比，观察数据是否存在异常，如果同一层土壤容重与历史存在差异，则对数据进行核实或再次测定。

4. 数据价值/数据使用方法和建议

土壤容重的大小与土壤质地、结构、有机质含量、土壤紧实度、耕作措施等密切相关。它显著影响土壤的保水性能及土壤的松紧程度，因而显著影响作物根系的生长发育和分布，乃至作物产量。因此，土壤容重是土壤物理质量最基础、最重要的指标，受到人们长期广泛的关注。

5. 数据

鹰潭站土壤剖面容重平均值见表 3-78。

表 3－78　鹰潭站土壤剖面容重平均值

年份	月份	样地代码	观测层次（cm）	土壤容重平均值（g/cm³）
2005	8	YTAZH01ABC_01	0～10	1.32
2005	8	YTAZH01ABC_01	10～20	1.35
2005	8	YTAZH01ABC_01	20～40	1.29
2005	8	YTAZH01ABC_01	40～60	1.43
2005	8	YTAZH01ABC_01	60～100	1.41
2005	10	YTAZH02ABC_01	0～10	1.18
2005	10	YTAZH02ABC_01	10～20	1.24
2005	10	YTAZH02ABC_01	20～40	1.38
2005	10	YTAZH02ABC_01	40～60	1.32
2005	10	YTAZH02ABC_01	60～100	1.46
2005	8	YTAFZ01ABC_01	0～10	1.18
2005	8	YTAFZ01ABC_01	10～20	1.41
2005	8	YTAFZ01ABC_01	20～40	1.42
2005	8	YTAFZ01ABC_01	40～60	1.47
2005	8	YTAFZ01ABC_01	60～100	1.44
2005	8	YTAFZ02ABC_01	0～10	1.15
2005	8	YTAFZ02ABC_01	10～20	1.44
2005	8	YTAFZ02ABC_01	20～40	1.44
2005	8	YTAFZ02ABC_01	40～60	1.57
2005	8	YTAFZ02ABC_01	60～100	1.57
2005	8	YTAFZ03ABC_01	0～10	1.26
2005	8	YTAFZ03ABC_01	10～20	1.43
2005	8	YTAFZ03ABC_01	20～40	1.36
2005	8	YTAFZ03ABC_01	40～60	1.39
2005	8	YTAFZ03ABC_01	60～100	1.46
2015	9	YTAZH01ABC_01	0～10	1.24
2015	9	YTAZH01ABC_01	10～20	1.45
2015	9	YTAZH01ABC_01	20～40	1.41
2015	9	YTAZH01ABC_01	40～60	1.45
2015	9	YTAZH01ABC_01	60～100	1.45
2015	12	YTAZH02ABC_01	0～10	1.29
2015	12	YTAZH02ABC_01	10～20	1.38
2015	12	YTAZH02ABC_01	20～40	1.39
2015	12	YTAZH02ABC_01	40～60	1.32
2015	12	YTAZH02ABC_01	60～100	1.31
2015	9	YTAFZ01ABC_01	0～10	1.31
2015	9	YTAFZ01ABC_01	10～20	1.51
2015	9	YTAFZ01ABC_01	20～40	1.58
2015	9	YTAFZ01ABC_01	40～60	1.45

（续）

年份	月份	样地代码	观测层次（cm）	土壤容重平均值（g/cm³）
2015	9	YTAFZ01ABC_01	60～100	1.43
2015	9	YTAFZ02ABC_01	0～10	1.29
2015	9	YTAFZ02ABC_01	10～20	1.43
2015	9	YTAFZ02ABC_01	20～40	1.57
2015	9	YTAFZ02ABC_01	40～60	1.39
2015	9	YTAFZ02ABC_01	60～100	1.61
2015	9	YTAFZ03ABC_01	0～10	1.11
2015	9	YTAFZ03ABC_01	10～20	1.34
2015	9	YTAFZ03ABC_01	20～40	1.36
2015	9	YTAFZ03ABC_01	40～60	1.38
2015	9	YTAFZ03ABC_01	60～100	1.37

3.3　水分观测数据

3.3.1　土壤水分数据集

1. 概述

农田生态系统是人类活动干预最强烈的生态系统，对农田生态系统水环境的长期观测，应该围绕农业生产的水量和水质状况展开监测。主要目的是通过对农田生态系统水环境要素的长期观测，了解在人类活动背景下农田生态系统中的作物-水分关系、作物耗水规律、农田水分状况、农田水循环，以及水质的变化等。通过对农田生态系统水环境要素的观测，为相关农田生态系统水分管理研究提供必要的基础数据，也为相关的水循环和水量平衡研究提供必要的基础数据。鹰潭农田生态系统水分观测数据集为2005—2015年作物生长季观测数据，包括土壤体积含水量、土壤质量含水量。

2. 数据采集和处理方法

本数据集为鹰潭站2005—2015年观测的农田生态系统水分数据。土壤体积含水量观测场地为鹰潭站综合观测场水分观测点，设置16根水分中子管。在2005—2015年，每年1—12月进行土壤体积含水量和质量含水量观测，其中土壤体积含水量观测频率为每5天1次；土壤质量含水量为1次/月。土壤剖面体积含水量采用中子仪人工观测方法测量，土壤质量含水量采用铝盒烘干法测量。

3. 数据质量控制和评估

（1）检查原始数据的完整性。中子管观测数据记录在固定的本子上，不能随意涂改数据，随后整理到电子表格上。针对异常数据进行修正、剔除。

（2）定期检查中子仪标定曲线，测量之后针对异常值进行剔除。在数据入库阶段建立了完善的质量控制过程，保证已入库数据的完整性和一致性。

4. 数据使用方法和建议

在2005—2015年的土壤体积和质量含水量表征了本地区土壤水分的变化规律和趋势，为实施合理的农业措施和预测预警提供了基础分析资料。

5. 数据

鹰潭站旱地和水田综合观测场、气象观测场土壤体积含水量见表3-79至表3-81，鹰潭站土壤质量含水量数据见表3-82。

表 3 - 79 鹰潭站旱地综合观测场土壤体积含水量

年份	月份	土壤深度（cm）											
		0～10	10～20	20～30	30～40	40～50	50～70	70～90	90～110	110～120	120～130	130～140	140～150
2005	1	33.87	38.38	40.39	42.07	42.36	43.00	43.21	43.07	43.25	43.17	43.40	43.58
2005	2	35.47	39.32	41.32	42.75	43.06	43.70	44.08	43.97	44.19	43.80	44.00	44.28
2005	3	33.16	38.15	40.48	41.96	42.56	43.22	43.49	43.38	43.71	43.70	44.00	44.19
2005	4	32.15	38.17	40.43	42.01	42.57	43.13	43.62	43.60	43.86	43.86	44.00	44.22
2005	5	32.91	38.91	41.20	42.94	43.45	43.90	44.04	43.73	44.10	44.17	44.20	44.45
2005	6	30.10	37.39	39.70	41.98	42.74	43.33	43.55	43.32	43.41	43.52	43.80	43.97
2005	7	25.18	31.09	33.97	37.84	39.79	41.64	42.41	42.50	42.69	42.83	43.00	43.31
2005	8	21.11	26.39	30.06	31.98	33.90	35.34	36.95	37.21	37.39	37.55	37.70	37.82
2005	9	21.11	26.39	30.06	31.98	33.90	35.34	36.95	37.21	37.39	37.55	37.70	37.82
2005	10	21.37	29.03	33.30	34.87	36.22	36.76	37.47	37.48	37.48	37.71	37.80	38.09
2005	11	21.64	30.33	34.04	35.59	36.66	37.13	37.67	37.76	37.76	38.12	38.00	38.17
2005	12	21.26	29.80	33.70	35.26	36.25	36.73	37.33	37.22	37.36	37.38	37.30	37.53
2006	1	21.45	30.34	34.16	35.61	36.57	36.95	37.41	37.53	37.57	37.54	37.60	37.67
2006	2	21.48	30.60	34.35	35.76	36.70	37.19	37.73	37.70	37.80	37.87	37.80	38.02
2006	3	21.65	31.27	34.45	35.65	36.64	37.16	37.65	38.09	38.12	38.14	38.10	38.31
2006	4	21.71	31.60	34.65	36.05	37.15	37.80	38.02	37.95	38.08	38.14	38.10	38.38
2006	5	21.54	31.13	34.92	36.20	37.21	37.82	38.30	38.30	38.34	38.67	38.90	38.98
2006	6	21.77	32.11	35.60	36.44	37.54	38.13	38.57	38.74	38.61	38.89	38.90	38.90
2006	7	21.18	28.59	32.99	34.59	36.28	37.32	37.81	37.84	37.93	38.02	38.00	38.12
2006	8	21.25	28.66	33.21	34.54	36.14	36.98	37.58	37.61	37.72	37.93	37.90	38.03
2006	9	21.37	30.35	36.77	39.52	42.93	47.49	52.14	56.33	58.57	60.81	63.20	65.47
2006	10	21.27	28.38	32.50	34.04	35.87	36.68	37.31	37.40	37.54	37.75	37.80	37.78
2006	11	21.26	28.80	32.79	34.40	35.87	36.62	37.33	37.44	37.60	37.64	37.80	37.84
2006	12	22.29	30.92	34.21	35.55	36.56	37.02	37.48	37.42	37.43	37.54	37.60	37.79
2007	1	21.22	30.43	34.52	36.01	37.04	37.28	37.58	37.51	37.50	37.69	37.82	38.01
2007	2	21.48	29.97	35.11	36.53	37.14	37.70	37.97	38.05	38.10	38.35	38.34	38.46
2007	3	21.41	31.60	35.55	37.10	37.77	38.03	38.42	38.42	38.69	39.02	38.88	39.03
2007	4	21.14	31.52	35.87	37.10	37.91	38.38	38.74	38.70	38.70	39.00	39.02	39.03
2007	5	20.98	29.40	34.90	36.25	37.55	38.01	38.36	38.33	38.28	38.63	38.62	38.49
2007	6	20.98	30.30	35.39	36.76	37.65	38.30	38.49	38.42	38.44	38.79	38.65	38.71
2007	7	20.78	25.93	31.30	33.43	35.92	37.57	38.12	38.11	38.30	38.27	38.36	38.32
2007	8	20.74	26.29	32.14	34.73	36.00	36.73	37.49	37.44	37.73	38.04	38.06	38.09
2007	9	21.64	30.31	34.93	36.46	37.50	37.98	38.32	38.03	38.33	38.61	38.65	38.76
2007	10	21.11	27.99	32.86	34.68	36.53	37.48	37.74	37.72	37.70	37.74	37.80	37.90
2007	11	20.89	26.93	31.22	33.38	35.85	36.84	37.32	37.43	37.49	37.86	37.73	37.90
2007	12	20.73	27.53	31.76	33.96	35.97	36.83	37.21	37.04	37.30	37.39	37.61	37.71
2008	1	21.25	29.90	34.83	36.08	37.16	37.67	37.89	37.55	37.63	37.69	37.95	37.88
2008	2	21.15	30.42	34.74	36.18	37.16	37.64	37.78	37.89	37.77	38.11	37.99	38.06

（续）

年份	月份	土壤深度（cm）											
		0~10	10~20	20~30	30~40	40~50	50~70	70~90	90~110	110~120	120~130	130~140	140~150
2008	3	20.97	30.13	34.61	36.21	37.06	37.57	38.00	37.88	37.70	38.17	38.18	38.25
2008	4	21.09	30.61	35.14	36.64	37.45	38.61	38.87	38.51	38.67	38.79	38.74	39.05
2008	5	20.83	29.33	34.41	36.29	37.18	37.77	38.05	37.90	37.77	38.00	38.00	38.19
2008	6	21.25	30.55	35.19	36.83	37.67	38.08	38.55	38.56	38.87	38.90	38.78	39.01
2008	7	21.53	30.10	34.53	36.37	37.36	38.14	38.49	38.60	38.53	38.79	38.41	38.56
2008	8	20.78	26.55	31.16	33.46	35.66	36.88	37.82	37.74	37.96	38.23	38.39	38.11
2008	9	20.86	27.17	31.32	33.39	35.58	36.20	37.18	37.43	37.62	37.92	37.87	37.93
2008	10	22.44	29.24	31.78	33.69	35.63	36.28	37.24	37.08	37.40	37.56	37.70	37.93
2008	11	22.86	32.44	34.82	36.38	37.32	37.68	38.14	38.13	38.07	38.70	38.51	38.50
2008	12	21.91	29.14	32.87	35.17	36.19	36.89	37.26	37.68	37.43	37.59	37.72	37.86
2009	1	22.49	30.35	33.13	34.79	36.48	36.78	37.24	37.26	37.38	37.64	37.56	37.83
2009	2	23.71	31.92	34.47	36.39	37.04	37.03	37.43	37.33	37.37	37.58	37.65	37.78
2009	3	23.76	32.97	35.51	35.96	37.33	37.82	38.14	38.58	38.64	38.89	38.93	38.90
2009	4	21.09	30.61	35.14	36.64	37.45	38.63	38.83	38.51	38.68	38.79	38.74	39.06
2009	5	23.43	32.18	35.24	36.65	37.42	37.94	38.39	38.32	38.48	38.54	38.59	38.79
2009	6	23.03	31.67	34.81	36.31	37.21	37.83	37.99	38.18	38.20	38.39	38.48	38.59
2009	7	22.67	30.30	33.69	36.16	38.30	39.07	39.88	39.70	39.98	40.23	40.14	40.25
2009	8	22.30	29.18	32.86	35.01	36.15	37.04	37.33	37.40	37.61	37.84	37.77	38.01
2009	9	21.69	28.05	31.73	33.87	35.92	36.86	37.50	37.53	37.67	37.82	37.76	38.01
2009	10	21.46	27.40	30.67	33.27	35.49	36.33	37.02	37.04	37.27	37.42	37.62	37.88
2009	11	22.46	30.12	33.00	35.21	36.44	36.77	37.21	37.25	36.57	36.62	37.99	37.96
2009	12	22.92	31.84	34.74	36.27	36.90	37.26	37.50	34.15	37.40	37.74	37.82	38.03
2010	1	23.34	31.99	35.06	36.34	37.29	37.46	37.82	37.97	37.80	38.12	38.27	38.26
2010	2	24.32	33.42	35.56	36.85	37.48	37.85	38.23	38.43	38.41	38.57	38.59	38.56
2010	3	24.20	33.28	35.74	36.78	37.67	38.09	38.11	38.65	38.53	38.67	38.72	38.72
2010	4	25.77	33.87	36.01	36.97	37.65	37.88	38.53	38.23	38.46	38.61	38.93	39.11
2010	5	26.72	33.84	36.03	37.18	37.83	38.34	38.51	38.94	38.81	39.06	39.17	39.18
2010	6	29.93	34.08	35.55	36.30	36.74	37.62	38.23	38.54	38.52	38.47	38.42	38.43
2010	7	23.37	31.24	34.69	36.47	37.51	37.97	38.32	38.30	38.17	38.32	38.36	38.64
2010	8	22.00	28.13	31.08	33.45	35.05	36.45	37.17	37.39	37.84	37.88	37.93	37.86
2010	9	22.76	30.38	34.29	36.32	37.13	37.45	37.69	37.76	37.79	37.94	38.03	38.15
2010	10	22.93	31.08	34.35	36.08	36.14	37.50	37.79	37.66	37.68	37.73	37.97	38.09
2010	11	22.41	30.28	33.97	35.72	36.89	37.11	37.62	37.36	37.51	37.64	37.74	37.91
2010	12	23.41	32.56	35.39	36.60	37.47	37.58	37.85	38.27	38.23	38.33	38.45	38.33
2011	1	28.86	31.91	34.74	36.40	37.26	37.40	37.40	37.36	37.47	37.65	37.73	37.89
2011	2	24.86	31.72	34.50	36.44	37.24	37.76	37.76	37.53	37.61	37.70	38.00	38.12
2011	3	22.91	32.69	34.58	36.31	37.16	37.57	37.67	37.56	37.65	37.83	37.79	37.96
2011	4	24.60	32.41	35.10	36.46	37.70	37.70	38.07	38.03	38.25	38.17	38.31	38.33

（续）

年份	月份	土壤深度（cm）											
		0～10	10～20	20～30	30～40	40～50	50～70	70～90	90～110	110～120	120～130	130～140	140～150
2011	5	23.85	31.67	34.90	36.49	37.51	37.90	38.17	37.85	38.01	38.21	38.29	38.35
2011	6	24.73	33.47	35.84	37.34	37.84	38.52	38.59	39.03	39.14	39.16	39.23	39.20
2011	7	22.43	29.45	32.69	34.86	36.74	37.68	38.08	38.28	38.09	38.11	38.26	38.20
2011	8	22.66	30.14	33.38	35.10	36.69	37.23	37.72	37.86	38.17	38.08	38.33	38.50
2011	9	22.10	30.66	33.87	35.86	37.36	37.52	37.73	37.62	37.72	37.71	38.01	38.11
2011	10	22.87	31.16	34.08	35.75	36.93	37.26	37.32	37.32	37.58	37.71	37.90	37.83
2011	11	22.77	31.39	34.78	36.39	37.28	37.65	37.94	37.65	37.77	38.01	37.83	37.85
2011	12	22.55	30.60	34.29	36.10	37.05	37.38	37.56	37.54	37.63	37.76	37.77	37.94
2012	1	22.84	31.83	35.09	36.73	37.29	37.49	37.88	37.95	38.12	38.17	38.19	38.22
2012	2	23.42	32.77	35.55	36.65	37.48	37.86	38.12	38.15	38.27	38.38	38.33	38.40
2012	3	25.61	34.27	36.39	37.49	38.22	38.30	38.68	38.52	38.62	38.68	38.79	38.88
2012	4	24.78	34.19	36.50	37.42	38.08	38.20	38.55	38.91	38.80	38.94	39.12	39.05
2012	5	24.90	33.55	35.97	37.41	37.90	38.33	38.51	38.81	38.88	38.75	38.93	38.83
2012	6	23.16	31.44	34.82	36.72	37.48	38.07	38.18	38.07	38.26	38.53	38.57	38.69
2012	7	22.82	30.41	33.69	35.58	37.24	37.86	38.16	38.13	38.34	38.35	38.46	38.62
2012	8	23.30	31.46	34.53	36.31	37.23	37.82	38.31	38.29	38.50	38.68	38.61	38.73
2012	9	22.76	31.17	34.23	35.79	37.08	37.48	37.75	37.55	37.75	37.78	37.96	38.03
2012	10	21.98	29.80	32.75	34.86	36.57	37.07	37.44	37.40	37.44	37.72	37.76	37.75
2012	11	23.62	33.58	35.78	36.76	37.41	37.81	38.06	38.28	38.20	38.52	38.69	38.75
2012	12	23.73	32.36	35.29	36.68	37.41	37.84	38.08	37.96	38.12	38.37	38.44	38.47
2013	1	23.50	31.94	34.72	36.19	37.38	37.48	37.54	37.40	37.42	37.83	37.77	37.82
2013	2	23.74	32.35	35.12	36.17	37.60	37.55	37.81	34.48	37.96	37.96	38.29	38.34
2013	3	24.23	33.01	35.37	36.59	37.37	37.78	38.00	38.09	38.25	38.57	38.45	38.57
2013	4	24.59	33.54	35.75	37.06	37.54	38.05	38.31	38.45	38.74	38.60	38.64	38.76
2013	5	24.20	33.12	35.79	36.91	37.90	38.24	38.55	38.64	38.60	38.65	38.76	38.72
2013	6	23.48	32.67	35.63	36.64	37.80	37.96	38.32	38.44	38.20	38.37	38.49	38.47
2013	7	21.88	29.13	32.76	34.68	36.57	37.36	37.71	37.60	37.73	37.87	37.71	38.02
2013	8	20.95	26.07	29.91	32.47	34.92	36.28	37.12	37.32	37.62	37.76	37.81	37.93
2013	9	20.80	26.21	30.14	32.31	35.12	36.07	36.73	36.76	37.22	37.44	37.63	37.62
2013	10	20.71	26.12	30.24	32.63	35.05	35.96	36.43	36.69	36.84	37.01	33.95	37.68
2013	11	21.80	29.05	33.00	34.95	36.33	36.63	37.19	37.17	37.32	37.48	37.61	37.62
2013	12	21.86	30.31	34.16	35.80	36.88	37.07	37.71	37.27	37.42	37.49	37.74	37.83
2014	1	21.93	30.69	34.20	35.89	37.07	37.54	34.69	35.84	36.89	36.94	37.25	37.30
2014	2	23.20	32.28	35.48	36.34	36.94	37.75	35.18	37.00	37.85	37.97	37.14	38.36
2014	3	22.81	32.01	35.45	36.78	37.54	37.81	35.45	37.51	38.22	38.57	38.71	38.55
2014	4	22.35	31.70	35.31	36.51	37.43	38.12	35.41	37.07	37.91	38.20	38.48	38.73
2014	5	23.24	32.74	35.84	36.46	36.96	37.97	35.56	37.47	38.18	38.28	38.23	38.37
2014	6	22.56	32.52	35.86	37.04	37.68	38.00	35.49	37.58	38.42	38.42	38.87	39.02

（续）

年份	月份	土壤深度（cm）											
		0~10	10~20	20~30	30~40	40~50	50~70	70~90	90~110	110~120	120~130	130~140	140~150
2014	7	21.99	30.91	34.92	36.53	37.30	37.86	33.97	37.60	37.96	38.27	38.28	38.50
2014	8	22.48	30.54	34.17	35.55	37.05	37.58	35.87	37.63	38.14	38.33	38.09	38.06
2014	9	21.33	30.02	34.12	35.85	37.08	37.52	35.28	36.31	37.06	37.37	37.55	37.61
2014	10	20.68	27.36	31.37	33.80	36.10	36.99	35.03	35.83	36.44	36.85	36.87	37.37
2014	11	21.09	27.83	31.87	34.18	35.88	36.50	34.70	35.96	36.38	36.76	36.66	36.83
2014	12	20.99	28.77	33.36	35.35	36.41	36.91	34.43	35.57	36.51	36.76	36.70	36.99
2015	1	21.38	29.15	33.49	35.45	36.50	36.77	37.10	37.04	37.18	37.14	37.22	37.40
2015	2	22.06	30.17	34.44	36.26	37.02	37.36	37.50	37.46	37.53	37.76	37.79	37.71
2015	3	22.13	31.77	35.01	36.38	36.93	37.71	37.96	37.99	37.88	38.03	38.19	38.27
2015	4	22.90	31.33	34.81	36.05	36.87	37.26	37.81	37.85	37.47	38.02	38.15	38.47
2015	5	23.77	32.77	35.48	36.85	37.21	37.88	38.16	34.87	38.58	38.65	38.69	38.88
2015	6	24.33	33.49	35.56	36.88	37.30	38.32	38.81	38.73	38.92	39.03	39.09	39.22
2015	7	22.56	30.87	34.16	35.65	36.90	38.03	38.28	38.22	38.47	38.44	38.49	38.70
2015	8	25.33	32.38	35.00	36.27	36.69	37.60	38.17	38.17	38.26	38.37	38.48	38.61
2015	9	24.66	32.89	35.80	37.26	37.93	38.24	38.23	38.09	38.06	38.27	38.42	38.52
2015	10	22.93	31.03	34.15	36.08	36.98	37.66	38.26	38.01	38.11	38.31	38.13	38.43
2015	11	23.82	32.78	35.29	36.88	37.31	37.55	37.96	37.81	37.77	38.13	38.30	38.25
2015	12	24.14	33.12	35.38	36.73	37.49	38.10	38.26	38.34	38.26	38.40	38.61	38.57

表 3-80 鹰潭站水田综合观测场土壤体积含水量

年份	月份	土壤深度（cm）											
		0~10	10~20	20~30	30~40	40~50	50~70	70~90	90~110	110~120	120~130	130~140	140~150
2005	1	38.38	40.39	42.07	42.36	43.00	43.21	43.07	43.25	43.17	43.35	43.60	33.92
2005	2	39.32	41.32	42.75	43.06	43.70	44.08	43.97	44.19	43.80	44.05	44.30	35.44
2005	3	38.15	40.48	41.96	42.56	43.22	43.49	43.38	43.71	43.70	43.96	44.20	33.02
2005	4	38.17	40.43	42.01	42.57	43.13	43.62	43.60	43.86	43.86	44.00	44.20	32.19
2005	5	38.91	41.20	42.94	43.45	43.90	44.04	43.73	44.10	44.17	44.25	44.40	32.78
2005	6	37.39	39.70	41.98	42.74	43.33	43.55	43.32	43.41	43.52	43.80	44.00	29.80
2005	7	31.09	33.97	37.84	39.79	41.64	42.41	42.50	42.69	42.83	43.01	43.30	24.93
2005	8	26.39	30.06	31.98	33.90	35.34	36.95	37.21	37.39	37.55	37.68	37.80	21.11
2005	9	26.39	30.06	31.98	33.90	35.34	36.95	37.21	37.39	37.55	37.68	37.80	21.16
2005	10	29.03	33.30	34.87	36.22	36.76	37.47	37.48	37.48	37.71	37.85	38.10	21.36
2005	11	30.33	34.04	35.59	36.66	37.13	37.67	37.76	37.76	38.12	38.04	38.20	21.61
2005	12	29.80	33.70	35.26	36.25	36.73	37.33	37.22	37.36	37.38	37.35	37.50	22.21
2006	1	21.66	29.98	35.67	36.25	36.54	36.97	37.99	38.15	38.10	38.23	38.30	38.26
2006	2	21.81	31.12	36.19	36.71	36.93	37.76	38.59	38.55	38.47	38.56	38.40	38.48
2006	3	21.84	30.51	35.88	36.27	36.73	37.29	38.11	38.30	38.16	38.51	38.40	38.31
2006	4	21.86	31.95	36.96	37.53	37.77	39.08	39.20	39.01	38.72	38.94	38.80	38.60

（续）

年份	月份	土壤深度（cm）											
		0～10	10～20	20～30	30～40	40～50	50～70	70～90	90～110	110～120	120～130	130～140	140～150
2006	5	21.58	32.47	37.00	36.36	37.60	38.95	39.40	39.19	38.82	38.95	38.90	38.65
2006	6	28.90	36.14	38.28	38.48	38.71	39.74	39.53	39.29	38.88	39.07	39.00	38.69
2006	7	36.11	39.55	39.08	39.07	39.23	40.11	39.72	39.36	39.04	39.23	38.90	38.68
2006	8	41.37	40.01	39.40	39.30	39.39	40.11	39.78	39.48	39.19	39.34	39.10	38.86
2006	9	25.63	34.88	37.73	38.12	38.17	38.67	39.31	39.08	38.95	38.97	38.90	38.60
2006	10	21.11	31.39	36.04	36.47	36.79	37.33	38.66	38.95	38.79	39.03	38.80	38.72
2006	11	21.01	31.03	35.09	35.82	36.13	36.66	38.09	38.40	38.28	38.52	38.50	38.34
2006	12	21.25	28.72	34.82	35.52	35.79	35.90	37.56	37.88	37.75	38.01	38.10	38.09
2007	1	20.83	26.81	34.20	35.46	35.56	35.74	36.06	36.71	36.43	36.43	36.49	36.83
2007	2	22.35	29.33	35.32	36.05	36.30	36.61	37.57	37.97	37.68	37.70	37.53	37.67
2007	3	20.87	28.96	34.96	36.11	36.15	36.53	37.00	37.81	37.46	37.32	37.05	37.29
2007	4	21.00	28.87	35.43	36.29	36.52	36.97	37.55	38.26	37.67	37.60	37.14	37.52
2007	5	21.20	28.12	35.14	35.93	36.29	36.72	37.43	38.42	37.73	37.76	37.43	37.57
2007	6	35.20	37.87	37.84	37.84	38.27	38.57	38.20	38.72	38.14	37.93	37.52	37.71
2007	7	41.00	39.41	38.87	38.91	39.38	39.41	38.98	38.87	38.11	38.06	37.63	37.65
2007	8	35.36	38.64	38.93	39.02	39.49	39.79	39.18	38.80	38.13	38.03	37.49	37.74
2007	9	21.09	30.79	35.78	36.40	36.51	36.65	37.14	38.25	37.69	37.72	37.41	37.56
2007	10	21.09	30.79	35.78	36.40	36.51	36.65	37.14	38.25	37.69	37.72	37.41	37.56
2007	11	20.64	27.93	33.85	34.91	35.12	35.59	36.09	37.16	36.92	37.17	36.94	37.14
2007	12	20.74	28.88	34.30	35.29	35.60	36.21	36.14	37.05	36.92	36.93	36.80	37.06
2008	1	21.06	29.91	35.11	35.78	35.99	36.50	37.05	37.88	37.17	37.04	36.83	37.15
2008	2	23.75	31.82	35.32	35.74	35.67	36.10	36.30	37.41	36.88	36.97	36.73	37.05
2008	3	22.83	31.23	35.35	35.73	35.89	35.99	36.08	37.02	36.60	36.69	36.58	37.00
2008	4	22.96	31.75	35.55	35.99	36.23	36.38	36.67	37.68	37.17	37.28	36.87	37.12
2008	5	22.82	31.37	35.16	35.68	36.12	36.51	37.32	37.84	37.51	37.69	37.16	37.42
2008	6	23.03	34.50	36.91	37.54	37.93	38.42	38.48	38.60	38.44	38.41	37.90	38.17
2008	7	32.13	38.18	38.61	38.69	39.11	39.21	38.86	38.87	38.02	38.12	37.31	37.49
2008	8	31.69	38.06	38.21	38.35	38.66	38.58	38.68	38.51	37.92	37.87	37.48	37.72
2008	9	24.74	32.52	35.86	36.44	36.78	37.03	37.53	38.44	37.70	37.67	37.08	37.32
2008	10	24.74	32.52	35.86	36.44	36.78	37.03	37.53	38.44	37.70	37.67	37.08	37.32
2008	11	22.71	32.73	35.50	35.61	36.03	36.10	36.40	36.96	36.70	36.73	37.02	37.13
2008	12	21.97	30.41	33.81	34.25	34.67	35.16	35.57	36.54	36.36	36.43	36.66	36.89
2009	1	22.61	31.83	34.89	34.75	34.84	34.84	35.52	36.54	36.44	36.43	36.76	36.88
2009	2	23.23	32.93	35.60	35.64	35.77	35.63	35.72	36.66	36.41	36.50	36.59	36.85
2009	3	23.35	33.08	36.02	36.04	36.27	36.39	36.65	37.15	37.03	36.79	36.69	37.03
2009	4	23.05	31.79	35.58	35.91	36.25	36.37	37.00	37.78	37.45	37.50	37.23	37.40
2009	5	25.44	35.32	36.83	37.02	37.59	38.06	38.26	38.24	38.25	37.97	37.70	37.97
2009	6	22.51	31.71	35.95	36.28	36.79	37.23	38.43	38.49	38.39	38.03	37.76	37.94

（续）

年份	月份	土壤深度（cm）											
		0～10	10～20	20～30	30～40	40～50	50～70	70～90	90～110	110～120	120～130	130～140	140～150
2009	7	33.56	38.36	38.32	38.37	38.79	39.13	39.17	38.63	38.42	38.02	37.82	37.97
2009	8	34.41	38.00	38.47	38.47	38.70	39.20	39.23	38.44	38.53	38.11	37.90	37.88
2009	9	34.06	37.44	37.92	38.14	38.50	38.89	38.81	38.22	38.31	37.99	37.72	38.02
2009	10	26.00	34.47	36.58	36.51	36.72	36.82	37.34	37.84	37.57	37.16	37.38	37.56
2009	11	25.71	34.16	36.42	36.61	37.02	37.34	37.74	37.57	37.68	37.44	37.41	37.76
2009	12	22.67	33.37	35.84	35.69	35.81	35.85	36.44	33.81	36.84	36.62	36.93	37.20
2010	1	23.95	33.91	35.95	35.95	36.13	35.99	36.30	36.81	36.79	36.79	36.86	37.15
2010	2	23.32	33.94	35.74	36.03	36.45	36.11	36.54	37.04	37.02	36.80	36.85	37.04
2010	3	24.52	34.22	36.09	36.17	36.38	36.60	37.03	37.18	37.40	37.24	36.96	37.41
2010	4	23.65	34.95	36.74	36.62	36.75	37.14	37.52	37.43	37.44	37.26	37.06	38.40
2010	5	22.78	34.18	36.53	36.64	37.01	37.24	38.12	37.80	37.83	37.56	37.24	37.45
2010	6	22.53	33.78	36.49	36.58	36.81	37.07	37.73	37.71	37.80	37.30	37.30	37.31
2010	7	30.60	36.35	37.75	37.77	38.14	38.57	38.67	38.29	38.31	37.98	37.89	38.10
2010	8	27.61	35.12	37.18	37.32	38.00	38.59	38.37	38.10	37.98	37.53	37.41	37.47
2010	9	29.95	36.22	37.50	37.58	37.85	37.85	37.68	37.73	37.60	37.38	37.35	37.55
2010	10	23.32	33.13	36.09	36.03	36.55	36.46	37.12	37.43	37.53	37.11	37.09	37.42
2010	11	22.53	31.83	35.05	35.29	35.40	35.54	36.07	36.65	36.55	36.58	36.82	36.97
2010	12	23.28	33.20	36.00	36.12	36.29	36.22	36.38	36.91	37.01	36.78	36.94	37.04
2011	1	30.56	33.50	35.83	35.89	35.97	35.91	36.05	36.60	36.51	36.58	36.56	36.89
2011	2	25.40	33.30	35.60	35.58	35.94	35.86	36.25	36.77	36.60	36.60	36.79	37.05
2011	3	23.00	33.20	35.88	36.01	36.04	35.97	36.25	36.81	36.56	36.67	36.66	36.93
2011	4	22.98	33.33	36.15	36.21	36.48	36.45	36.79	37.06	37.24	37.04	37.25	37.50
2011	5	22.37	32.42	35.84	36.00	36.37	36.60	37.61	37.62	38.03	37.50	37.25	37.48
2011	6	29.42	36.17	37.71	37.71	38.07	38.13	38.26	37.96	38.12	37.62	37.39	37.59
2011	7	29.20	35.58	37.62	37.91	38.29	38.65	38.66	37.93	37.91	37.41	37.37	37.55
2011	8	28.70	34.28	36.98	37.36	37.92	38.02	37.99	37.74	37.92	37.48	37.38	37.67
2011	9	25.12	33.60	36.34	36.84	37.26	37.49	37.71	37.47	37.51	37.36	37.32	37.49
2011	10	21.92	32.25	35.32	35.55	35.93	35.17	36.49	37.03	37.26	37.02	37.09	37.43
2011	11	21.50	31.62	35.38	35.63	35.88	36.11	36.51	37.00	37.06	37.01	37.13	37.27
2011	12	21.32	30.82	34.83	35.28	35.42	35.47	35.90	36.47	36.63	36.42	36.83	36.79
2012	1	21.73	32.91	35.83	35.91	36.03	36.01	36.29	36.74	36.79	36.59	36.77	37.05
2012	2	21.79	33.34	35.91	35.85	36.08	36.13	36.35	36.55	36.64	36.49	36.50	36.85
2012	3	22.42	34.32	36.36	36.41	36.70	36.87	37.07	37.45	37.57	37.18	37.09	37.75
2012	4	22.21	34.37	36.65	36.69	36.90	37.09	37.40	37.73	37.87	37.49	37.43	37.69
2012	5	22.44	34.50	36.55	36.81	37.17	37.51	37.57	37.61	37.72	37.57	37.36	37.49
2012	6	23.73	32.04	35.91	36.77	36.88	37.41	37.72	37.64	37.63	37.70	37.97	37.81
2012	7	28.90	33.67	36.32	37.04	37.80	37.89	38.35	37.88	37.88	37.57	37.36	38.15
2012	8	27.42	35.88	37.92	37.94	38.29	38.42	38.38	38.11	37.97	37.66	37.42	38.09

（续）

年份	月份	土壤深度（cm）											
		0~10	10~20	20~30	30~40	40~50	50~70	70~90	90~110	110~120	120~130	130~140	140~150
2012	9	33.03	37.19	37.93	38.16	38.14	38.68	38.72	37.87	37.75	37.42	37.11	37.42
2012	10	21.66	32.06	36.52	36.67	37.03	37.11	37.36	37.26	37.26	37.15	37.39	37.27
2012	11	21.70	32.59	36.22	36.37	36.41	36.64	36.91	37.14	37.10	36.93	36.85	37.06
2012	12	21.87	32.63	35.99	35.87	35.93	36.05	36.25	36.69	36.29	36.44	36.40	36.55
2013	1	21.71	32.57	35.64	35.60	35.76	35.84	35.84	36.40	36.44	36.34	36.27	36.48
2013	2	21.67	32.77	35.68	35.80	35.85	35.83	36.00	36.33	36.36	36.25	36.30	36.58
2013	3	21.89	32.67	35.90	36.14	36.42	36.59	36.54	36.65	36.73	36.57	36.55	36.83
2013	4	22.00	33.30	36.13	36.52	36.94	37.10	37.37	37.56	37.40	37.20	36.98	37.27
2013	5	23.99	34.42	36.81	36.93	37.10	37.38	37.57	37.25	37.37	37.01	36.87	37.55
2013	6	25.12	34.63	37.08	37.30	37.58	37.53	37.87	37.71	37.66	37.36	37.28	38.05
2013	7	28.10	35.17	37.08	37.43	38.03	38.29	38.07	37.71	37.59	37.18	36.98	37.41
2013	8	25.23	31.93	36.01	36.70	37.21	37.69	37.84	37.66	38.02	37.48	37.22	37.44
2013	9	24.10	29.99	35.26	35.68	36.36	36.56	36.92	37.49	37.66	37.27	37.02	37.35
2013	10	20.46	27.75	32.83	34.10	33.91	35.44	35.83	36.60	36.62	36.45	36.29	36.96
2013	11	20.41	28.48	33.57	34.93	35.04	35.32	35.71	36.36	36.33	36.42	36.55	36.77
2013	12	20.79	28.81	33.86	34.49	35.21	35.35	35.93	36.35	36.28	36.45	36.53	36.96
2014	1	20.37	28.82	34.01	35.07	35.12	35.30	35.44	36.29	36.07	36.14	36.23	36.57
2014	2	20.56	30.77	35.07	35.60	35.90	36.09	36.42	36.76	37.05	36.73	36.45	36.96
2014	3	20.76	31.15	35.89	36.68	36.98	37.21	37.27	37.09	37.34	36.97	36.68	37.29
2014	4	20.77	31.29	36.05	36.78	37.12	37.60	37.58	37.21	37.49	37.04	36.90	37.38
2014	5	20.86	31.51	35.71	36.35	36.52	36.82	37.17	37.19	37.32	37.14	36.87	37.74
2014	6	21.03	29.20	35.25	36.18	36.69	36.79	37.21	37.33	37.40	37.59	37.31	37.87
2014	7	25.10	34.63	37.52	37.48	38.15	38.34	38.09	37.84	38.00	37.56	37.27	38.44
2014	8	26.03	35.01	37.01	37.45	37.65	37.83	37.54	37.37	35.33	37.27	37.04	37.42
2014	9	23.37	31.74	34.33	34.97	35.77	36.25	36.52	36.85	36.78	36.78	36.74	37.18
2014	10	21.41	28.03	31.27	31.82	32.51	34.49	35.28	36.37	36.29	36.35	36.62	37.03
2014	11	22.74	31.13	33.43	33.20	33.27	33.83	34.44	35.43	35.60	35.73	36.04	36.57
2014	12	22.04	30.97	34.10	34.15	34.43	34.71	35.06	35.61	35.44	34.64	36.03	36.45
2015	1	22.55	31.38	34.02	33.92	34.47	34.82	34.89	35.54	35.74	35.64	35.95	36.37
2015	2	23.27	32.35	34.84	34.74	35.04	35.27	35.53	36.27	32.93	36.31	36.13	36.51
2015	3	23.69	33.23	35.30	35.21	32.31	35.86	36.35	36.94	36.82	36.86	36.59	33.39
2015	4	23.49	29.97	32.08	34.99	35.32	35.44	35.84	36.52	36.50	36.32	36.65	37.08
2015	5	23.93	33.62	35.49	35.63	36.21	36.40	33.50	36.69	36.98	36.65	36.50	37.24
2015	6	23.69	33.53	35.60	36.02	36.24	36.82	37.32	37.24	37.26	36.95	36.96	37.50
2015	7	22.00	31.06	34.91	35.02	35.51	35.83	36.12	36.64	36.71	36.78	37.09	40.53
2015	8	22.60	30.97	34.47	35.27	35.64	36.00	36.12	36.60	36.82	36.72	36.69	37.47
2015	9	22.78	31.67	34.86	34.99	35.31	35.48	36.27	36.49	36.65	36.64	36.69	37.16
2015	10	22.60	31.84	34.68	34.82	35.41	35.42	35.67	36.38	36.42	36.46	36.72	36.96

（续）

年份	月份	土壤深度（cm）											
		0～10	10～20	20～30	30～40	40～50	50～70	70～90	90～110	110～120	120～130	130～140	140～150
2015	11	23.92	32.64	34.94	34.76	35.47	35.42	35.91	36.32	36.31	36.29	36.40	36.61
2015	12	23.65	32.92	35.44	35.54	35.92	36.17	36.70	36.86	36.97	36.76	37.13	37.37

表 3 - 81　鹰潭站气象观测场土壤体积含水量

年份	月份	土壤深度（cm）											
		0～10	10～20	20～30	30～40	40～50	50～70	70～90	90～110	110～120	120～130	130～140	140～150
2005	1	33.09	37.09	38.41	39.31	39.65	40.58	41.44	41.87	42.02	42.15	42.30	42.72
2005	2	33.82	37.66	38.80	39.63	40.21	41.02	41.93	42.45	42.70	42.96	42.90	43.34
2005	3	32.61	36.96	38.34	39.28	39.67	40.57	41.57	42.09	42.13	42.44	42.60	42.99
2005	4	31.79	36.67	38.07	39.04	39.51	40.39	41.37	41.97	42.01	42.41	42.40	42.78
2005	5	32.51	37.19	38.47	39.54	39.84	40.85	41.65	42.28	42.43	42.69	42.80	43.26
2005	6	30.81	36.39	37.86	38.92	39.43	40.40	41.58	42.17	42.35	42.71	42.70	43.02
2005	7	29.82	35.42	36.98	38.32	38.79	39.99	41.31	41.71	42.00	42.28	42.60	42.88
2005	8	22.90	29.16	32.58	33.60	34.62	35.56	36.39	36.90	37.12	37.29	37.60	37.69
2005	9	22.54	28.70	32.36	33.32	34.40	35.38	36.20	36.78	36.99	37.01	37.30	37.54
2005	10	23.08	30.02	33.44	34.39	35.06	35.76	36.34	36.97	37.06	37.21	37.40	37.58
2005	11	23.75	31.01	34.13	34.93	35.61	36.10	36.68	37.14	37.41	37.33	37.50	37.64
2005	12	23.34	30.50	33.60	34.55	35.10	35.39	36.30	36.87	37.05	37.06	37.20	37.36
2006	1	23.61	30.88	33.91	34.46	35.43	36.00	36.60	36.99	37.14	37.23	37.40	37.39
2006	2	23.62	30.99	34.00	34.87	35.39	36.07	36.45	36.91	37.14	37.03	37.20	37.25
2006	3	23.66	31.05	34.08	33.82	35.53	36.09	36.41	36.75	37.07	37.08	37.20	37.43
2006	4	23.63	31.08	34.14	34.95	35.59	36.27	36.71	37.32	37.38	37.37	37.60	37.52
2006	5	23.46	31.15	34.35	35.25	35.84	36.54	37.03	37.39	37.59	37.62	37.70	37.80
2006	6	23.80	31.75	34.80	35.47	36.03	36.58	37.10	37.60	37.84	37.83	38.00	38.12
2006	7	22.75	29.33	33.09	34.28	35.23	36.02	36.76	37.36	37.43	37.55	37.80	37.86
2006	8	22.76	29.63	33.33	34.28	35.16	36.04	36.77	37.23	37.49	37.53	37.80	37.83
2006	9	22.69	28.94	32.59	33.58	34.52	35.53	36.29	37.00	37.19	37.34	37.50	37.66
2006	10	22.63	28.48	31.69	32.87	33.76	35.16	36.21	36.89	37.13	37.31	37.60	37.79
2006	11	22.83	28.71	31.85	32.87	33.78	34.93	35.82	36.33	36.49	36.58	37.00	37.16
2006	12	23.35	30.52	33.40	34.48	35.12	35.81	36.47	37.01	37.00	37.14	37.30	37.47
2007	1	24.36	29.06	31.76	33.24	34.21	35.15	35.13	35.58	35.45	35.61	35.57	35.92
2007	2	24.65	29.54	32.04	33.61	34.70	35.32	35.64	35.89	35.72	35.84	35.86	36.07
2007	3	24.92	29.56	32.11	33.61	34.66	35.32	35.61	35.87	35.67	35.86	35.94	36.08
2007	4	24.55	30.17	33.37	34.55	35.51	36.12	36.62	36.74	36.80	36.77	36.63	36.87
2007	5	24.27	28.94	31.81	33.24	34.58	35.35	35.67	35.95	35.87	35.69	36.22	36.65
2007	6	24.95	29.39	32.42	33.66	34.77	35.59	35.76	36.13	36.08	35.96	36.24	36.46
2007	7	24.17	28.43	31.61	33.10	34.33	35.26	35.78	36.00	35.96	36.04	36.32	36.59
2007	8	24.63	29.25	32.07	33.53	34.71	35.18	35.63	35.87	35.64	35.81	36.02	36.56
2007	9	24.71	29.36	32.23	33.81	34.92	35.56	35.88	36.04	35.90	36.03	36.19	36.32
2007	10	24.66	27.91	30.89	32.49	33.59	34.45	35.17	35.30	35.32	35.49	35.91	36.25

（续）

年份	月份	土壤深度（cm）											
		0~10	10~20	20~30	30~40	40~50	50~70	70~90	90~110	110~120	120~130	130~140	140~150
2007	11	23.53	26.70	29.51	31.10	32.78	33.88	34.62	35.01	35.07	35.05	35.40	35.75
2007	12	23.87	27.60	30.36	31.67	33.14	34.18	34.41	34.73	34.58	34.74	34.88	35.52
2008	1	24.41	29.16	31.83	32.98	34.11	34.91	34.94	35.24	35.10	34.99	35.29	35.48
2008	2	25.07	29.27	31.91	33.08	34.10	35.07	35.29	35.61	35.36	35.45	35.68	35.84
2008	3	24.75	29.42	32.08	33.30	34.47	35.23	35.40	35.63	35.47	35.43	35.47	35.88
2008	4	25.15	29.79	32.42	33.56	34.91	35.51	35.78	36.01	35.83	35.90	36.02	36.18
2008	5	24.75	29.29	31.97	33.50	34.51	35.29	35.53	35.91	35.77	35.70	35.89	36.29
2008	6	24.81	30.19	32.57	33.78	34.82	35.53	36.10	36.19	35.95	35.82	36.14	36.32
2008	7	24.99	29.74	32.41	33.86	34.89	35.43	35.91	36.08	36.02	35.90	36.14	36.48
2008	8	24.17	28.21	31.01	32.50	33.86	34.91	35.58	35.79	35.65	35.66	35.95	36.21
2008	9	24.04	27.95	30.98	32.61	33.84	34.58	35.19	35.59	35.46	35.44	35.69	36.12
2008	10	24.18	29.04	29.65	32.89	33.79	34.65	35.06	35.50	35.49	35.62	36.12	36.53
2008	11	25.26	29.85	32.36	33.62	34.64	35.24	35.69	35.63	35.68	35.68	35.96	36.46
2008	12	24.48	28.99	31.74	32.95	33.92	34.65	35.05	35.10	35.28	35.25	35.75	36.06
2009	1	25.04	29.60	32.07	33.32	34.15	34.77	35.09	35.40	35.29	35.18	35.52	35.95
2009	2	25.87	30.20	32.88	33.95	34.84	35.25	35.51	35.81	35.93	35.80	35.80	36.23
2009	3	25.67	30.44	32.62	33.84	34.80	35.21	35.49	35.80	35.49	35.62	36.00	36.35
2009	4	25.15	29.79	32.42	33.56	34.91	35.51	35.78	36.01	35.83	35.90	36.02	36.18
2009	5	24.90	29.72	32.41	33.68	34.66	35.43	35.76	36.01	36.10	36.03	36.16	36.53
2009	6	25.07	29.32	32.15	33.62	34.62	35.06	35.59	35.77	35.68	35.73	36.14	36.32
2009	7	24.85	28.91	31.56	33.20	33.99	35.03	35.53	35.55	35.52	35.67	35.76	36.23
2009	8	25.77	30.10	32.44	33.77	34.53	35.22	35.43	35.54	35.57	35.62	36.16	36.31
2009	9	24.29	28.11	31.79	32.52	33.69	34.68	35.25	35.39	35.39	35.41	35.87	36.37
2009	10	23.61	27.19	29.39	31.07	32.73	33.92	34.62	34.98	34.87	35.00	35.67	36.12
2009	11	24.92	29.24	31.55	32.63	33.73	34.33	34.82	35.11	35.14	35.20	35.48	36.07
2009	12	25.05	30.07	32.27	33.55	34.26	35.03	35.49	35.54	35.52	35.51	35.91	36.24
2010	1	25.46	30.63	33.18	34.11	34.92	35.82	35.99	35.98	35.99	36.10	36.26	36.35
2010	2	26.08	30.96	33.25	34.37	35.13	35.57	36.03	36.11	36.06	36.14	36.30	36.70
2010	3	25.19	30.83	33.16	34.35	35.09	35.72	35.91	36.15	35.97	36.09	36.40	33.01
2010	4	25.47	30.75	33.07	34.12	34.88	36.02	35.85	36.06	36.05	35.95	36.32	36.59
2010	5	25.71	31.39	33.64	34.66	35.47	35.91	36.22	36.44	36.35	36.31	36.84	36.97
2010	6	27.04	31.32	33.45	34.49	35.36	36.10	36.62	36.63	36.63	36.53	36.59	36.71
2010	7	25.74	30.07	32.61	33.87	34.58	35.42	35.72	35.85	35.87	35.96	36.32	36.91
2010	8	24.15	28.94	31.64	33.34	34.07	35.06	35.55	35.60	35.63	35.65	36.18	36.50
2010	9	24.98	30.03	32.64	33.87	34.72	35.26	35.72	35.85	35.76	35.72	36.15	32.99
2010	10	25.11	30.20	32.59	33.80	34.67	35.16	35.62	35.70	35.70	35.69	36.10	36.68
2010	11	25.02	29.57	32.21	33.48	34.24	34.91	35.31	35.49	35.47	35.51	35.90	36.45
2010	12	25.71	31.07	33.48	34.48	35.18	35.81	36.22	36.39	36.36	36.46	36.69	36.94
2011	1	27.86	30.32	32.67	33.94	34.56	35.12	35.37	35.60	35.47	35.69	35.70	36.15
2011	2	25.90	30.83	33.26	34.27	34.98	35.67	35.61	35.91	35.82	35.85	36.00	36.42
2011	3	25.39	30.18	32.89	34.05	34.50	35.16	35.56	35.75	35.69	35.58	35.88	36.36

（续）

年份	月份	土壤深度（cm）											
		0～10	10～20	20～30	30～40	40～50	50～70	70～90	90～110	110～120	120～130	130～140	140～150
2011	4	26.38	30.47	32.85	34.10	34.78	35.63	35.86	36.01	36.02	36.00	36.30	36.75
2011	5	25.44	30.10	32.60	33.95	34.98	35.34	35.85	35.99	36.08	36.02	36.16	36.67
2011	6	26.86	31.96	37.08	35.05	35.40	36.27	36.45	36.62	36.49	36.47	36.47	36.99
2011	7	25.00	29.45	32.36	33.81	34.61	35.52	35.82	36.10	34.90	35.01	36.44	36.79
2011	8	25.79	30.00	32.30	33.77	34.61	35.46	36.03	36.15	36.26	36.29	36.64	37.04
2011	9	24.27	28.48	31.59	33.15	34.29	34.98	35.69	35.71	35.57	35.61	36.09	36.65
2011	10	25.41	29.72	32.10	33.44	34.10	34.85	35.19	35.21	35.17	35.37	35.83	36.40
2011	11	25.60	30.15	32.49	33.91	34.65	35.26	35.55	35.64	35.87	35.57	36.14	36.59
2011	12	25.64	30.04	32.60	33.89	34.69	35.20	35.50	35.62	35.75	35.67	36.05	36.40
2012	1	26.40	30.76	33.07	34.09	34.82	35.36	35.55	35.58	35.65	35.70	35.80	36.44
2012	2	26.26	31.37	33.36	34.27	35.08	35.68	36.15	35.96	35.94	35.89	36.30	36.52
2012	3	25.97	31.11	33.12	34.26	35.19	35.71	35.76	35.97	36.08	35.95	36.16	36.66
2012	4	27.02	31.37	33.67	34.63	35.29	35.71	35.93	35.91	36.13	36.27	36.47	37.02
2012	5	26.15	30.93	33.55	34.91	35.83	36.29	36.65	36.63	36.79	36.84	36.67	37.06
2012	6	24.02	31.19	33.76	35.07	35.75	36.25	36.58	37.01	35.99	36.07	35.14	37.22
2012	7	24.17	29.12	31.78	33.34	34.35	35.33	35.77	35.75	36.05	36.05	36.10	36.67
2012	8	24.75	30.20	32.82	34.08	35.06	35.60	36.06	36.01	36.15	36.03	36.26	36.53
2012	9	24.64	29.78	32.26	33.64	34.63	35.21	35.59	35.59	35.65	35.72	36.01	36.36
2012	10	23.79	28.69	31.28	32.83	33.42	34.56	34.95	35.26	35.33	35.46	35.96	36.24
2012	11	24.80	30.58	33.20	34.40	34.98	35.50	36.06	36.22	36.20	36.33	36.35	36.61
2012	12	25.57	30.37	32.61	33.84	34.42	35.18	35.71	36.08	36.17	35.94	36.20	36.46
2013	1	25.39	31.10	32.41	33.24	34.17	34.73	35.57	35.75	35.85	35.99	35.98	36.18
2013	2	25.51	31.33	32.45	33.54	34.23	34.99	35.58	35.77	35.69	35.80	35.99	36.46
2013	3	25.58	30.97	32.88	33.99	34.49	35.51	36.03	36.26	36.34	36.36	36.29	36.47
2013	4	26.02	31.39	34.47	34.26	35.15	35.63	36.27	36.58	36.61	36.57	36.61	37.04
2013	5	25.81	30.87	32.96	34.17	35.06	35.71	36.43	36.55	36.43	36.49	36.66	36.75
2013	6	25.44	30.52	32.79	34.03	34.96	35.66	36.28	36.50	36.46	36.48	36.56	36.63
2013	7	22.77	28.20	30.27	32.00	33.41	34.55	35.51	35.67	35.90	35.89	36.26	36.64
2013	8	23.16	26.19	27.97	30.65	34.58	33.35	34.88	35.31	35.48	35.73	36.27	36.77
2013	9	22.59	25.76	27.51	28.75	30.75	32.36	33.52	34.52	34.78	34.99	35.45	36.02
2013	10	22.61	25.99	27.72	28.86	30.84	32.20	33.18	34.07	34.44	34.41	35.18	35.65
2013	11	23.77	28.24	30.36	31.69	33.01	33.63	34.24	34.21	34.10	34.22	34.73	35.41
2013	12	24.05	29.07	31.36	32.27	33.43	34.08	34.79	35.13	35.10	35.05	35.39	35.73
2014	1	24.26	29.50	31.74	32.88	33.90	34.63	35.44	35.63	35.73	35.83	36.12	36.32
2014	2	24.96	29.61	32.34	33.40	34.45	35.23	36.02	35.76	35.87	36.09	36.14	36.38
2014	3	25.27	30.42	32.62	33.89	34.69	35.25	35.87	35.97	36.15	36.18	36.21	36.30
2014	4	24.97	30.47	32.56	33.86	34.71	35.47	35.93	36.29	36.30	36.46	36.38	36.87
2014	5	25.65	31.04	33.16	34.15	34.78	35.60	36.10	36.41	36.52	36.60	36.52	36.77
2014	6	26.78	31.45	33.25	34.37	35.14	35.73	36.26	36.54	36.97	36.64	37.07	37.02
2014	7	25.76	30.76	32.66	33.89	34.81	35.42	36.20	36.46	36.51	36.45	36.59	37.04
2014	8	25.95	30.52	32.42	33.61	34.58	35.14	35.95	36.18	35.98	36.21	36.44	36.58

（续）

年份	月份	土壤深度（cm）											
		0~10	10~20	20~30	30~40	40~50	50~70	70~90	90~110	110~120	120~130	130~140	140~150
2014	9	24.41	29.24	31.56	32.78	33.70	34.92	35.83	36.10	36.02	36.08	36.49	36.77
2014	10	22.96	26.67	28.73	30.64	32.39	35.03	34.92	35.33	35.51	35.60	35.97	36.32
2014	11	23.96	28.88	31.23	32.27	33.19	33.99	35.12	35.52	35.81	35.88	36.09	36.45
2014	12	24.59	29.45	31.51	32.85	33.77	34.43	34.90	35.27	35.22	35.01	35.64	36.03
2015	1	25.26	29.95	31.94	30.48	34.17	34.95	35.22	35.39	35.49	35.66	35.52	35.92
2015	2	25.61	30.40	32.33	33.48	34.41	35.23	35.77	35.80	36.02	35.71	36.34	36.58
2015	3	25.79	30.58	32.62	33.68	34.66	35.27	35.75	36.13	35.84	36.23	36.27	36.48
2015	4	23.57	27.55	29.25	30.41	31.45	31.80	32.11	32.36	32.42	29.18	32.68	33.05
2015	5	26.27	31.14	32.81	33.81	34.75	35.41	36.28	36.34	36.23	35.95	36.32	36.58
2015	6	24.84	30.83	32.82	33.93	35.01	35.70	36.52	36.81	36.55	36.59	36.85	36.91
2015	7	23.21	29.39	30.30	33.53	34.45	35.00	36.32	36.31	32.86	36.40	36.66	36.80
2015	8	26.96	31.18	33.12	33.97	34.98	35.46	36.37	36.36	36.40	36.34	36.78	37.15
2015	9	29.07	32.34	33.44	34.37	35.05	35.47	36.09	36.32	36.08	36.30	36.54	37.67
2015	10	24.04	29.99	32.31	33.45	34.41	35.22	35.95	36.08	36.13	36.22	36.44	36.54
2015	11	24.47	31.11	32.93	33.88	34.64	35.42	36.40	36.44	36.41	36.47	36.51	36.68
2015	12	26.04	31.44	33.34	35.02	34.78	35.42	36.05	36.18	35.97	35.89	36.20	36.67

表 3-82　鹰潭站土壤质量含水量

年份	月份	土壤深度（cm）											
		0~10	10~20	20~30	30~40	40~50	50~70	70~90	90~110	110~120	120~130	130~140	140~150
2005	2	31.00	29.01	30.03	30.59	30.35	29.10	29.14	25.75	25.94	26.35	26.62	26.36
2005	4	26.03	27.24	27.64	27.84	27.77	27.37	26.32	25.18	25.08	25.88	26.43	26.65
2005	6	26.02	27.23	27.64	27.83	27.76	27.36	26.32	25.17	25.07	25.87	26.41	26.64
2005	8	20.24	21.30	24.28	24.86	24.62	26.25	26.72	29.08	30.49	29.29	29.23	28.81
2005	10	20.70	27.99	24.81	26.23	27.77	27.61	26.88	26.31	26.75	27.25	27.14	27.41
2005	12	22.23	25.42	25.37	27.09	27.29	26.46	27.51	26.57	26.82	26.70	26.32	26.62
2006	2	20.82	23.71	25.31	26.99	28.02	28.04	27.50	26.40	27.01	26.74	26.10	26.83
2006	4	20.31	26.30	26.94	27.96	28.87	28.62	27.53	27.41	26.86	27.22	27.11	27.73
2006	6	24.24	25.35	27.50	28.13	28.44	27.77	28.30	27.48	28.53	28.40	27.86	27.97
2006	8	22.03	25.48	26.78	27.71	28.13	28.32	28.29	27.61	28.68	27.80	27.69	27.67
2006	10	20.31	25.86	26.46	27.18	27.45	27.79	27.71	27.11	27.64	27.61	28.20	27.82
2006	12	22.05	24.74	26.29	28.03	28.77	28.82	28.21	27.27	27.40	27.75	26.84	27.64
2007	2	22.00	25.00	25.00	27.00	29.00	28.00	27.00	27.00	28.00	27.00	28.00	27.00
2007	4	22.97	25.13	27.65	27.27	27.37	28.64	27.79	28.54	27.52	27.94	27.05	26.99
2007	6	22.95	25.12	26.07	27.66	28.34	27.72	28.02	28.86	27.72	28.06	27.75	26.98
2007	8	23.05	25.13	27.02	27.59	28.31	28.40	27.70	27.59	28.22	27.75	27.59	27.92
2007	10	22.09	24.76	26.54	28.23	28.47	28.18	27.48	26.81	27.45	27.16	27.66	26.66
2007	12	22.11	24.48	26.84	27.74	28.02	27.84	27.82	27.96	27.23	27.27	27.45	25.99
2008	2	24.05	25.41	28.54	28.53	28.12	27.90	27.48	27.86	27.45	28.16	27.68	27.67
2008	4	24.56	27.02	26.79	28.77	28.75	28.61	27.99	28.42	29.50	28.45	27.62	28.70
2008	6	26.01	27.01	27.97	29.01	28.95	28.03	28.01	28.02	28.02	26.99	28.17	26.86

（续）

年份	月份	土壤深度（cm）											
		0～10	10～20	20～30	30～40	40～50	50～70	70～90	90～110	110～120	120～130	130～140	140～150
2008	8	26.92	28.12	27.35	28.27	28.70	27.87	27.78	28.75	27.94	27.88	27.72	28.28
2008	10	23.78	25.91	27.39	28.20	27.70	27.49	27.64	28.48	29.15	27.75	28.32	26.76
2008	12	22.05	24.13	26.46	27.23	27.74	27.99	27.25	27.98	28.30	28.03	27.12	27.78
2009	2	23.02	23.84	26.00	31.68	33.02	35.23	35.60	35.81	36.48	37.84	37.70	36.24
2009	4	22.26	23.98	26.47	30.69	34.04	35.24	36.49	36.77	38.40	38.87	39.64	38.26
2009	6	30.64	33.99	35.67	36.82	37.90	38.39	38.06	38.20	37.93	39.02	38.60	23.01
2009	8	21.84	28.36	31.29	33.51	35.45	36.92	37.08	37.30	37.59	38.39	38.09	39.17
2009	10	21.46	25.66	29.46	32.53	35.54	37.18	37.89	37.82	38.80	39.02	38.11	38.15
2009	12	21.33	29.62	33.43	36.27	37.23	37.46	39.24	38.50	38.36	37.59	37.73	38.14
2010	2	25.49	25.49	36.50	37.47	37.92	38.49	39.12	38.78	38.51	39.56	39.24	39.91
2010	4	27.15	34.88	37.12	38.79	38.12	38.49	39.13	38.80	38.51	39.57	39.26	39.93
2010	6	34.88	37.13	38.80	38.13	38.49	39.13	38.80	38.51	39.56	39.25	39.92	27.16
2010	8	24.86	33.22	37.13	37.10	38.11	38.50	39.13	38.80	38.51	39.56	39.26	38.15
2010	10	23.14	30.87	33.71	36.74	35.84	38.49	37.65	38.81	38.51	38.02	39.26	38.23
2010	12	23.30	31.03	35.17	37.48	37.80	37.81	38.57	38.08	37.00	39.03	37.58	38.43
2011	2	22.66	27.95	31.89	34.85	35.29	36.93	37.89	37.81	37.97	38.56	38.12	38.14
2011	4	23.06	28.48	32.94	36.24	36.88	37.91	38.07	37.80	38.32	37.78	37.82	37.32
2011	6	29.49	36.05	36.70	37.04	38.58	37.87	38.14	38.26	38.38	38.26	37.42	26.16
2011	8	25.28	28.79	30.67	32.10	35.59	36.59	37.12	37.99	37.92	38.26	37.99	38.08
2011	10	23.35	30.79	32.65	34.88	36.17	36.72	37.08	37.20	37.45	37.73	38.15	37.94
2011	12	22.32	29.11	34.38	35.85	36.21	37.28	37.44	37.33	37.90	38.86	37.66	38.21
2012	2	34.03	35.35	36.04	36.73	38.04	38.94	39.21	39.10	38.06	37.02	37.87	37.56
2012	4	34.80	36.16	36.65	37.78	39.92	40.25	39.02	37.78	38.32	37.91	37.81	38.24
2012	6	35.09	36.37	36.45	37.10	37.91	37.28	36.38	37.91	38.24	37.19	37.62	34.12
2012	8	33.71	34.75	35.05	36.45	37.24	38.11	38.41	38.04	39.97	38.65	38.19	38.62
2012	10	28.13	32.54	35.59	37.17	37.24	38.10	38.41	38.05	39.16	38.65	38.23	38.03
2012	12	34.12	35.11	36.33	37.06	37.25	38.10	38.41	39.04	38.97	38.65	38.18	37.63
2013	2	23.02	31.06	34.22	35.40	37.01	38.14	37.58	37.11	38.33	38.11	37.95	37.39
2013	4	24.28	29.41	32.20	36.09	37.57	38.18	38.45	38.71	38.75	38.96	39.41	39.27
2013	6	32.70	35.58	36.93	38.15	38.14	38.37	38.37	38.95	38.91	39.18	39.00	27.97
2013	8	22.45	24.76	29.22	33.10	35.40	36.59	37.63	37.87	38.12	38.07	38.29	38.24
2013	10	20.98	25.43	29.49	32.66	35.12	35.87	36.60	37.11	37.56	37.53	38.46	37.61
2013	12	23.67	26.02	28.58	29.93	31.53	34.87	36.31	36.47	36.44	37.00	37.72	37.77
2014	2	23.75	29.71	33.74	35.23	36.29	37.09	37.76	38.24	38.35	37.40	38.30	37.95
2014	4	25.43	31.32	35.03	35.77	37.28	37.70	40.57	39.99	40.15	39.20	38.41	38.01
2014	6	31.86	35.60	36.77	37.96	38.15	38.31	38.42	38.29	38.60	39.62	40.25	24.11
2014	8	25.12	29.39	33.71	35.33	37.10	37.83	38.17	38.03	38.48	38.50	38.28	37.91
2014	10	20.82	31.11	32.39	34.84	36.84	37.21	37.88	37.65	37.97	38.58	38.48	38.28
2014	12	21.42	28.67	33.61	36.54	37.66	37.99	38.35	37.90	38.38	37.27	37.24	37.21

（续）

年份	月份	土壤深度（cm）											
		0~10	10~20	20~30	30~40	40~50	50~70	70~90	90~110	110~120	120~130	130~140	140~150
2015	2	19.69	28.49	32.70	34.82	36.74	36.74	36.81	36.61	37.17	36.86	37.18	37.52
2015	4	23.33	32.03	35.05	35.48	37.10	36.91	38.03	38.78	38.86	39.03	37.88	38.12
2015	6	34.21	36.82	37.31	38.14	38.56	38.26	38.91	39.73	38.59	40.71	40.82	28.36
2015	8	21.61	28.26	31.75	34.54	36.41	38.17	38.60	38.29	38.74	38.90	38.55	38.98
2015	10	22.74	28.46	31.31	34.50	34.87	36.91	37.89	38.82	37.89	38.15	37.89	37.95
2015	12	27.32	33.01	33.86	38.25	37.65	37.70	38.89	41.47	40.01	42.05	40.10	39.57

3.3.2　地表水、流动水、灌溉水水质状况

1. 概述

长期的农田生态系统水质监测是农田生态系统水分观测的重要内容，可以全面地反映出生态系统中水质现状及发展趋势，对整个农田生态系统水环境管理、污染源控制以及维护水环境健康等方面起着至关重要的作用。农田生态系统中由于连年的使用化肥和机械翻耕，导致养分淋洗流失进入土壤水中，严重会造成地下水污染和富营养化，所以长期连续的观测水质变化规律可以为我们制定合理的施肥和耕作提供数据支持。鹰潭农田生态系统水质观测数据集为 2005—2015 年观测数据，包括地表水、地下水以及降水水质数据。

2. 数据采集和处理方法

本数据集为鹰潭站 2005—2015 年观测的农田生态系统及小流域水质数据。水质数据集采样包括 10 个地表水、地下水水质调查点。上半年 5 月中旬（雨季），下半年 10 月中旬（旱季）各一次。采样方式为将地表水和地下水装入 600 mL 塑料瓶中冷冻保存、集中分析。水质分析方法采用《中国生态系统研究网络观测与分析标准方法-水环境要素观测与分析》推荐的方法。pH 测量采用玻璃电极法；钙离子、镁离子、钾离子和钠离子测量采用火焰原子吸收光谱法；碳酸根离子和重碳酸根离子测量采用酸碱滴定法；氯化物测量采用硝酸银滴定法；硫酸根离子测定采用铬酸钡分光光度法；磷酸根离子测定采用磷钼蓝分光光度法；硝酸根离子测定采用酚二磺酸分光光度法；矿化度测定采用质量法；化学需氧量测定采用重铬酸盐法；水中溶解氧测定采用电化学探头法；总氮测定采用紫外分光光度法；总磷测定采用钼酸铵分光光度法。

3. 数据质量控制和评估

针对原始观测数据和实验室分析的数据，数据质量控制过程包括对源数据的检查整理、单个数据点的检查、数据转换和入库，以及元数据的编写、检查和入库。对源数据的检查包括文件格式化错误、存储损坏等明显的数据问题以及文件格式、字段标准化命名、字段量纲、数据完整性等。单个数据点的检查中，主要针对异常数据进行修正、剔除。

水质分析过程中，滴定法测定的项目都有空白样品平行测试。数据整理和入库过程的质量控制方面，主要分为两个步骤：①对原始数据进行整理、转换、格式统一；②通过一系列质量控制方法，去除随机及系统误差。使用的质量控制方法，包括极值检查、内部一致性检查，以保障数据的质量。

4. 数据使用方法和建议

2005—2015 年，由于降水等自然原因产生一些缺失值，这是室外人工监测无法避免的情况。实验仪器由于零件老化和更换维修等也会影响样品分析。

5. 数据

鹰潭站地表水、地下水水质状况见表 3 - 83 至表 3 - 92。

表 3 - 83　鹰潭站地表水、地下水水质状况 1

年份	月份	样地代码	水温(℃)	pH	钙离子含量(mg/L)	镁离子含量(mg/L)	钾离子含量(mg/L)	钠离子含量(mg/L)	重碳酸根离子含量(mg/L)	氯化物(mg/L)	硫酸根离子(mg/L)	硝酸根离子(mg/L)	矿化度(mg/L)	化学需氧量(mg/L)	水中溶解氧(mg/L)	总氮(mg/L)	总磷(mg/L)
2005	5	YTAZH01CDX_01	6.24	2.32	0.67	0.50	1.07	—	8.53	4.12	0.37	—	7.17	36.00	0.01	1.76	0.01
2005	10	YTAZH01CDX_01	5.91	4.29	1.04	1.81	5.28	—	21.57	2.08	1.98	—	0.74	42.00	0.01	1.98	0.00
2006	5	YTAZH01CDX_01	6.79	5.42	0.58	2.29	1.94	—	11.57	5.59	2.79	—	6.42	34.00	0.00	1.51	0.01
2006	10	YTAZH01CDX_01	6.41	5.68	0.93	2.05	1.72	—	13.76	7.88	1.41	—	1.76	35.80	0.01	2.31	0.33
2007	5	YTAZH01CDX_01	6.55	6.06	0.83	0.60	1.20	0.00	19.58	5.42	0.71	0.00	1.30	40.80	10.05	1.31	0.00
2007	10	YTAZH01CDX_01	5.96	5.30	0.95	0.70	0.94	0.00	16.65	6.96	2.09	0.00	2.07	46.60	5.03	2.27	0.00
2008	5	YTAZH01CDX_01	5.77	6.13	0.99	0.67	1.19	—	16.18	2.68	2.70	—	7.36	38.60	11.12	1.80	0.01
2008	10	YTAZH01CDX_01	5.35	5.17	0.83	0.67	1.33	—	13.69	4.17	1.57	—	6.95	62.00	8.57	1.60	0.00
2009	5	YTAZH01CDX_01	5.63	6.43	1.03	0.75	1.49	0.00	13.42	5.37	1.38	0.00	7.95	50.00	8.65	2.82	0.00
2009	10	YTAZH01CDX_01	5.87	4.23	0.88	0.33	1.04	0.00	8.03	3.79	0.38	0.00	7.75	58.00	6.43	1.88	0.08
2010	5	YTAZH01CDX_01	5.81	6.21	0.94	0.98	0.77	0.00	17.95	5.62	6.95	0.03	5.97	76.00	8.82	1.61	0.01
2010	10	YTAZH01CDX_01	6.00	4.10	1.08	0.46	1.19	0.00	7.32	4.22	0.81	0.00	9.75	70.00	6.84	2.29	0.02
2011	5	YTAZH01CDX_01	5.54	5.89	0.81	0.83	1.62	0.00	12.44	5.62	0.96	0.01	1.63	70.00	12.32	1.79	0.02
2011	10	YTAZH01CDX_01	5.72	4.85	0.94	0.50	1.50	0.00	7.32	9.84	1.12	0.00	1.92	76.00	6.32	2.03	0.04
2012	5	YTAZH01CDX_01	4.91	8.76	0.71	2.25	2.08	0.00	21.96	2.81	2.58	0.02	1.45	60.00	7.12	1.83	0.02
2012	10	YTAZH01CDX_01	5.38	4.70	0.83	0.75	1.97	0.00	12.20	9.84	0.51	0.00	1.58	24.00	5.04	1.90	0.01
2013	5	YTAZH01CDX_01	6.05	3.32	0.83	0.67	1.40	0.00	10.98	5.59	0.94	0.00	2.16	56.00	9.20	2.60	0.08
2013	10	YTAZH01CDX_01	5.44	4.67	0.93	0.62	0.71	0.00	10.98	7.10	0.05	0.03	1.94	16.00	2.96	2.41	0.04
2014	5	YTAZH01CDX_01	6.07	7.61	1.02	1.61	0.95	0.00	18.30	5.27	3.22	0.00	1.20	36.50	9.28	1.94	0.02
2014	10	YTAZH01CDX_01	5.55	5.00	1.14	0.37	0.94	0.00	10.68	5.33	0.39	0.00	2.00	41.00	6.56	2.24	0.06
2015	5	YTAZH01CDX_01	6.43	6.51	0.91	0.95	0.79	0.00	13.42	5.68	1.51	0.01	4.31	35.00	8.40	1.56	0.02
2015	10	YTAZH01CDX_01	22.51	4.88	8.77	1.84	0.95	11.22	2.44	17.04	0.22	4.99	84.00	8.09	0.00	8.05	10.52

表 3 - 84　鹰潭站地表水、地下水水质状况 2

年份	月份	样地代码	水温(℃)	pH	钙离子含量(mg/L)	镁离子含量(mg/L)	钾离子含量(mg/L)	钠离子含量(mg/L)	重碳酸根离子含量(mg/L)	氯化物(mg/L)	硫酸根离子(mg/L)	硝酸根离子(mg/L)	矿化度(mg/L)	化学需氧量(mg/L)	水中溶解氧(mg/L)	总氮(mg/L)	总磷(mg/L)
2005	5	YTAQX01CDX_01	19.30	6.15	1.90	0.81	0.70	1.21	33.25	2.65	0.12	7.97	64.00	4.01	9.60	4.39	0.26
2005	10	YTAQX01CDX_01	18.70	5.98	1.89	0.87	0.31	1.05	39.80	2.69	2.87	7.00	80.00	3.78	1.49	1.83	0.02
2006	5	YTAQX01CDX_01	17.90	5.82	3.59	1.18	0.78	1.83	9.24	6.70	1.41	6.78	38.00	0.18	0.11	1.55	
2006	10	YTAQX01CDX_01	22.30	6.92	6.75	2.22	1.63	3.50	14.76	13.41	0.33	8.73	54.70	1.20	0.14	3.05	
2007	5	YTAQX01CDX_01	18.50	6.10	3.41	0.54	0.70	1.40	11.75	5.42	0.63	1.71	35.80	1.10	6.26	1.86	
2007	10	YTAQX01CDX_01	25.30	6.03	3.00	0.60	0.49	0.76	7.69	4.17	0.93	1.68	32.60	0.20	6.76	1.81	
2008	5	YTAQX01CDX_01	18.50	6.03	3.67	0.83	0.67	1.06	7.47	4.03	1.65	10.97	33.2	0.61	7.91	2.7	0.00
2008	10	YTAQX01CDX_01	21.20	5.24	3.53	0.63	0.58	0.83	8.71	2.78	1.03	9.26	68.00	0.43	7.75	2.15	0.01
2009	5	YTAQX01CDX_01	19.00	5.81	6.12	0.59	0.49	1.26	8.54	5.37	1.11	7.32	40.00	0.78	0.01	7.58	1.89
2009	10	YTAQX01CDX_01	21.50	6.07	5.56	0.85	0.33	0.86	8.29	3.53	0.38	11.03	56.00	0.41	0.01	7.17	2.76
2010	5	YTAQX01CDX_01	18.90	5.65	3.80	1.05	0.34	0.07	5.98	5.62	3.63	11.09	70.00	4.09	0.01	9.89	2.73
2010	10	YTAQX01CDX_01	20.30	6.20	3.95	0.75	0.36	1.29	7.32	1.41	0.81	8.81	68.00	8.52	0.01	7.42	2.08
2011	5	YTAQX01CDX_01	19.50	6.09	2.60	0.51	0.33	0.62	2.49	2.81	0.20	1.78	50.00	1.04	0.93	9.28	2.53
2011	10	YTAQX01CDX_01	20.40	5.72	4.85	0.94	0.50	1.50	7.32	9.84	1.12	1.92	76.00	2.85	3.30	6.32	2.03
2012	5	YTAQX01CDX_01	20.10	5.97	3.45	0.79	0.67	0.75	1.22	7.25	0.14	2.49	45.00	16.66	15.83	7.36	2.66
2012	10	YTAQX01CDX_01	20.60	5.35	3.25	0.70	0.50	1.97	6.10	9.84	0.06	2.73	34.00	14.84	13.36	6.24	2.82
2013	5	YTAQX01CDX_01	22.10	6.35	7.68	0.78	1.50	1.50	18.30	5.59	2.02	1.28	70.00	8.23	0.00	9.92	1.64
2013	10	YTAQX01CDX_01	0.00	0.00	0.00	0.00	0.00	0.00	0.00	0.00	0.00	0.00	0.00	0.00	0.00	0.00	0.00
2014	5	YTAQX01CDX_01	19.90	5.38	3.45	0.82	1.22	0.13	1.53	7.03	1.59	1.91	31.50	5.30	0.00	9.76	2.85
2014	10	YTAQX01CDX_01	20.60	6.04	5.77	1.24	0.37	1.29	10.68	5.33	0.38	2.77	42.50	3.70	0.00	8.96	2.91
2015	5	YTAQX01CDX_01	18.23	5.84	2.43	0.90	0.01	0.16	2.44	2.84	0.20	1.91	31.00	4.49	0.00	7.63	3.10
2015	10	YTAQX01CDX_01	21.19	5.39	1.59	0.61	0.25	0.18	2.44	2.84	1.62	5.62	20.50	1.80	0.00	7.67	1.72

表 3 - 85　鹰潭站地表水、地下水水质状况 3

年份	月份	样地代码	水温(℃)	pH	钙离子含量(mg/L)	镁离子含量(mg/L)	钾离子含量(mg/L)	钠离子含量(mg/L)	重碳酸根离子含量(mg/L)	氯化物(mg/L)	硫酸根离子(mg/L)	硝酸根离子(mg/L)	矿化度(mg/L)	化学需氧量(mg/L)	水中溶解氧(mg/L)	总氮(mg/L)	总磷(mg/L)
2005	5	YTAFZ13CGB_01	21.7	6.86	1.24	0.43	1.18	2.25	17.06	0.69	1.36	0.34	26.00	0.79	0.01	0.48	0.01
2005	10	YTAFZ13CGB_01	23.7	6.31	3.74	0.87	2.13	4.38	18.49	6.25	3.69	0.23	32.00	0.48	0.02	0.38	0.00
2006	5	YTAFZ13CGB_01	19.5	6.91	2.17	0.57	1.34	2.60	10.49	2.23	4.01	3.06	28.00	3.89	0.00	0.71	0.06
2006	10	YTAFZ13CGB_01	28.6	6.35	2.65	0.96	2.20	4.40	15.84	5.64	1.75	0.31	39.80	0.84	5.39	0.63	0.00
2007	5	YTAFZ13CGB_01	23.5	7.05	3.39	0.56	1.20	2.50	16.97	4.07	1.75	0.49	31.80	1.10	6.10	0.46	0.00
2007	10	YTAFZ13CGB_01	22.7	6.23	4.38	0.74	1.73	3.06	24.34	4.17	6.93	0.55	38.20	2.87	4.53	0.64	0.00
2008	5	YTAFZ13CGB_01	24.8	6.44	2.15	0.45	1.50	2.21	14.93	0.00	6.39	2.15	39.20	5.12	8.08	0.58	0.01
2008	10	YTAFZ13CGB_01	22.7	6.28	4.06	0.66	2.17	2.67	17.42	1.39	3.87	4.73	54.00	2.05	7.58	1.15	0.04
2009	5	YTAFZ13CGB_01	24.0	7.12	4.56	0.71	1.77	2.37	18.98	2.34	4.26	3.94	50.00	3.23	8.49	0.97	0.00
2009	10	YTAFZ13CGB_01	22.5	6.84	8.80	0.98	2.00	3.44	28.08	2.93	10.10	0.88	60.00	2.28	8.24	0.35	0.09
2010	5	YTAFZ13CGB_01	23.5	6.51	3.64	0.51	1.79	1.82	11.97	1.41	5.99	2.05	46.00	9.21	8.90	1.03	0.03
2010	10	YTAFZ13CGB_01	22.5	6.09	4.95	0.90	1.75	3.88	23.18	2.81	5.34	1.32	76.00	9.47	9.64	0.54	0.02
2011	5	YTAFZ13CGB_01	23.5	6.49	3.11	0.41	1.67	2.45	11.20	1.41	1.79	0.68	48.00	15.53	8.40	1.73	0.03
2011	10	YTAFZ13CGB_01	21.2	6.37	5.56	0.82	2.25	4.83	17.08	8.43	4.32	0.41	100.00	2.85	8.80	0.57	0.09
2012	5	YTAFZ13CGB_01	23.0	6.09	3.81	0.43	2.25	2.08	15.86	1.41	2.16	0.54	55.50	69.78	4.64	1.56	0.02
2012	10	YTAFZ13CGB_01	20.6	6.76	3.70	0.50	1.75	3.52	21.96	4.22	1.90	0.25	32.00	24.39	7.84	0.31	0.02
2013	5	YTAFZ13CGB_01	25.8	6.53	3.11	0.43	1.33	2.10	9.76	1.40	2.18	0.41	38.00	10.97	8.88	0.73	0.09
2013	10	YTAFZ13CGB_01	26.3	6.37	4.25	0.87	2.26	3.35	24.40	4.26	1.98	0.29	24.00	22.15	7.52	0.76	0.04
2014	5	YTAFZ13CGB_01	24.5	6.39	5.89	0.64	3.01	3.67	16.78	7.03	4.05	0.28	41.00	12.88	9.60	1.30	0.07
2014	10	YTAFZ13CGB_01	21.2	7.51	5.17	1.00	1.74	3.80	21.35	1.78	1.32	0.19	41.50	3.70	8.80	0.53	0.07
2015	5	YTAFZ13CGB_01	26.4	6.56	3.43	0.71	1.14	2.07	10.98	0.00	1.53	3.60	37.50	6.29	6.66	1.38	0.00
2015	10	YTAFZ13CGB_01	20.6	6.76	4.00	0.73	2.00	2.32	19.52	2.84	4.92	2.10	38.00	1.80	9.28	1.58	0.00

表 3 - 86　鹰潭站地表水、地下水水质状况 4

年份	月份	样地代码	水温(℃)	pH	钙离子含量(mg/L)	镁离子含量(mg/L)	钾离子含量(mg/L)	钠离子含量(mg/L)	重碳酸根离子含量(mg/L)	氯化物(mg/L)	硫酸根离子(mg/L)	硝酸根离子(mg/L)	矿化度(mg/L)	化学需氧量(mg/L)	水中溶解氧(mg/L)	总氮(mg/L)	总磷(mg/L)
2005	5	YTAFZ14CGB_01	22.4	6.87	1.19	0.43	1.24	2.40	19.90	0.69	1.40	0.52	29.00	0.53	0.01	0.65	0.01
2005	10	YTAFZ14CGB_01	21.3	6.17	8.57	0.80	0.81	1.61	18.49	2.08	1.02	0.13	21.00	0.19	0.01	0.23	0.00
2006	5	YTAFZ14CGB_01	21.2	7.01	2.62	0.40	1.24	2.32	5.41	2.00	5.56	3.07	26.00	2.71	0.01	0.69	0.01
2006	10	YTAFZ14CGB_01	28.1	6.43	1.07	1.01	2.10	4.60	14.61	5.88	1.49	0.36	37.30	0.62	6.08	0.59	0.00
2007	5	YTAFZ14CGB_01	25.5	6.85	3.34	0.58	0.80	2.50	15.66	2.71	1.48	0.33	47.20	2.86	5.60	0.32	0.00
2007	10	YTAFZ14CGB_01	21.5	6.29	5.67	0.93	1.93	2.89	26.90	4.17	6.48	0.19	48.40	2.25	5.03	0.40	0.00
2008	5	YTAFZ14CGB_01	24.2	6.54	2.19	0.44	1.58	2.07	17.42	4.03	6.39	2.38	32.00	5.22	5.93	0.62	0.00
2008	10	YTAFZ14CGB_01	23.5	6.40	4.27	0.68	1.92	2.67	17.42	1.39	5.41	4.07	48.00	1.81	8.08	0.99	0.02
2009	5	YTAFZ14CGB_01	26.0	6.91	4.23	0.74	1.77	2.59	18.30	3.34	4.50	2.57	44.00	4.40	8.24	0.79	0.02
2009	10	YTAFZ14CGB_01	23.0	6.70	7.76	1.00	2.83	4.92	30.64	3.79	7.78	1.01	50.00	2.07	6.76	0.28	0.00
2010	5	YTAFZ14CGB_01	24.5	6.50	3.85	0.55	1.47	1.99	16.76	2.81	6.43	2.09	40.00	6.65	7.99	0.90	0.10
2010	10	YTAFZ14CGB_01	21.9	6.07	5.17	0.92	1.75	3.98	20.74	1.41	6.77	1.37	74.00	8.52	8.65	0.45	0.02
2011	5	YTAFZ14CGB_01	23.5	6.45	2.93	0.41	1.50	2.45	12.44	1.41	1.68	0.67	50.00	5.18	6.96	1.86	0.01
2011	10	YTAFZ14CGB_01	20.7	5.71	5.06	0.85	2.25	4.50	17.08	11.25	3.33	0.48	78.00	4.76	10.08	3.52	0.04
2012	5	YTAFZ14CGB_01	23.3	6.06	5.17	0.29	1.75	3.52	19.52	5.62	1.53	0.41	72.00	13.78	5.92	0.81	0.06
2012	10	YTAFZ14CGB_01	21.3	6.93	4.02	0.51	1.75	3.68	19.52	4.22	1.68	0.24	42.00	23.33	9.20	0.30	0.02
2013	5	YTAFZ14CGB_01	25.5	6.44	2.77	0.41	1.42	2.00	12.20	1.40	1.93	0.45	40.00	7.31	6.16	0.78	0.01
2013	10	YTAFZ14CGB_01	26.5	6.74	4.60	0.85	2.10	3.35	21.96	4.26	2.43	0.25	26.00	20.92	10.00	0.73	0.10
2014	5	YTAFZ14CGB_01	24.6	6.53	5.92	0.64	2.12	3.53	18.30	5.27	3.52	0.26	40.00	12.17	9.12	1.28	0.04
2014	14	YTAFZ14CGB_01	21.18	7.79	5.72	1.09	1.74	3.80	25.93	5.33	1.30	0.20	43.00	4.62	9.04	1.41	0.03
2015	5	YTAFZ14CGB_01	21.53	6.50	3.15	0.57	1.14	1.43	12.20	2.84	1.16	2.75	33.50	8.99	6.45	1.10	0.06
2015	10	YTAFZ14CGB_01	20.99	6.79	4.36	0.86	2.75	2.32	24.40	4.26	5.76	2.20	33.00	3.60	7.90	1.88	0.11

表 3-87　鹰潭站地表水、地下水水质状况 5

年份	月份	样地代码	水温(℃)	pH	钙离子含量(mg/L)	镁离子含量(mg/L)	钾离子含量(mg/L)	钠离子含量(mg/L)	重碳酸根离子含量(mg/L)	氯化物(mg/L)	硫酸根离子(mg/L)	硝酸根离子(mg/L)	矿化度(mg/L)	化学需氧量(mg/L)	水中溶解氧(mg/L)	总氮(mg/L)	总磷(mg/L)
2005	5	YTAFZ15CJB_01	24.7	6.26	1.01	0.59	0.68	1.95	14.22	2.08	1.23	0.32	25.00	1.05	0.01	0.51	0.01
2005	10	YTAFZ15CJB_01	20.4	6.09	0.86	0.61	0.35	1.46	3.08	1.39	1.66	2.62	21.00	0.21	0.01	3.00	0.00
2006	5	YTAFZ15CJB_01	23.8	7.06	2.38	0.52	0.55	1.80	9.24	1.35	1.86	2.62	22.00	1.54	0.00	0.65	0.01
2006	10	YTAFZ15CJB_01	30.2	6.57	2.10	0.47	0.75	2.20	12.30	1.17	0.85	0.51	25.70	1.27	4.99	0.50	0.00
2007	5	YTAFZ15CJB_01	28.6	6.40	2.78	0.54	0.70	2.00	10.44	4.07	1.39	0.50	38.80	1.87	6.92	0.49	0.00
2007	10	YTAFZ15CJB_01	25.5	6.4	1.91	0.41	0.70	1.65	10.25	4.17	5.33	0.04	3.40	5.42	8.57	0.29	0.00
2008	5	YTAFZ15CJB_01	24.5	6.46	2.24	0.71	0.75	1.80	14.93	1.34	6.39	1.59	24.60	3.07	7.00	0.60	0.00
2008	10	YTAFZ15CJB_01	26.2	6.45	1.83	0.54	0.92	1.75	11.20	1.39	5.41	1.51	200.00	3.52	9.89	0.41	0.01
2009	5	YTAFZ15CJB_01	26.5	6.02	4.43	0.65	0.87	2.16	14.20	3.18	2.55	2.89	34.00	5.08	7.33	0.45	0.03
2009	10	YTAFZ15CJB_01	24.5	5.89	3.88	0.56	0.83	1.92	12.17	3.53	2.46	0.42	34.00	6.63	5.93	0.30	0.00
2010	5	YTAFZ15CJB_01	25.1	5.51	3.21	0.63	0.66	1.29	10.77	4.22	6.65	1.77	30.00	5.63	6.76	0.83	0.06
2010	10	YTAFZ15CJB_01	22.3	5.98	1.17	0.33	0.76	1.29	4.88	1.41	2.31	0.89	54.00	10.41	6.18	0.46	0.03
2011	5	YTAFZ15CJB_01	24.5	5.59	2.44	0.50	0.83	2.28	8.71	4.22	0.65	0.39	34.00	11.39	6.00	0.84	0.02
2011	10	YTAFZ15CJB_01	20.7	6.23	1.73	0.32	0.75	1.83	3.66	9.84	2.14	0.15	62.00	4.76	5.60	0.52	0.05
2012	5	YTAFZ15CJB_01	24.5	5.72	3.18	0.57	0.90	1.89	8.54	2.81	2.05	0.52	39.00	28.12	6.64	0.68	0.03
2012	10	YTAFZ15CJB_01	22.4	5.78	0.86	0.26	1.25	1.97	4.88	5.05	1.19	0.02	10.00	39.23	0.02	10.00	39.23
2013	5	YTAFZ15CJB_01	31.2	6.21	3.00	0.72	1.25	1.50	9.76	6.99	1.37	0.25	34.00	9.14	8.80	0.53	0.01
2013	10	YTAFZ15CJB_01	28.6	5.85	1.59	0.29	3.41	1.67	7.32	5.68	1.06	0.01	10.00	59.08	5.44	0.87	0.14
2014	5	YTAFZ15CJB_01	27	6.42	4.20	0.80	1.48	1.77	13.73	5.27	2.72	0.13	21.00	11.59	6.16	0.93	0.03
2014	10	YTAFZ15CJB_01	22.47	6.36	1.29	0.40	2.25	2.01	4.58	14.20	0.86	0.04	9.50	18.50	7.60	0.97	0.07
2015	5	YTAFZ15CJB_01	24.23	5.97	3.17	0.89	0.95	1.86	8.54	5.68	0.91	2.68	26.50	8.09	4.28	1.20	0.07
2015	10	YTAFZ15CJB_01	22.96	6.49	2.16	0.59	1.50	1.52	13.42	5.68	1.77	0.14	20.00	8.09	7.56	0.76	0.03

表 3 – 88　鹰潭站地表水、地下水水质状况 6

年份	月份	样地代码	水温 (℃)	pH	钙离子含量 (mg/L)	镁离子含量 (mg/L)	钾离子含量 (mg/L)	钠离子含量 (mg/L)	重碳酸根离子含量 (mg/L)	氯化物 (mg/L)	硫酸根离子 (mg/L)	硝酸根离子 (mg/L)	矿化度 (mg/L)	化学需氧量 (mg/L)	水中溶解氧 (mg/L)	总氮 (mg/L)	总磷 (mg/L)
2005	5	YTAFZ16CJB_01	25.4	6.41	0.77	0.42	0.31	1.55	14.22	2.08	0.89	0.30	24.00	1.05	0.01	0.54	0.01
2005	10	YTAFZ16CJB_01	20.5	6.39	0.73	0.36	0.60	2.46	6.16	1.39	1.02	0.19	23.00	0.67	0.01	0.24	0.00
2006	5	YTAFZ16CJB_01	23.4	7.02	2.39	0.36	0.87	1.99	12.33	1.35	1.51	3.06	24.00	2.71	0.01	0.78	0.01
2006	10	YTAFZ16CJB_01	30.4	6.44	2.07	0.43	0.90	1.70	9.84	2.11	1.16	0.55	21.90	1.60	3.73	0.77	0.00
2007	5	YTAFZ16CJB_01	28.0	6.09	2.22	0.45	0.50	1.80	13.05	6.78	0.88	0.48	31.80	1.98	7.00	0.54	0.00
2007	10	YTAFZ16CJB_01	26.0	6.52	2.37	0.55	0.49	1.65	12.81	4.17	3.58	0.47	6.40	7.16	7.83	0.82	0.00
2008	5	YTAFZ16CJB_01	24.4	6.33	2.64	0.59	0.67	2.14	12.44	2.68	4.62	4.21	35.40	4.60	9.97	1.11	0.00
2008	10	YTAFZ16CJB_01	26.2	6.87	2.57	0.54	0.67	2.08	13.69	1.39	4.47	2.26	44.00	4.28	12.36	0.61	0.01
2009	5	YTAFZ16CJB_01	26.0	6.19	2.57	0.49	0.62	2.16	10.98	2.68	1.05	2.70	32.00	7.82	12.03	1.27	0.68
2009	10	YTAFZ16CJB_01	24.5	6.18	2.83	0.53	0.33	2.09	12.17	1.26	1.99	1.49	30.00	5.80	8.24	0.62	0.15
2010	5	YTAFZ16CJB_01	24.9	5.72	2.70	0.49	0.34	0.77	11.97	2.81	4.41	2.23	28.00	7.67	7.66	0.81	0.09
2010	10	YTAFZ16CJB_01	22.2	5.96	1.97	0.50	0.36	1.49	17.08	1.41	1.43	0.77	58.00	20.83	9.56	0.49	0.03
2011	5	YTAFZ16CJB_01	24.0	5.56	2.31	0.44	0.83	2.28	8.71	2.81	1.13	0.66	60.00	15.53	7.68	0.93	0.05
2011	10	YTAFZ16CJB_01	20.3	6.26	2.49	0.48	0.50	2.00	8.54	7.03	1.78	0.03	50.00	9.51	9.36	0.60	0.05
2012	5	YTAFZ16CJB_01	24.7	5.90	3.96	0.67	1.35	1.89	9.76	2.81	2.28	1.48	68.00	29.16	6.00	1.67	0.03
2012	10	YTAFZ16CJB_01	22.4	6.49	2.29	0.50	0.50	2.13	13.42	7.03	0.67	0.07	40.00	34.99	0.07	4.00	34.99
2013	5	YTAFZ16CJB_01	30.8	6.22	4.18	0.72	0.75	1.60	12.20	2.80	1.40	1.32	42.00	5.49	8.00	1.69	0.01
2013	10	YTAFZ16CJB_01	28.8	6.24	3.19	0.72	0.79	1.67	13.42	4.26	0.34	0.01	14.00	40.62	11.68	1.27	0.13
2014	5	YTAFZ16CJB_01	27.0	6.42	4.59	0.69	0.71	1.22	16.78	3.51	1.66	0.08	19.00	11.25	10.40	1.16	0.04
2014	10	YTAFZ16CJB_01	23.3	7.28	2.71	0.62	0.20	1.30	10.68	3.55	1.31	0.04	16.00	20.35	9.20	0.79	0.04
2015	5	YTAFZ16CJB_01	22.5	5.91	4.79	0.90	0.39	1.01	12.20	2.84	1.36	5.33	36.00	6.29	5.12	1.71	0.06
2015	10	YTAFZ16CJB_01	24.3	6.59	2.08	0.60	0.50	0.99	13.42	2.84	3.39	0.09	27.50	20.67	12.60	1.09	0.04

表 3-89 鹰潭站地表水、地下水水质状况 7

年份	月份	样地代码	水温（℃）	pH	钙离子含量（mg/L）	镁离子含量（mg/L）	钾离子含量（mg/L）	钠离子含量（mg/L）	重碳酸根离子含量（mg/L）	氯化物（mg/L）	硫酸根离子（mg/L）	硝酸根离子（mg/L）	矿化度（mg/L）	化学需氧量（mg/L）	水中溶解氧（mg/L）	总氮（mg/L）	总磷（mg/L）
2005	5	YTAFZ17CLB_01	23.9	7.06	1.79	0.69	1.55	2.20	22.75	4.86	1.43	0.84	38.00	0.26	0.01	2.25	0.01
2005	10	YTAFZ17CLB_01	24.2	6.04	5.16	1.07	2.31	4.28	24.65	3.47	6.24	0.20	31.00	0.45	0.02	0.39	0.00
2006	5	YTAFZ17CLB_01	22.7	7.00	1.50	0.24	1.57	3.43	15.41	2.23	0.51	0.38	28.00	1.51	0.00	0.81	0.01
2006	10	YTAFZ17CLB_01	27.3	5.77	0.96	1.43	1.90	2.80	14.45	3.41	1.00	0.94	26.00	1.09	6.67	0.24	0.00
2007	5	YTAFZ17CLB_01	24.7	7.05	4.49	0.88	1.40	2.50	15.66	5.42	1.48	0.88	45.80	2.75	8.90	0.89	0.00
2007	10	YTAFZ17CLB_01	22.3	7.04	4.82	0.87	1.73	2.53	25.52	2.78	4.10	0.55	45.20	3.17	3.96	0.64	0.00
2009	5	YTAFZ17CLB_01	25.5	6.74	5.51	1.41	2.41	2.87	20.30	4.03	7.26	6.80	56.00	7.33	8.41	2.14	0.02
2009	10	YTAFZ17CLB_01	24.0	7.21	8.96	1.29	1.93	3.86	28.94	4.79	5.21	1.99	60.00	2.69	9.23	0.56	0.00
2010	5	YTAFZ17CLB_01	23.7	6.02	4.45	0.70	1.79	2.17	17.95	2.81	10.44	2.92	56.00	6.65	8.57	1.07	0.11
2010	10	YTAFZ17CLB_01	21.5	5.84	6.48	1.25	2.14	3.98	19.52	2.81	7.50	3.10	72.00	7.57	10.38	0.84	0.03
2011	5	YTAFZ17CLB_01	25.3	5.65	5.00	1.01	2.50	3.12	9.96	5.62	1.62	1.47	72.00	2.07	1.47	72.00	2.07
2011	10	YTAFZ17CLB_01	20.8	5.86	5.96	0.91	2.25	4.67	18.30	8.43	3.24	0.37	76.00	2.85	10.00	0.55	0.02
2012	5	YTAFZ17CLB_01	17.0	6.06	3.52	0.51	1.80	2.26	9.76	0.00	1.64	0.50	45.00	4.17	8.16	0.93	0.12
2012	10	YTAFZ17CLB_01	22.2	6.77	3.80	0.79	1.75	3.21	17.08	8.43	1.38	0.22	36.00	11.66	8.80	0.84	0.02
2013	5	YTAFZ17CLB_01	25.3	6.63	6.96	1.02	1.83	2.30	21.96	1.40	1.57	0.84	70.00	10.06	9.44	1.21	0.01
2013	10	YTAFZ17CLB_01	23.8	7.10	9.82	1.56	2.76	3.84	32.94	8.52	2.68	0.44	58.00	13.54	8.80	1.00	0.13
2014	5	YTAFZ17CLB_01	22.7	7.06	4.93	0.68	1.61	2.04	18.30	5.27	2.50	0.12	34.50	9.03	9.60	1.11	0.05
2014	10	YTAFZ17CLB_01	23.3	7.94	4.28	0.93	1.91	3.44	22.88	5.33	2.39	0.34	37.50	11.10	5.36	1.85	0.10
2015	5	YTAFZ17CLB_01	25.3	6.86	4.35	0.90	1.33	1.86	15.86	1.42	1.76	3.43	39.00	8.09	8.42	1.55	0.07
2015	10	YTAFZ17CLB_01	22.4	6.82	5.01	1.27	2.00	1.92	18.30	4.26	5.37	2.25	43.50	6.29	9.74	1.36	0.04

表 3-90　鹰潭站地表水、地下水水质状况 8

年份	月份	样地代码	水温（℃）	pH	钙离子含量（mg/L）	镁离子含量（mg/L）	钾离子含量（mg/L）	钠离子含量（mg/L）	重碳酸根离子含量（mg/L）	氯化物（mg/L）	硫酸根离子（mg/L）	硝酸根离子（mg/L）	矿化度（mg/L）	化学需氧量（mg/L）	水中溶解氧（mg/L）	总氮（mg/L）	总磷（mg/L）
2005	5	YTAFZ18CLB_01	23.90	6.92	0.96	0.36	1.18	1.80	19.90	2.08	1.45	0.54	32.00	0.09	0.01	0.62	0.01
2005	10	YTAFZ18CLB_01	23.60	6.13	5.03	1.17	3.69	3.82	15.41	2.78	6.57	0.41	33.00	0.60	0.02	0.59	0.00
2006	5	YTAFZ18CLB_01	22.50	7.03	1.44	0.35	1.52	2.64	15.41	1.12	0.76	0.70	25.00	3.20	0.01	0.85	0.01
2006	10	YTAFZ18CLB_01	27.50	5.95	1.01	1.48	2.00	1.10	10.76	1.64	0.77	1.53	26.50	0.73	8.83	0.44	0.00
2007	5	YTAFZ18CLB_01	24.80	6.83	4.84	1.00	1.70	2.50	16.97	8.14	1.66	1.18	40.80	4.84	8.32	1.15	0.00
2007	10	YTAFZ18CLB_01	22.50	6.91	4.83	0.96	1.73	2.35	24.34	5.57	4.10	0.55	42.80	3.68	3.05	0.67	0.00
2009	5	YTAFZ18CLB_01	25.50	6.76	6.15	1.44	2.80	2.22	20.08	5.37	7.95	6.98	58.00	7.63	9.23	2.13	0.04
2009	10	YTAFZ18CLB_01	24.20	7.14	8.19	1.35	1.83	3.33	28.79	3.79	5.41	2.48	64.00	4.35	9.72	0.44	0.00
2010	5	YTAFZ18CLB_01	24.10	6.29	4.56	0.94	2.44	1.64	14.36	5.62	5.63	5.49	68.00	10.23	9.23	3.07	0.09
2010	10	YTAFZ18CLB_01	22.50	5.97	6.15	1.42	1.75	3.28	23.18	4.22	2.92	1.84	70.00	10.41	9.39	0.53	0.02
2011	5	YTAFZ18CLB_01	25.50	5.61	7.80	1.51	3.00	3.45	22.40	8.43	2.21	1.73	80.00	24.85	1.73	80.00	24.85
2011	10	YTAFZ18CLB_01	21.00	5.96	6.60	1.39	2.50	3.83	21.96	9.84	3.10	0.27	80.00	2.85	7.44	0.55	0.03
2012	5	YTAFZ18CLB_01	17.50	6.06	4.11	0.61	2.02	2.08	9.76	2.00	2.10	0.70	58.00	35.41	8.08	1.47	0.13
2012	10	YTAFZ18CLB_01	21.50	6.79	4.15	0.82	1.50	3.06	15.86	7.03	0.94	0.22	24.00	15.90	8.16	0.35	0.03
2013	5	YTAFZ18CLB_01	24.90	6.61	6.44	1.02	1.75	2.50	23.18	4.19	2.02	0.91	50.00	5.49	8.80	1.50	0.01
2013	10	YTAFZ18CLB_01	25.30	7.21	8.47	1.56	2.43	3.84	30.50	7.10	2.22	0.28	44.00	23.38	6.72	0.84	0.11
2014	5	YTAFZ18CLB_01	25.60	7.77	8.85	1.40	3.27	2.31	18.30	10.54	3.22	0.95	53.00	12.74	11.20	2.49	0.06
2014	10	YTAFZ18CLB_01	22.52	9.27	6.22	1.29	1.91	3.62	25.93	7.10	2.06	0.25	45.50	10.17	10.24	0.44	0.22
2015	5	YTAFZ18CLB_01	26.10	6.81	4.84	1.15	1.90	2.28	13.42	2.84	1.33	4.61	44.00	12.58	7.92	1.65	0.08
2015	10	YTAFZ18CLB_01	22.57	6.66	14.18	2.20	3.25	4.06	48.80	8.52	7.41	5.45	71.50	2.70	10.34	1.30	0.01

表 3 - 91　鹰潭站地表水、地下水水质状况 9

年份	月份	样地代码	水温（℃）	pH	钙离子含量（mg/L）	镁离子含量（mg/L）	钾离子含量（mg/L）	钠离子含量（mg/L）	重碳酸根离子含量（mg/L）	氯化物（mg/L）	硫酸根离子（mg/L）	硝酸根离子（mg/L）	矿化度（mg/L）	化学需氧量（mg/L）	水中溶解氧（mg/L）	总氮（mg/L）	总磷（mg/L）
2005	5	YTAFZ19CLB_01	23.40	6.96	0.98	0.34	1.24	1.80	19.90	0.00	1.23	0.48	29.00	0.22	0.01	0.52	0.01
2005	10	YTAFZ19CLB_01	23.80	6.14	6.21	1.29	4.13	4.38	15.42	4.86	7.17	0.38	36.00	0.62	0.02	0.60	0.00
2006	5	YTAFZ19CLB_01	22.50	6.98	1.38	0.61	1.99	2.55	13.49	1.59	0.77	0.28	26.00	2.67	0.01	1.89	0.01
2006	10	YTAFZ19CLB_01	27.20	6.03	1.01	1.61	2.15	1.70	8.61	2.46	1.75	0.42	22.50	4.33	4.33	7.30	0.00
2007	5	YTAFZ19CLB_01	24.20	6.32	7.47	1.37	1.90	3.40	18.28	16.27	2.74	1.58	65.40	5.72	10.71	5.55	0.00
2007	10	YTAFZ19CLB_01	22.70	6.79	6.41	1.07	1.73	2.89	8.97	9.74	9.17	2.74	61.60	7.37	4.53	2.87	0.00
2009	5	YTAFZ19CLB_01	25.20	6.78	8.51	1.75	2.80	2.59	22.70	28.31	7.47	11.25	100.00	15.63	10.30	24.79	0.02
2009	10	YTAFZ19CLB_01	24.50	6.59	15.28	1.56	2.17	4.21	44.54	32.73	11.17	2.33	174.00	30.64	7.83	34.70	0.00
2010	5	YTAFZ19CLB_01	24.50	6.39	5.33	1.01	2.60	1.99	15.56	9.84	6.73	6.10	72.00	14.33	8.90	4.97	0.14
2010	10	YTAFZ19CLB_01	21.80	5.39	10.70	2.10	2.24	4.08	39.04	39.36	6.30	6.02	132.00	33.14	10.96	20.79	0.04
2011	5	YTAFZ19CLB_01	25.00	6.04	6.35	1.18	2.67	3.61	16.18	22.49	2.66	1.70	108.00	14.49	1.70	108.00	14.49
2011	10	YTAFZ19CLB_01	20.70	6.06	7.47	1.52	3.00	4.33	29.28	19.68	3.28	0.38	94.00	6.66	7.60	5.53	0.06
2012	5	YTAFZ19CLB_01	16.00	6.02	4.22	0.66	2.25	2.26	10.98	4.22	1.53	0.94	58.00	49.99	7.52	3.01	0.10
2012	10	YTAFZ19CLB_01	21.70	6.98	5.61	0.66	2.50	3.68	30.50	8.43	1.81	0.39	54.00	19.08	9.28	1.35	0.03
2013	5	YTAFZ19CLB_01	24.20	6.81	3.47	0.82	1.67	2.20	12.20	4.19	1.54	0.79	48.00	5.49	9.04	2.31	0.01
2013	10	YTAFZ19CLB_01	25.90	7.33	8.75	1.51	2.76	4.56	42.70	24.14	2.81	1.42	78.00	25.85	9.12	11.02	0.09
2014	5	YTAFZ19CLB_01	24.50	7.71	9.74	1.47	3.53	2.99	21.35	10.54	2.16	1.28	54.00	11.18	10.96	2.62	0.05
2014	10	YTAFZ19CLB_01	23.36	7.77	5.90	1.47	1.74	3.08	24.40	3.55	1.75	0.10	42.00	14.80	11.36	0.43	0.05
2015	5	YTAFZ19CLB_01	25.12	6.72	6.31	0.99	1.52	2.50	18.30	7.10	1.37	17.65	58.00	10.79	8.10	5.89	0.05
2015	10	YTAFZ19CLB_01	22.69	6.90	6.50	1.31	2.50	2.72	32.94	12.78	3.39	4.84	57.00	6.29	9.22	5.74	0.02

表 3 - 92　鹰潭站地表水、地下水水质状况 10

年份	月份	样地代码	水温 (℃)	pH	钙离子含量 (mg/L)	镁离子含量 (mg/L)	钾离子含量 (mg/L)	钠离子含量 (mg/L)	重碳酸根离子含量 (mg/L)	氯化物 (mg/L)	硫酸根离子 (mg/L)	硝酸根离子 (mg/L)	矿化度 (mg/L)	化学需氧量 (mg/L)	水中溶解氧 (mg/L)	总氮 (mg/L)	总磷 (mg/L)
2005	5	YTAFZ20CLB_01	23.50	6.93	1.01	0.38	1.18	1.95	28.43	0.00	1.36	0.51	36.00	0.44	0.00	0.70	0.01
2005	10	YTAFZ20CLB_01	24.50	6.21	3.97	0.86	2.25	3.92	21.57	3.47	4.53	0.33	31.00	0.44	0.03	0.41	0.00
2006	5	YTAFZ20CLB_01	21.80	7.11	0.96	0.27	1.85	2.78	11.57	2.23	0.27	0.75	18.00	5.33	0.01	0.63	0.00
2006	10	YTAFZ20CLB_01	26.80	6.28	1.05	0.98	1.80	1.80	10.84	1.64	1.93	0.97	25.10	0.69	5.82	0.40	0.02
2007	5	YTAFZ20CLB_01	23.20	6.58	3.50	0.57	1.20	2.60	14.36	4.07	1.48	0.49	41.20	1.87	7.91	0.46	0.01
2007	10	YTAFZ20CLB_01	22.30	6.92	3.79	0.64	1.11	2.18	17.93	4.17	6.63	0.43	30.60	2.46	4.70	0.51	0.01
2008	5	YTAFZ20CLB_01	19.30	6.46	2.73	0.45	1.33	2.07	14.93	2.68	6.69	1.53	31.6	1.64	9.48	0.78	0.00
2008	10	YTAFZ20CLB_01	22.30	6.47	4.24	0.79	2.67	2.58	14.93	4.17	5.10	4.74	62.00	1.90	8.82	1.21	0.01
2009	5	YTAFZ20CLB_01	25.20	6.78	8.51	1.75	2.80	2.59	22.70	28.31	7.47	11.25	100.00	15.63	0.01	10.30	24.79
2009	10	YTAFZ20CLB_01	23.00	6.79	8.48	0.97	5.00	1.92	25.64	2.53	9.08	1.08	58.00	4.14	0.01	8.73	0.25
2010	5	YTAFZ20CLB_01	24.50	6.39	5.33	1.01	2.60	1.99	15.56	9.84	6.73	6.10	72.00	14.33	0.01	8.90	4.97
2010	10	YTAFZ20CLB_01	23.50	5.81	5.02	1.07	1.74	4.77	18.30	1.41	9.24	1.34	70.00	13.25	0.01	12.77	0.41
2011	5	YTAFZ20CLB_01	25.00	6.04	6.35	1.18	2.67	3.61	16.18	22.49	2.66	1.70	108.00	14.49	15.71	1.70	108.00
2011	10	YTAFZ20CLB_01	20.80	5.86	5.96	0.91	2.25	4.67	18.30	8.43	3.24	0.37	76.00	2.85	3.57	10.00	0.55
2012	5	YTAFZ20CLB_01	16.00	6.30	2.52	0.34	1.57	2.26	10.98	0.00	2.20	0.43	44.00	19.79	56.49	8.16	0.58
2012	10	YTAFZ20CLB_01	22.20	6.77	3.80	0.79	1.75	3.21	17.08	8.43	1.38	0.22	36.00	11.66	11.90	8.80	0.84
2013	5	YTAFZ20CLB_01	24.20	6.83	3.22	0.45	1.25	2.20	12.20	1.40	1.87	0.44	64.00	4.57	0.00	9.04	0.69
2013	10	YTAFZ20CLB_01	23.80	7.10	9.82	1.56	2.76	3.84	32.94	8.52	2.68	0.44	58.00	13.54	0.00	8.80	1.00
2014	5	YTAFZ20CLB_01	24.60	6.73	8.81	1.24	3.01	2.72	24.40	21.09	3.79	1.98	80.50	14.39	0.00	10.64	11.38
2014	10	YTAFZ20CLB_01	23.30	7.94	4.28	0.93	1.91	3.44	22.88	5.33	2.39	0.34	37.50	11.10	0.00	5.36	1.85
2015	5	YTAFZ20CLB_01	22.89	6.93	3.62	0.64	1.14	1.65	10.98	1.42	0.91	1.98	39.00	8.09	0.00	8.14	1.32
2015	10	YTAFZ20CLB_01	22.38	6.82	5.01	1.27	2.00	1.92	18.30	4.26	5.37	2.25	43.50	6.29	0.00	9.74	1.36

3.4　气象观测数据

本数据集包括 2005—2015 年数据，采集地为鹰潭站气象观测场，目前采用的是芬兰 VAISALA 生产的气象自动监测系统。观测项目有气温、最高气温、最低气温、相对湿度、最小湿度、露点温度、水气压、大气压、气压最大、气压最小、海平面气压、10 min 平均风向、10 min 平均风速、1 h 极大风向、1 h 极大风速、降水、地表温度、土壤温度（5 cm、10 cm、15 cm、20 cm、40 cm、60 cm、100 cm）。辐射要素有总辐射辐照度、反射辐射辐照度、紫外辐射辐照度、净辐射辐照度、光量子通量、光通量密度、净辐射、光通量、热通量及日照时数。

用"生态气象工作站"对观测得到的数据进行处理，数据处理程序将对观测数据进行质量审核，按照观测规范最终编制出观测报表文件。软件按照 Milos520 和 MAWS301 数据采集器的各要素观测的顺序，分别制成气象数据报表和辐射数据报表，简称 M 报表，在这个报表中进行质量审核和日统计处理部分工作。M 报表最终审核处理完成，每月的数据文件得到正确处理和确认，这时即可把 M 报表转换成"规范气象数据报表（A）"，简称为 A 报表，在 A 报表中进行旬、候、月的各要素统计处理，A 报表最后完成到达观测规范的要求，数据处理完成。

气象观察信息和数据是开展天气预报预警、气候预测预估、科学研究的基础，是推动气象科学发展的原动力，在防灾减灾、应对气候变化和大气科学方面具有重要意义。

3.4.1　气象自动观测数据

本数据集包括 2005—2015 年数据，主要监测项目为：气压、风速、风向、湿球温度、干球温度、最高温度、最低温度、地表温度、地表最高温、地表最低温、相对湿度、降水量。人工记录每天 3 次，分别为 8：00、14：00、20：00。部分项目为每天 1 次，观察时间为 20：00。

数据采集要求：①现场观测人一般应在正点前 30 min 左右巡视观测场和仪器设备；②45～60 min 观测云、能见度、空气温度和湿度、降水、风向和风速、气压、地温等项目；③蒸发、地面状态等项目的观测在正点前 40 min 至正点后 10 min 内进行；④日照在日落后换纸。

当人工观测改为自动观测或换用不同技术特性的仪器进行观测时，为了解取得的资料序列的差异时进行平行观测。定时观测程序：按干球、湿球温度表，最低温度表酒精柱，毛发湿度表与最高温度表，最低温度表游标，调整最高、最低温度表，温度计和湿度计读数并做时间记号。

气象自动观测记录都经过 3 次的保存备份，确保数据完全保存。首先由观测人进行数据卸载并进行保管和备份，每月初上报给气象监测岗技术人员，进行数据报表的编制和统计工作，完成后进行原始数据及报表数据的备份。在完成数据审核后同时报送分中心和数据库管理员进行数据保存和备份。每一观测年度完成后将所有电子文本进行光盘备份。对纸质观测数据，每月初都要及时将全部记录本上交给支撑技术人员，进行人工数据的录入和保存工作，录入完毕，纸质数据分月由监测支撑岗进行保存，每一监测年度完成后分年度再统一汇编，进入站长期监测资料库，进行集中保存。气象观测数据要求每月 10 日前完成数据报表的编制和数据审核工作，并将数据报表上报给分中心和数据库管理员。

气象观察信息和数据是开展天气预报预警、气候预测预估、科学研究的基础，是推动气象科学发展的原动力，在防灾减灾、应对气候变化和大气科学方面具有重要意义。

3.4.1.1　气温

1. 概述

空气温度（简称气温）是表示空气冷热程度的物理量。观测项目及其单位：定时气温、日最高气温、日最低气温，以摄氏度（℃）为单位，取一位小数。本数据集包括 2005—2015 年数据，采集地为鹰潭站气象综合观测场，所有数据为自动采集。

2. 数据采集和处理方法

数据由芬兰 VAISALA 生产的 MILOS520 和 MAWS 自动气象站采集，中国生态系统研究网络气象报表由自动生成的报表（简称 M 报表）、规范气象数据报表（简称 A 报表）和数据质量控制表（简称 B2 表）组成。数据报表编制时打开"生态气象工作站"，启动数据处理程序，它将对观测数据进行自动处理、质量审核，按照观测规范最终编制出观测报表文件。HMP45D 温度传感器观测。每 10 s 采测 1 个温度值，每分钟采测 6 个温度值，去除一个最大值和一个最小值后取平均值作为每分钟的温度值存储。正点时采测 00 min 的温度值作为正点数据存储。观测层次：距地面 1.5 m。

3. 数据质量控制和评估

数据质量控制：①超出气候学界限值域−80～60 ℃的数据为错误数据；②1 min 内允许的最大变化值为 3 ℃，1 h 内变化幅度的最小值为 0.1 ℃；③定时气温大于等于日最低地温且小于等于日最高气温；④气温大于等于露点温度；⑤24 h 气温变化范围小于 50 ℃；⑥利用与台站下垫面及周围环境相似的一个或多个邻近站观测数据计算本站气温值，比较台站观测值和计算值，如果超出阈值即认为观测数据可疑；⑦某一定时气温缺测时，用前、后两定时数据内插求得，按正常数据统计，若连续两个或以上定时数据缺测时，不能内插，仍按缺测处理；⑧一日中若 24 次定时观测记录有缺测时，该日按照 02 时、08 时、14 时、20 时 4 次定时记录做日平均，若 4 次定时记录缺测 1 次或以上，但该日各定时记录缺测 5 次或以下时，按实有记录做日统计，缺测 6 次或以上时，不做日平均。

4. 数据价值/数据使用方法和建议

气象学上把表示空气冷热程度的物理量称为空气温度，简称气温。天气预报中所说的气温，指在野外空气流通、不受太阳直射下测得的空气温度（一般在百叶箱内测定）。最高气温是一日内气温的最高值，一般出现在 14—15 时；最低气温是一日内气温的最低值，一般出现在日出前。温度除受地理纬度影响外，可随地势高度的增加而降低。

5. 数据

鹰潭红壤站最高、最低气温和平均气温值见表 3-93。

表 3-93　鹰潭红壤站最高、最低气温和平均气温

年份	月份	气温（℃）			有效数据（条）
		平均	最高	最低	
2005	1	2.7	10.1	−7.4	31
2005	2	4.7	17.5	−1.5	28
2005	3	8.5	25.7	−2.7	31
2005	4	17.8	34.6	5.2	30
2005	5	21.6	33.5	12.2	31
2005	6	25.9	36.5	19.6	30
2005	7	29	38.2	21.6	31
2005	8	26.8	37.7	19.3	31
2005	9	25.4	37.2	20.7	30
2005	10	18.5	37.4	7.2	31
2005	11	14.4	29.5	5.1	30
2005	12	3.9	15.5	−5.7	31
2006	1	7.5	24.5	−5.5	31
2006	2	7.9	28.6	−1	28

（续）

年份	月份	气温（℃）			有效数据（条）
		平均	最高	最低	
2006	3	12.9	27.8	−1.8	31
2006	4	19.8	32.5	6.7	30
2006	5	22.9	33.5	13	31
2006	6	26.5	36.9	18.4	30
2006	7	30.8	38.5	21.3	31
2006	8	30.5	38.6	21.5	31
2006	9	24.4	38.3	15.3	30
2006	10	22.2	32.5	13	31
2006	11	15.3	30.5	5.6	30
2006	12	8.2	17.9	−2.6	31
2007	1	6.4	20.5	−3.9	31
2007	2	12.2	27.7	−3.6	28
2007	3	14.1	34.2	1.6	31
2007	4	18.2	31.2	6.2	30
2007	5	24.9	35.1	12.3	31
2007	6	27.4	36.9	20.4	30
2007	7	31.6	40.5	21.1	31
2007	8	30.1	39.5	21.5	31
2007	9	25.3	35.7	17.3	30
2007	10	21.5	34.5	10.5	31
2007	11	14.3	27.3	−1.2	30
2007	12	9.5	22.5	−0.6	31
2008	1	4.3	24.8	−4.6	31
2008	2	5.8	28.2	−5.2	28
2008	3	14.7	30.3	−0.7	31
2008	4	19.8	33.5	9.1	30
2008	5	24.8	35.3	11.5	31
2008	6	26.7	36.3	19.4	30
2008	7	30.9	38.9	22.6	31
2008	8	30.4	39.5	21.8	31
2008	9	27.9	37.4	18.5	30
2008	10	21.8	32.5	13.2	31
2008	11	13.6	30.2	−2.5	30
2008	12	8.2	24.2	−4.2	31
2009	1	5.2	19.6	−7.5	31
2009	2	11.8	28.8	2.5	28
2009	3	13.3	30.1	1.5	31
2009	4	20.1	32.3	7.5	30

（续）

年份	月份	气温（℃）			有效数据（条）
		平均	最高	最低	
2009	5	24.2	35.5	13.5	31
2009	6	28.5	38.7	14.8	30
2009	7	30.4	39.1	21.2	31
2009	8	29.8	38.4	20.5	31
2009	9	28.2	37.5	19.5	30
2009	10	22.4	31.5	10.5	31
2009	11	11.9	31.5	0.0	30
2009	12	7.4	19.6	−3.6	31
2010	1	6.4	26.2	−3.5	31
2010	2	11.3	33.5	−3	28
2010	3	12.5	31.5	−3.1	31
2010	4	15.4	31.3	5.1	30
2010	5	22.7	35.5	13.7	31
2010	6	24.3	35.7	16.8	30
2010	7	29.4	37.5	21.9	31
2010	8	29.9	39.6	21.5	31
2010	9	26.7	37.3	17.5	30
2010	10	19.1	27.7	6.5	31
2010	11	13.5	26.2	4.7	30
2010	12	7.9	24.4	−4.6	31
2011	1	2.8	9.5	−4.9	31
2011	2	8.8	29.4	−1.4	28
2011	3	11.4	26.2	0.5	31
2011	4	19.4	33.2	6.9	30
2011	5	22.6	35.9	12.7	31
2011	6	26.2	37.2	16.7	30
2011	7	30.2	38.9	22.7	31
2011	8	28.8	38.5	21.2	31
2011	9	25.4	36.9	13.8	30
2011	10	19.3	32.2	11.4	31
2011	11	17.2	28.2	6.8	30
2011	12	6.8	20.1	−3.7	31
2012	1	4.8	13.5	−3.2	31
2012	2	6.1	18.4	−1.5	28
2012	3	11.5	29.7	1.1	31
2012	4	19.3	31.7	5.4	30
2012	5	23	33.7	17.4	31
2012	6	26.1	37.2	19.4	30

（续）

年份	月份	气温（℃）			有效数据（条）
		平均	最高	最低	
2012	7	30.5	38.2	24.3	31
2012	8	28.8	37.5	22.4	31
2012	9	23.9	35.2	10.9	30
2012	10	20.4	32.2	8.1	31
2012	11	12.2	25.2	2.8	30
2012	12	6.6	26.4	−5.8	31
2013	1	5.3	23.4	−3.2	31
2013	2	9.2	24.4	−1.4	28
2013	3	14.2	31.3	1.2	31
2013	4	17.3	32.5	5.6	30
2013	5	23.8	35.6	12.8	31
2013	6	26.6	38.2	18.1	30
2013	7	30.5	39.3	23.2	31
2013	8	31.6	41.3	23.7	31
2013	9	26.1	38.2	14.7	30
2013	10	20.2	33.2	5.7	31
2013	11	13.8	34.2	−2.3	30
2013	12	0.5	22.5	−7.5	31
2014	1	7.6	28.5	−5.5	31
2014	2	7.5	27.2	−2.5	28
2014	3	13.6	28.7	2.1	31
2014	4	19.5	34.1	10.5	30
2014	5	22.3	33	9.6	31
2014	6	26.1	37	18.7	30
2014	7	28.7	37.5	22.5	31
2014	8	27.7	37.4	21.6	31
2014	9	27.5	36.7	19.4	30
2014	10	21.2	33	10.3	31
2014	11	14.6	26.6	6.5	30
2014	12	5.9	18.2	−5.4	31
2015	1	7.5	24.2	−3.6	31
2015	2	9.4	23.8	−3.5	28
2015	3	13.2	32.1	3.5	31
2015	4	18.9	34.5	6.5	30
2015	5	23.3	34.7	11.8	31
2015	6	26.7	37	17.8	30
2015	7	27.3	37.5	19.5	31
2015	8	27.6	38.6	21.7	31

（续）

年份	月份	气温（℃）			有效数据（条）
		平均	最高	最低	
2015	9	24.3	34.3	17.5	30
2015	10	20.3	32.5	11.2	31
2015	11	14.1	29.2	1.2	30
2015	12	8.4	17.5	−3.4	31

3.4.1.2　降水

1. 概述

降水是指从天空降落到地面上的液态或固态（经融化后）的水。降水观测包括降水量和降水强度。降水量是指某一时段内的未经蒸发、渗透、流失的降水在水平面上积累的深度。以毫米（mm）为单位，取一位小数。测量降水的仪器为翻斗式雨量计，本数据集包括 2005—2015 年降水数据，采集地为鹰潭站气象观测场。

2. 数据采集和处理方法

数据采集由芬兰 VAISALA 生产的 MILOS520 和 MAWS 自动气象站采集，中国生态系统研究网络气象报表由自动生成的报表（简称 M 报表）、规范气象数据报表（简称 A 报表）和数据质量控制表（简称 B2 表）组成。报表大部分由软件自动生成，数据报表编制时打开"生态气象工作站"，启动数据处理程序，它将对观测数据进行自动处理、质量审核，按照观测规范最终编制出观测报表文件。鹰潭站采用 RG13H 型雨量计观测降水，每分钟计算出 1 min 降水量，正点时计算、存储 1 h 的累积降水量，每日 20 时存储每日累积降水量。观测层次：距地面 70 cm。

3. 数据质量控制和评估

数据监测过程中应经常保持雨量器清洁，每次巡视仪器时，注意清除盛水器、储水瓶内的昆虫、尘土、树叶等杂物。定期检查雨量器的高度、水平，发现不符合要求时应及时纠正，如外筒有漏水现象，应及时修理或撤换。数据质量控制：①降雨强度超出气候学界限值域 0～400 mm/min 的数据为错误数据；②降水量大于 0.0 mm 或者微量时，应有降水或者雪暴天气现象；③一日中各时降水量缺测数小时但不是全天缺测时，按实有记录做日合计。全天缺测时，不做日合计，按缺测处理。本数据质量较高，没有缺测。

4. 数据价值/数据使用方法和建议

降水是指空气中的水汽冷凝并降落到地表的现象，它包括两部分：一是大气中水汽直接在地面或地物表面及低空的凝结物，如霜、露、雾和雾凇，又称为水平降水；另一部分是由空中降落到地面上的水汽凝结物，如雨、雪、霰雹和雨凇等，又称为垂直降水。鹰潭每年一般自 10 月 10 日前后开始下雪，一直到来年的五月初，降雪期长达 6 个月，但降雪量都很少，充分表现了大陆性季风气候的特点，全年降水量一般在 500～600 mm，其中 85% 集中在生长季内，水分条件比较充沛，并且是水热同季，对发展农业较为有利。

5. 数据

鹰潭站降水数据见表 3-94。

表 3-94　鹰潭站降水数据

年份	月份	月合计值（mm）	月小时降水极大值（mm/h）	极大值日期
2005	1	103.8	3.0	27

（续）

年份	月份	月合计值（mm）	月小时降水极大值（mm/h）	极大值日期
2005	2	242.2	11.8	16
2005	3	—	—	—
2005	4	113.6	18.8	9
2005	5	358.6	31.2	13
2005	6	228.4	24.8	1
2005	7	67.6	9.6	12
2005	8	43.2	15.0	18
2005	9	36.2	3.2	2
2005	10	100.6	11.0	4
2005	11	137.6	8.2	11
2005	12	62.6	2.6	3
2006	1	66.2	6.0	19
2006	2	123.2	10.0	16
2006	3	146.6	9.2	22
2006	4	335.6	36.0	10
2006	5	432.4	29.4	26
2006	6	419.0	24.6	14
2006	7	59.2	12.6	6
2006	8	175.6	33.4	6
2006	9	39.4	7.2	1
2006	10	18.4	3.6	13
2006	11	82.6	7.6	26
2006	12	34.4	3.0	13
2007	1	54.2	2.4	20
2007	2	102.6	9.6	14
2007	3	196.4	18.4	24
2007	4	285.2	34.6	1
2007	5	98.8	13.6	28
2007	6	215.4	30.0	24
2007	7	102.6	20.6	27
2007	8	132.0	34.0	3
2007	9	108.0	12.2	19
2007	10	21.4	3.2	7
2007	11	14.0	2.2	18
2007	12	62.2	4.0	21
2008	1	91.4	3.6	28
2008	2	74.8	2.8	2
2008	3	174.8	7.4	16

（续）

年份	月份	月合计值（mm）	月小时降水极大值（mm/h）	极大值日期
2008	4	284.2	36.8	9
2008	5	138.0	23.0	28
2008	6	265.2	13.8	8
2008	7	152.8	25.6	19
2008	8	61.2	13.4	28
2008	9	25.4	11.0	13
2008	10	71.2	11.4	19
2008	11	128.4	7.8	2
2008	12	20.6	4.0	28
2009	1	37.6	2.2	29
2009	2	68.2	5.2	27
2009	3	—	—	—
2009	4	190.0	15.6	19
2009	5	185.4	14.2	26
2009	6	102.6	9.0	10
2009	7	104.2	17.6	1
2009	8	138.2	22.8	4
2009	9	22.6	2.4	16
2009	10	12.8	5.4	20
2009	11	132.2	20.6	9
2009	12	67.4	4.8	24
2010	1	112.8	8.6	21
2010	2	152.6	8.2	26
2010	3	228.0	12.0	4
2010	4	345.4	12.6	13
2010	5	415.0	24.6	22
2010	6	583.4	26.0	19
2010	7	221.8	33.4	31
2010	8	73.6	11.0	19
2010	9	121.2	47.0	2
2010	10	75.8	6.4	10
2010	11	38.2	2.6	21
2010	12	203.2	8.4	13
2011	1	44.0	2.4	20
2011	2	31.4	2.4	16
2011	3	88.2	4.0	6
2011	4	110.6	19.0	16
2011	5	105.6	16.0	21

（续）

年份	月份	月合计值（mm）	月小时降水极大值（mm/h）	极大值日期
2011	6	493.0	32.0	5
2011	7	118.4	19.8	17
2011	8	192.2	19.6	12
2011	9	19.6	6.6	12
2011	10	64.6	14.4	13
2011	11	70.6	10.2	5
2011	12	41.8	3.2	7
2012	1	124.4	3.4	14
2012	2	96.8	5.4	6
2012	3	272.2	10.2	19
2012	4	252.4	15.0	29
2012	5	361.8	18.4	30
2012	6	383.0	25.4	9
2012	7	9.0	4.4	23
2012	8	361.6	29.8	25
2012	9	138.0	15.2	13
2012	10	35.2	2.6	17
2012	11	255.0	16.4	10
2012	12	130.4	8.8	16
2013	1	—	—	—
2013	2	166.8	12.4	7
2013	3	208.2	9.2	20
2013	4	204.2	18.6	17
2013	5	252.0	20.8	15
2013	6	398.0	33.6	20
2013	7	28.0	4.6	14
2013	8	29.0	9.2	14
2013	9	33.6	6.0	11
2013	10	18.0	2.6	8
2013	11	115.0	6.2	24
2013	12	76.2	5.4	16
2014	1	18.8	2.4	8
2014	2	166.2	3.6	9
2014	3	283.0	14.2	28
2014	4	160.6	10.6	25
2014	5	215.0	23.6	14
2014	6	206.4	12.6	20
2014	7	225.8	34.6	2

（续）

年份	月份	月合计值（mm）	月小时降水极大值（mm/h）	极大值日期
2014	8	153.8	22.2	18
2014	9	36.4	11.4	3
2014	10	2.6	1.0	31
2014	11	65.2	5.0	8
2014	12	94.8	9.6	3
2015	1	69.6	10.6	6
2015	2	91.2	8.4	21
2015	3	208.8	11.0	8
2015	4	93.8	13.4	4
2015	5	389.4	22.4	8
2015	6	501.6	26.2	13
2015	7	89.8	5.0	1
2015	8	159.0	21.2	6
2015	9	174.8	31.8	6
2015	10	87.4	10.6	27
2015	11	108.4	16.2	8
2015	12	153.0	6.2	22

3.4.1.3　气压

1. 概述

气压是作用在单位面积上的大气压力，即等于单位面积上向上延伸到大气上界的垂直空气柱的重量。气压以千帕（kPa）为单位，取两位小数。本数据集包括 2005—2015 年气压数据，数据采集于气象综合观测场，数据采集使用芬兰 VAISALA 生产的 MILOS520 和 MAWS 自动监测系统。

2. 数据采集和处理方法

数据由芬兰 VAISALA 生产的 MILOS520 和 MAWS 自动气象站采集，中国生态系统研究网络气象报表由自动生成的报表（简称 M 报表）、规范气象数据报表（简称 A 报表）和数据质量控制表（简称 B2 表）组成。数据报表编制时打开"生态气象工作站"，启动数据处理程序，数据处理程序将对观测数据进行自动处理、质量审核，按照观测规范最终编制出观测报表文件。气压使用 DPA501 数字气压表观测，每 10 s 采测 1 个气压值，每分钟采测 6 个气压值，去除一个最大值和一个最小值后取平均值作为每分钟的气压值，正点时采测 00 min 的气压值作为正点数据存储。观测层次：距地面小于 1 m。

3. 数据质量控制和评估

（1）超出气候学界限值域 30～110 kPa 的数据为错误数据。

（2）所观测的气压不小于日最低气压且不大于日最高气压，海拔高度大于 0 m 时，台站气压小于海平面气压；海拔高度等于 0 m 时，台站气压等于海平面气压；海拔高度小于 0 m 时，台站气压大于海平面气压。

（3）24 h 变压的绝对值小于 5 kPa。

（4）1 min 内允许的最大变化值为 0.1 kPa，1 h 内变化幅度的最小值为 0.01 kPa。

（5）某一定时气压缺测时，用前、后两定时数据内插求得，按正常数据统计，若连续两个或以上定时数据缺测时，不能内插，仍按缺测处理。

（6）一日中若24次定时观测记录有缺测时，该日按照2：00、8：00、14：00、20：004次定时记录做日平均，若4次定时记录缺测1次或以上，但该日各定时记录缺测5次或以下时，按实有记录做日统计，缺测6次或以上时，不做日平均。

4. 数据价值/数据使用方法和建议

气压是作用在单位面积上的大气压力，即在数值上等于单位面积上向上延伸到大气上界的垂直空气柱所受到的重力。气压不仅随高度变化，也随温度而异。气压的变化与天气变化密切相关。气压的大小与海拔高度、大气温度、大气密度等有关，一般随高度升高按指数递减。气压有日变化和年变化。一年之中，冬季比夏季气压高。一天中，气压有一个最高值、一个最低值，分别出现在9—10时和15—16时，还有一个次高值和一个次低值，分别出现在21—22时和3—4时。气压日变化幅度较小，一般为0.1~0.4 kPa，并随纬度增高而减小。气压变化与风、天气的好坏等关系密切，因而是重要气象因子。

5. 数据

鹰潭站气压数据见表3-95。

表3-95　鹰潭站气压数据

年份	月份	日平均值月平均（kPa）	日最大值月平均（kPa）	日最小值月平均（kPa）	月极大值（kPa）	月极小值（kPa）
2005	1	101.90	102.25	101.77	103.19	100.70
2005	2	101.70	102.00	101.42	102.81	100.10
2005	3	101.50	101.88	101.25	103.17	100.10
2005	4	101.05	101.34	100.84	101.84	99.92
2005	5	100.20	100.43	99.99	100.82	99.30
2005	6	99.80	99.96	99.63	100.42	99.30
2005	7	99.90	100.13	99.77	100.70	99.10
2005	8	99.90	100.17	96.56	100.72	99.01
2005	9	100.50	100.76	100.33	101.25	99.20
2005	10	101.30	101.55	101.14	102.12	100.30
2005	11	101.40	101.65	101.23	102.51	100.30
2005	12	102.10	102.42	101.92	103.25	101.00
2006	1	101.78	102.01	101.51	103.07	100.84
2006	2	101.95	102.24	101.63	103.24	100.27
2006	3	101.23	101.50	100.90	102.79	99.96
2006	4	100.62	100.89	100.26	101.86	99.33
2006	5	100.56	100.77	100.33	101.82	99.63
2006	6	100.03	100.20	99.84	100.61	99.25
2006	7	99.70	99.87	99.49	100.76	98.22
2006	8	100.03	100.20	99.80	100.56	99.27
2006	9	100.68	100.87	100.50	101.48	99.68
2006	10	101.16	101.34	101.00	102.01	100.46
2006	11	101.40	101.62	101.15	102.07	100.65
2006	12	102.13	102.36	101.87	103.03	101.28

（续）

年份	月份	日平均值月平均（kPa）	日最大值月平均（kPa）	日最小值月平均（kPa）	月极大值（kPa）	月极小值（kPa）
2007	1	102.26	102.47	102.04	102.97	101.53
2007	2	101.39	101.63	101.10	102.98	100.27
2007	3	101.16	101.43	100.84	102.34	99.86
2007	4	101.04	101.30	100.76	102.26	99.68
2007	5	100.35	100.57	100.11	101.28	99.27
2007	6	100.00	100.15	99.80	100.38	99.49
2007	7	99.89	100.05	99.70	100.52	98.98
2007	8	99.86	100.04	99.63	100.76	98.77
2007	9	100.47	100.65	100.29	101.19	99.61
2007	10	101.22	101.44	101.01	102.14	99.60
2007	11	101.73	101.93	101.51	102.40	101.09
2007	12	101.75	—	—	—	—
2008	1	102.02	102.28	101.79	103.18	100.34
2008	2	102.11	102.34	101.86	102.96	101.17
2008	3	101.21	101.45	100.93	102.20	100.38
2008	4	100.81	101.05	100.51	101.77	98.94
2008	5	100.29	100.52	100.04	101.39	99.18
2008	6	100.00	100.16	99.81	100.47	99.23
2008	7	99.82	100.02	99.60	100.38	98.63
2008	8	100.04	100.21	99.83	100.57	99.32
2008	9	100.46	100.63	100.26	101.15	99.73
2008	10	101.21	101.42	101.01	102.07	100.34
2008	11	101.79	102.02	101.55	102.87	100.61
2008	12	101.94	102.23	101.64	103.47	100.90
2009	1	102.20	103.09	101.87	123.00	100.99
2009	2	101.21	101.49	100.86	102.33	99.17
2009	3	—	—	—	—	—
2009	4	100.72	101.10	100.60	102.17	99.12
2009	5	100.61	100.81	100.38	101.38	99.85
2009	6	99.84	100.01	99.66	100.35	99.20
2009	7	—	—	—	100.31	99.32
2009	8	99.94	100.16	99.77	100.98	98.62
2009	9	100.50	100.68	96.98	101.06	100.00
2009	10	101.04	101.26	100.83	101.77	100.41
2009	11	101.78	102.04	101.47	103.18	99.66
2009	12	101.88	102.11	101.62	103.10	101.04
2010	1	101.92	102.19	101.62	102.92	100.94
2010	2	101.38	101.67	101.00	102.99	99.51

（续）

年份	月份	日平均值月平均（kPa）	日最大值月平均（kPa）	日最小值月平均（kPa）	月极大值（kPa）	月极小值（kPa）
2010	3	101.36	101.68	100.99	103.18	100.10
2010	4	101.12	101.41	100.77	102.24	99.69
2010	5	100.34	100.53	100.12	101.16	99.53
2010	6	100.20	100.36	100.01	100.89	99.45
2010	7	100.05	100.21	99.86	100.60	99.42
2010	8	100.24	100.42	100.04	101.15	99.58
2010	9	100.51	100.67	100.31	101.53	99.79
2010	10	101.24	101.45	101.04	102.46	100.35
2010	11	101.59	101.80	101.36	102.37	100.62
2010	12	101.53	101.80	101.24	102.81	100.42
2011	1	—	102.49	102.02	102.92	101.58
2011	2	—	—	—	102.57	100.57
2011	3	101.73	102.00	101.40	102.72	100.34
2011	4	100.93	101.14	100.64	102.02	99.82
2011	5	—	—	—	101.35	99.41
2011	6	—	—	—	100.28	99.30
2011	7	99.81	100.05	99.61	101.35	99.08
2011	8	100.05	100.22	99.85	100.70	99.26
2011	9	100.54	100.73	100.34	101.47	99.53
2011	10	101.30	101.49	101.11	101.99	100.52
2011	11	0.00	101.61	101.16	102.37	100.28
2011	12	102.26	102.44	102.04	103.10	101.42
2012	1	101.99	102.21	101.76	102.96	100.92
2012	2	101.52	101.93	101.36	102.81	100.27
2012	3	101.33	101.60	101.01	102.19	100.33
2012	4	100.66	100.99	100.31	102.81	99.17
2012	5	100.32	100.51	100.12	100.83	99.62
2012	6	99.78	99.93	99.60	100.66	99.03
2012	7	—	—	—	100.37	99.25
2012	8	99.83	100.00	99.63	100.55	98.70
2012	9	100.76	100.91	100.56	101.47	100.02
2012	10	101.16	101.37	100.95	101.80	100.51
2012	11	101.42	101.68	101.16	102.22	100.54
2012	12	101.89	102.15	101.55	103.17	100.87
2013	1	—	—	—	—	—
2013	2	101.66	101.93	101.32	102.69	100.22
2013	3	101.18	101.47	100.77	102.66	100.05
2013	4	100.81	101.07	100.50	101.87	99.72

（续）

年份	月份	日平均值月平均（kPa）	日最大值月平均（kPa）	日最小值月平均（kPa）	月极大值（kPa）	月极小值（kPa）
2013	5	100.32	100.50	100.12	101.22	99.45
2013	6	100.00	100.19	99.80	100.65	99.22
2013	7	100.00	100.18	99.78	100.35	98.94
2013	8	99.92	100.13	99.68	100.66	98.27
2013	9	100.63	100.82	100.42	101.51	99.65
2013	10	101.25	101.47	101.04	102.12	100.04
2013	11	101.62	101.88	101.42	102.73	100.89
2013	12	101.97	102.18	101.72	102.95	100.88
2014	1	101.91	102.15	101.63	102.99	100.73
2014	2	101.65	101.86	101.37	102.76	100.17
2014	3	101.36	101.62	101.05	102.32	99.88
2014	4	100.89	101.10	100.63	101.56	100.11
2014	5	100.44	100.64	100.19	101.55	99.41
2014	6	99.89	100.03	99.71	100.33	99.32
2014	7	99.92	100.11	99.68	100.59	98.76
2014	8	100.11	100.27	99.92	100.96	99.27
2014	9	—	100.62	100.26	101.18	99.90
2014	10	101.18	101.39	100.97	101.93	100.53
2014	11	101.58	101.73	101.33	102.39	100.50
2014	12	102.19	102.44	101.90	103.19	101.32
2015	1	101.97	102.22	101.74	102.99	100.55
2015	2	101.64	101.87	101.39	102.90	100.60
2015	3	101.44	101.70	101.13	102.48	99.87
2015	4	100.92	101.17	100.64	102.27	99.18
2015	5	100.27	100.48	100.03	101.24	99.47
2015	6	99.99	100.15	99.80	100.46	99.29
2015	7	99.89	100.03	99.72	100.60	99.21
2015	8	100.06	100.24	99.86	100.61	98.94
2015	9	100.62	100.81	100.43	101.40	99.78
2015	10	101.21	101.43	101.00	102.29	100.40
2015	11	101.73	101.89	101.48	102.68	100.76
2015	12	102.08	102.31	101.84	103.08	101.20

3.4.1.4　风速

1. 概述

空气运动产生的气流，称为风。它是由许多在时空上随机变化的小尺度脉动叠加在大尺度规则气流上的一种三维矢量。地面气象观测中测量的风是二维矢量（水平运动），用风向和风速表示。风向是指风的来向，最多风向是指在规定时间段内出现频数最多的风向。风速是指单位时间内空气移动的水平距离。风速以米/秒（m/s）为单位，取一位小数。最大风速是指在某个时段内出现的最大

10 min 平均风速值。极大风速（阵风）是指某个时段内出现的最大瞬时风速值。瞬时风速是指 3 s 的平均风速。风的平均量是指在规定时间段内的平均值，有 3 s、2 min 和 10 min 的平均值。本数据集包括 2005—2015 年风速数据。

2. 数据采集和处理方法

数据由芬兰 VAISALA 生产的 MILOS520 和 MAWS 自动气象站采集，中国生态系统研究网络气象报表由自动生成的报表（简称 M 报表）、规范气象数据报表（简称 A 报表）和数据质量控制表（简称 B2 表）组成。报表大部分由软件自动生成，数据报表编制时打开"生态气象工作站"，启动数据处理程序，数据处理程序将对观测数据进行自动处理、质量审核，按照观测规范最终编制出观测报表文件。风速风向采用 WAA151 或者 WAC151 风速传感器观测，每秒采测 1 次风速数据，以 1 s 为步长求 3 s 滑动平均值，以 3 s 为步长求 1 min 滑动平均风速，然后以 1 min 为步长求 10 min 滑动平均风速。正点时存储 0 min 的 10 min 平均风速值。观测层次：10 m 风杆。

3. 数据质量控制和评估

（1）超出气候学界限值域 0～75 m/s 的数据为错误数据。

（2）10 min 平均风速小于最大风速。

（3）一日中若 24 次定时观测记录有缺测时，该日按照 2：00、8：00、14：00、20：00 4 次定时记录做日平均，若 4 次定时记录缺测 1 次或以上，但该日各定时记录缺测 5 次或以下时，按实有记录做日统计，缺测 6 次或以上时，不做日平均。

4. 数据价值/数据使用方法和建议

风速是指空气相对于地球某一固定地点的运动速率。一般来讲，风速越大，风力等级越高，风的破坏性越大。风速是气候学研究的主要参数之一，大气中风的测量对于全球气候变化研究、航天事业以及军事应用等方面都具有重要作用和意义。风速的大小明显受地形及地表粗糙度所影响。

5. 数据

鹰潭红壤站风速指标数据见表 3 - 96。

表 3 - 96 鹰潭站风速指标数据

年份	月份	月平均风速（m/s）	最大风速（m/s）	最大风风向	最大风出现日期	最大风出现时间
2005	1	0.94	4.6	328	30	15：00
2005	2	1.02	5.5	84	26	18：00
2005	3	0.93	—	—	—	—
2005	4	0.87	7.5	205	9	10：00
2005	5	1.05	6.3	206	17	9：00
2005	6	0.93	7.5	200	27	9：00
2005	7	0.89	6.7	206	10	9：00
2005	8	0.92	7.2	333	6	12：00
2005	9	0.96	5.4	79	2	7：00
2005	10	1.02	5.3	335	2	16：00
2005	11	1.04	4.8	336	14	13：00
2005	12	0.98	6.1	332	21	14：00
2006	1	0.96	4.9	338	6	14：00
2006	2	0.92	5.6	340	15	15：00
2006	3	1.03	6.6	3	12	4：00

（续）

年份	月份	月平均风速（m/s）	最大风速（m/s）	最大风风向	最大风出现日期	最大风出现时间
2006	4	1.10	7.5	329	12	14：00
2006	5	0.91	8.6	314	9	15：00
2006	6	0.74	6.1	357	10	19：00
2006	7	0.89	5.3	228	5	11：00
2006	8	0.95	6.6	104	5	22：00
2006	9	0.97	5.0	338	5	12：00
2006	10	0.58	3.5	327	26	16：00
2006	11	0.73	4.2	340	11	14：00
2006	12	0.92	4.3	50	3	1：00
2007	1	0.85	4.8	338	6	15：00
2007	2	0.88	6.1	335	13	20：00
2007	3	0.95	7.4	328	4	5：00
2007	4	0.91	6.8	288	1	15：00
2007	5	1.06	5.2	325	24	16：00
2007	6	1.02	7.1	267	23	15：00
2007	7	1.12	6.1	208	18	9：00
2007	8	0.91	6.9	150	3	19：00
2007	9	0.96	5.2	316	19	13：00
2007	10	0.85	6.8	338	7	13：00
2007	11	0.79	4.2	79	4	9：00
2007	12	0.88	5.2	82	23	18：00
2008	1	0.95	4.1	347	11	16：00
2008	2	0.97	4.2	74	24	22：00
2008	3	1.05	5.3	87	31	9：00
2008	4	1.10	6.5	204	8	9：00
2008	5	0.94	5.1	219	3	17：00
2008	6	0.87	5.1	231	6	19：00
2008	7	0.83	5.4	210	2	9：00
2008	8	0.91	4.9	197	17	10：00
2008	9	0.93	4.7	82	28	9：00
2008	10	0.78	4.1	335	11	17：00
2008	11	0.89	4.5	320	27	7：00
2008	12	0.92	4.9	347	22	22：00
2009	1	0.94	5.0	340	23	7：00
2009	2	1.06	8.0	209	12	12：00
2009	3	0.93	—	—	—	—
2009	4	0.89	4.7	269	20	2：00
2009	5	1.05	81	0	18	5：00

（续）

年份	月份	月平均风速（m/s）	最大风速（m/s）	最大风风向	最大风出现日期	最大风出现时间
2009	6	0.92	5.6	212	30	11：00
2009	7	0.89	4.2	213	24	7：00
2009	8	0.94	5.7	18	23	16：00
2009	9	0.96	3.9	332	21	4：00
2009	10	1.08	5.4	84	7	10：00
2009	11	1.04	6.7	272	9	16：00
2009	12	0.86	4.0	318	27	8：00
2010	1	0.83	4.4	309	21	4：00
2010	2	1.38	6.8	336	25	20：00
2010	3	1.28	6.8	326	2	2：00
2010	4	1.14	6.5	199	21	13：00
2010	5	0.87	4.7	62	14	12：00
2010	6	0.91	4.5	217	18	16：00
2010	7	1.06	7.5	240	20	20：00
2010	8	0.87	4.8	353	16	17：00
2010	9	0.90	4.5	339	22	15：00
2010	10	1.03	4.9	83	22	10：00
2010	11	0.73	3.8	337	11	13：00
2010	12	0.78	5.7	74	24	19：00
2011	1	0.82	4.5	85	17	1：00
2011	2	0.95	5.6	232	27	12：00
2011	3	0.93	5.2	332	15	3：00
2011	4	1.03	5.6	215	29	17：00
2011	5	0.98	4.6	209	8	14：00
2011	6	0.92	4.4	342	25	12：00
2011	7	1.01	5.1	237	3	12：00
2011	8	1.01	7.1	257	19	19：00
2011	9	1.01	4.8	71	30	20：00
2011	10	1.02	4.8	71	2	9：00
2011	11		3.9	82	7	14：00
2011	12	0.90	3.8	60	17	10：00
2012	1	0.90	3.3	83	12	1：00
2012	2	1.05	3.9	77	2	12：00
2012	3	1.00	5.7	229	22	12：00
2012	4	0.95	6.1	215	24	10：00
2012	5	0.92	4.3	227	8	11：00
2012	6	0.84	5.5	221	7	15：00
2012	7		5.0	119	23	18：00

（续）

年份	月份	月平均风速（m/s）	最大风速（m/s）	最大风风向	最大风出现日期	最大风出现时间
2012	8	1.08	4.9	220	10	11：00
2012	9	0.93	3.8	27	28	12：00
2012	10	0.85	4.1	356	17	11：00
2012	11	0.76	4.1	332	3	20：00
2012	12	1.01	4.0	75	1	2：00
2013	1	—	—	—	—	—
2013	2	0.94	4.3	85	8	21：00
2013	3	1.03	5.3	37	23	0：00
2013	4	0.92	5.2	342	6	4：00
2013	5	0.82	4.5	220	26	19：00
2013	6	1.07	4.6	210	7	4：00
2013	7	1.42	5.2	227	9	10：00
2013	8	1.16	5.5	253	14	16：00
2013	9	1.08	4.2	71	22	14：00
2013	10	0.90	4.7	338	7	12：00
2013	11	0.76	5.2	323	24	12：00
2013	12	0.68	3.6	61	16	9：00
2014	1	0.73	3.8	83	15	10：00
2014	2	1.05	5.0	69	4	11：00
2014	3	0.96	5.3	329	29	14：00
2014	4	0.94	3.8	214	16	10：00
2014	5	0.88	3.9	224	11	4：00
2014	6	0.68	4.5	217	1	12：00
2014	7	0.60	5.2	234	13	12：00
2014	8	0.44	4.3	274	1	13：00
2014	9		3.5	231	2	12：00
2014	10	0.66	4.2	91	11	22：00
2014	11	0.57	3.7	84	18	10：00
2014	12	0.53	3.5	339	16	14：00
2015	1	0.5	4.2	227	24	14：00
2015	2	0.6	6	223	20	13：00
2015	3	0.7	5.3	222	17	14：00
2015	4	0.8	5.9	213	2	13：00
2015	5	0.6	6.3	265	8	15：00
2015	6	0.9	5.4	227	25	11：00
2015	7	0.9	4.4	345	11	13：00
2015	8	0.6	4.3	280	19	18：00
2015	9	0.6	4.2	97	13	9：00

（续）

年份	月份	月平均风速（m/s）	最大风速（m/s）	最大风风向	最大风出现日期	最大风出现时间
2015	10	0.7	3.7	82	31	9：00
2015	11	0.7	3.4	330	24	20：00
2015	12	0.7	3.6	333	16	14：00

3.4.1.5　地表温度

1. 概述

下垫面温度和不同深度的土壤温度统称地温。下垫面温度包括裸露土壤表面的地面温度、草面（或雪面）温度及最高、最低温度。浅层地温包括离地面 5 cm、10 cm、15 cm、20 cm 深度的地中温度。深层地温包括离地面 40 cm、80 cm、100 cm 深度的地中温度。地温以摄氏度（℃）为单位，取一位小数。

2. 数据采集和处理方法

数据由芬兰 VAISALA 生产的 MILOS520 和 MAWS 自动气象站采集，中国生态系统研究网络气象报表由自动生成的报表（简称 M 报表）、规范气象数据报表（简称 A 报表）和数据质量控制表（简称 B2 表）组成。报表大部分由软件自动生成，数据报表编制时打开"生态气象工作站"，启动数据处理程序，它将对观测数据进行自动处理、质量审核，按照观测规范最终编制出观测报表文件。地温采用 QMT110 地温传感器采集。每 10 s 采测 1 次地表温度值，每分钟采测 6 次，去除 1 个最大值和 1 个最小值后取平均值作为每分钟的地表温度值存储。正点时采测 00 min 的地表温度值作为正点数据存储。观测层次：距地表面 0 cm、5 cm、10 cm、15 cm、20 cm、40 cm、60 cm、100 cm 处。

3. 数据质量控制和评估

（1）超出气候学界限值域−90～90 ℃的数据为错误数据。

（2）1 min 内允许的最大变化值为 5 ℃，1 h 内允许变化幅度的最小值为 0.1 ℃。

（3）定时观测地表温度大于等于日地表最低温度且小于等于日地表最高温度。

（4）地表温度 24 h 变化范围小于 60 ℃。

（5）某一定时地表温度缺测时，用前、后两定时数据内插求得，按正常数据统计，若连续两个或以上定时数据缺测时，不能内插，仍按缺测处理。

（6）一日中若 24 次定时观测记录有缺测时，该日按照 2：00、8：00、14：00、20：00 4 次定时记录做日平均，若 4 次定时记录缺测 1 次或以上，但该日各定时记录缺测 5 次或以下时，按实有记录做日统计，缺测 6 次或以上时，不做日平均。

4. 数据价值/数据使用方法和建议

地温是大气与地表结合部的温度状况。地面表层土壤的温度称为地面温度，地面以下土壤中的温度称为地中温度。鹰潭站地温的高低对近地面气温和植物的种子发芽及其生长发育、微生物的繁殖及其活动有很大影响。地温资料对农、林、牧业的区域规划有重大意义。

5. 数据

鹰潭站不同深度土壤温度数据见表 3 - 97。

表 3 - 97　鹰潭站不同深度土壤温度数据

年份	月份	地表 0 cm 温度（℃）	地表 5 cm 温度（℃）	地表 10 cm 温度（℃）	地表 15 cm 温度（℃）	地表 20 cm 温度（℃）	地表 40 cm 温度（℃）	地表 60 cm 温度（℃）	地表 100 cm 温度（℃）	有效数据
2005	1	4.8	6.3	6.3	6.6	7.1	8.6	9.8	12.6	31

（续）

年份	月份	地表 0 cm 温度（℃）	地表 5 cm 温度（℃）	地表 10 cm 温度（℃）	地表 15 cm 温度（℃）	地表 20 cm 温度（℃）	地表 40 cm 温度（℃）	地表 60 cm 温度（℃）	地表 100 cm 温度（℃）	有效数据
2005	2	6.6	7.2	7.1	7.3	7.6	8.4	9.1	10.8	28
2005	3	11.8	11.6	11.4	11.3	11.3	11.4	11.3	11.9	31
2005	4	19.6	18.4	17.9	17.5	17.2	16.4	15.5	14.7	30
2005	5	24.4	23.8	23.4	23.1	22.9	22.3	21.5	20.1	31
2005	6	31.2	28.9	28.3	27.9	27.5	26.4	25.1	23.3	30
2005	7	35.5	32.7	32.2	31.8	31.4	30.1	28.8	26.5	31
2005	8	32.7	30.9	30.6	30.5	30.4	29.9	29.1	27.8	31
2005	9	31.9	29.9	29.6	29.4	29.3	28.9	28.2	27.2	30
2005	10	22.3	22.1	22.4	22.7	23.1	24.2	24.7	25.5	31
2005	11	16.4	16.9	17.2	17.5	17.9	19.1	19.9	21.6	30
2005	12	7.6	8.5	9.2	9.5	10.2	12.1	13.6	16.5	31
2006	1	7.8	8.5	8.8	9.1	9.5	10.8	11.7	13.9	31
2006	2	8.7	9.3	9.5	9.7	10.6	10.9	11.5	13.1	28
2006	3	13.7	13.4	13.1	13.3	13.2	13.1	13.2	13.6	31
2006	4	21.2	20.3	19.8	19.6	19.3	18.7	17.9	17.3	30
2006	5	24.1	23.9	23.5	23.3	23.1	22.5	21.7	20.6	31
2006	6	28.8	27.8	27.3	27	26.7	25.9	24.9	23.5	30
2006	7	34.2	32.2	31.4	31.1	30.7	29.7	28.5	26.6	31
2006	8	34.4	32.5	32.2	31.8	31.5	30.8	29.8	28.2	31
2006	9	27.5	26.6	26.6	26.7	26.8	27.2	27.1	27.1	30
2006	10	24.4	23.9	24.2	24.1	24.2	24.8	24.8	25.2	31
2006	11	16.3	17.1	17.4	17.7	18.1	19.7	20.5	22.2	30
2006	12	9.5	10.2	10.6	11	11.7	13.5	14.8	17.5	31
2007	1	7.6	8.5	8.3	8.6	9.1	10.6	11.7	14.2	31
2007	2	12.9	12.9	12.7	12.7	12.7	13.2	13.1	14.2	28
2007	3	15.5	15.1	14.8	14.7	14.7	14.7	14.6	15.1	31
2007	4	19.8	19.9	19.6	19.4	19.4	19.1	18.5	17.8	30
2007	5	27.5	26.2	25.6	25.2	24.8	23.7	22.6	21.2	31
2007	6	29.4	28.8	28.4	28.1	27.8	26.9	25.8	24.2	30
2007	7	35.5	32.6	32.4	31.6	31.3	30.2	29.3	27.2	31
2007	8	33.2	31.9	31.5	31.3	31.1	30.6	29.8	28.4	31
2007	9	27.1	27.1	27.2	27.3	27.4	27.2	27.1	27.8	30
2007	10	23.6	23.3	23.4	23.6	23.9	24.7	24.9	25.5	31
2007	11	15.6	15.6	16.2	16.4	17.2	18.6	19.6	21.6	30
2007	12	10.6	11.6	11.9	12.2	12.8	14.3	15.4	17.7	31
2008	1	5.5	7.2	7.7	8.1	8.7	10.6	11.9	14.7	31
2008	2	7.1	7.4	7.2	7.1	7.4	8.2	9.2	11.2	28
2008	3	15.9	14.8	14.5	14.3	14.2	14.2	13.7	13.7	31

（续）

年份	月份	地表 0 cm 温度（℃）	地表 5 cm 温度（℃）	地表 10 cm 温度（℃）	地表 15 cm 温度（℃）	地表 20 cm 温度（℃）	地表 40 cm 温度（℃）	地表 60 cm 温度（℃）	地表 100 cm 温度（℃）	有效数据
2008	4	21.2	19.9	19.4	19.1	18.9	18.3	17.6	16.9	30
2008	5	27.3	25.6	25.1	24.6	24.3	23.2	22.1	20.4	31
2008	6	28.9	27.9	27.4	27.1	26.9	26.2	25.2	23.8	30
2008	7	35.5	32.1	31.5	31.2	30.8	29.7	28.5	26.5	31
2008	8	34.8	32.1	31.6	31.4	31.1	30.4	29.4	28.2	31
2008	9	31.5	29.7	29.4	29.3	29.2	28.9	28.4	27.6	30
2008	10	24.5	23.9	24.3	24.1	24.3	25	25.2	25.8	31
2008	11	14.4	16.2	16.4	16.8	17.3	18.9	19.9	21.9	30
2008	12	8.6	10.5	10.4	10.8	11.4	13.2	14.3	17.2	31
2009	1	6.2	7.3	7.6	8.2	8.5	10.1	11.3	13.9	31
2009	2	12.8	12.9	12.8	12.8	12.9	13.2	13.4	14.2	28
2009	3	14.3	13.9	13.7	13.5	13.5	13.5	13.5	14.1	31
2009	4	21.3	20.5	20	19.7	19.4	18.7	18.3	17.1	30
2009	5	27.2	25.3	24.7	24.4	24.1	23.2	22.2	20.9	31
2009	6	31.4	29.2	28.5	28.1	27.7	26.5	25.3	23.5	30
2009	7	—	—	—	—	—	—	—	—	
2009	8	31.5	31.4	31.2	30.8	30.6	29.9	29.2	27.6	31
2009	9	30.2	29.9	29.4	29.4	29.3	29.1	28.7	27.9	30
2009	10	23.3	23.8	23.6	23.8	24.2	24.7	25.4	25.6	31
2009	11	13.3	14.6	14.9	15.5	16.1	17.8	19.5	21.3	30
2009	12	8.8	10.2	10.3	10.8	11.4	13.1	14.3	16.8	31
2010	1	8.1	8.8	8.8	9.1	9.5	10.6	11.5	13.6	31
2010	2	11.5	11.4	11.3	11.2	11.3	11.7	12.2	13.1	28
2010	3	13.7	14.1	13.7	13.8	13.8	13.9	13.8	14.1	31
2010	4	17.2	17.1	16.5	16.6	16.5	16.3	15.9	15.7	30
2010	5	24.4	24.3	23.3	23.3	23	22.1	21.2	19.8	31
2010	6	26.3	26.3	25.4	25.6	25.4	24.8	24	22.9	30
2010	7	31.9	31.8	30.7	30.8	30.4	29.3	28.1	26.3	31
2010	8	32.7	32.6	31.5	31.7	31.5	30.7	29.7	28.1	31
2010	9	29.1	29.5	28.6	29.2	29.2	29.1	28.7	28.4	30
2010	10	20.7	21.6	21.4	21.9	22.2	23.2	23.7	24.8	31
2010	11	15.2	16.5	15.5	16.5	16.9	18.1	19.2	20.9	30
2010	12	9.7	10.8	10.4	11.5	12.5	13.6	14.7	17.1	31
2011	1	4.9	6.5	5.6	6.7	7.3	9.1	10.4	13.3	31
2011	2	10.2	10.6	9.6	10.3	10.3	10.6	10.9	12.1	28
2011	3	12.7	13.1	12.1	12.8	12.9	13.1	13.2	13.5	31
2011	4	20.2	19.8	18.5	19.2	18.7	18.3	17.2	16.3	30
2011	5	24.1	24.3	22.6	23.2	22.9	22.2	21.4	20.1	31

（续）

年份	月份	地表 0 cm 温度（℃）	地表 5 cm 温度（℃）	地表 10 cm 温度（℃）	地表 15 cm 温度（℃）	地表 20 cm 温度（℃）	地表 40 cm 温度（℃）	地表 60 cm 温度（℃）	地表 100 cm 温度（℃）	有效数据
2011	6	27.3	27.2	25.7	26.4	26.2	25.5	24.6	23.2	30
2011	7	31.4	31.2	29.7	30.4	30.1	29.1	28.1	26.2	31
2011	8	30.9	31.3	29.7	30.6	30.4	30.2	29.2	27.9	31
2011	9	27.5	27.8	26.6	27.6	27.6	27.7	27.4	27.2	30
2011	10	21.7	22.1	21.1	22.3	22.6	23.5	23.8	24.6	31
2011	11	19.2	19.4	18.5	19.6	19.9	20.7	21.2	22.3	30
2011	12	9.3	10.3	9.7	11.2	11.8	13.6	14.9	17.5	31
2012	1	7.6	8.3	7.5	8.8	9.3	10.7	11.7	14.1	31
2012	2	8.3	8.7	7.8	8.9	9.2	10.3	10.6	12.3	28
2012	3	12.8	12.6	11.3	12.2	12.1	12.2	11.8	12.2	31
2012	4	20.5	19.8	18.3	19.2	18.8	18.1	17.3	16.2	30
2012	5	24.3	24.1	22.7	23.5	23.3	22.7	21.8	20.5	31
2012	6	27.4	27.2	25.6	26.4	26.2	25.6	24.7	23.5	30
2012	7	32.5	31.7	30.5	30.7	30.4	29.3	28.2	26.5	31
2012	8	30.2	30.3	28.8	29.8	29.7	29.3	28.6	27.6	31
2012	9	25.9	26.3	25.2	26.3	26.5	26.9	26.8	26.9	30
2012	10	21.9	22.4	21.4	22.6	22.8	23.5	23.7	24.4	31
2012	11	14.7	15.6	14.7	16.2	16.5	17.8	18.7	20.6	30
2012	12	9.2	10.2	9.5	10.8	11.4	12.9	14.1	16.4	31
2013	1	7.1	7.8	6.8	8.2	8.4	9.6	10.6	12.9	31
2013	2	10.8	11.1	9.9	11.2	11.2	11.6	11.9	13.1	28
2013	3	15.5	15.7	14.3	15.2	15.2	15.2	14.7	14.6	31
2013	4	19.1	19.5	17.6	18.5	18.4	18.1	17.6	17.3	30
2013	5	25.9	25.5	23.9	24.7	24.4	23.4	22.3	20.7	31
2013	6	28.7	28.4	26.9	27.7	27.5	26.8	25.9	24.3	30
2013	7	32.8	32.3	30.4	31.1	30.8	29.7	28.6	26.9	31
2013	8	34.8	33.8	32.3	33.1	32.9	32.3	30.8	28.8	31
2013	9	28.9	28.8	27.6	28.7	28.8	28.9	28.5	27.9	30
2013	10	22.3	22.5	21.5	22.8	23.1	23.9	24.3	25.1	31
2013	11	15.9	16.8	16.1	17.3	17.8	19.1	20.2	21.7	30
2013	12	7.7	8.9	8.3	9.8	10.4	12.3	13.7	16.6	31
2014	1	8.1	8.8	7.8	9.4	9.4	10.4	11.3	13.5	31
2014	2	9.3	9.8	8.8	9.9	10.2	11.2	11.5	13.1	28
2014	3	14.9	15.3	13.6	14.5	14.4	14.1	13.8	13.7	31
2014	4	21.4	21.3	19.7	20.6	20.4	19.8	19.5	17.9	30
2014	5	24.7	24.5	23.3	23.8	23.6	23.3	22.1	20.9	31
2014	6	28.1	27.8	26.7	27.1	26.9	26.2	25.3	23.8	30
2014	7	32.5	31.1	30.9	30.6	30.3	29.2	28.1	26.2	31

（续）

年份	月份	地表 0 cm 温度（℃）	地表 5 cm 温度（℃）	地表 10 cm 温度（℃）	地表 15 cm 温度（℃）	地表 20 cm 温度（℃）	地表 40 cm 温度（℃）	地表 60 cm 温度（℃）	地表 100 cm 温度（℃）	有效数据
2014	8	31.3	30.4	30.4	30.3	30.2	29.6	28.9	27.6	31
2014	9	30.6	29.1	29.1	29.2	29.5	28.7	28.3	27.4	30
2014	10	24.4	24.1	24.3	24.5	24.6	25.1	25.4	25.6	31
2014	11	16.5	16.7	17.2	17.7	18.1	19.6	20.6	22.2	30
2014	12	8.6	9.1	9.7	10.4	11.1	13.1	14.8	17.6	31
2015	1	9.2	9.4	9.8	10.1	10.4	11.6	12.7	14.7	31
2015	2	11.2	11.1	11.3	11.4	11.5	12.1	12.6	13.9	28
2015	3	14.4	14.1	14.2	13.9	13.9	13.7	13.8	14.2	31
2015	4	20.7	20.2	20.1	19.9	19.7	18.9	18.3	17.3	30
2015	5	25.1	24.7	24.6	24.3	24.2	23.2	22.1	20.5	31
2015	6	28.3	28.1	27.9	27.6	27.3	26.4	25.6	24.3	30
2015	7	29.6	29.6	29.5	29.2	28.9	28.1	27.3	25.8	31
2015	8	30.1	30.2	30.1	29.9	29.8	29.1	28.5	27.1	31
2015	9	26.4	26.7	26.8	26.8	26.8	26.8	26.7	26.3	30
2015	10	22.2	22.8	23.2	23.2	23.3	23.8	24.3	24.4	31
2015	11	16.2	16.5	16.9	17.3	17.7	19.8	19.9	21.4	30
2015	12	10.6	10.9	11.4	11.8	12.2	13.6	14.9	17.1	31

3.4.1.6　太阳辐射

1. 概述

气象站的辐射测量，包括太阳辐射与地球辐射两部分。地球上的辐射能来源于太阳，太阳辐射能量的 99.9% 集中在 $0.2 \sim 10 \mu m$ 的波段，其中波长短于 $0.4 \mu m$ 的称为紫外辐射，波长为 $0.4 \sim 0.73 \mu m$ 的称为可见光辐射，而波长长于 $0.73 \mu m$ 的称为红外辐射。此外，太阳光谱在 $0.29 \sim 3.0 \mu m$ 范围，称为短波辐射，目前气象站主要观测这部分太阳辐射。地球辐射是地球表面、大气、气溶胶和云层所发射的长波辐射，波长范围为 $3 \sim 100 \mu m$。地球辐射能量的 99% 波长大于 $5 \mu m$。本数据集包括 2005—2015 年数据，数据使用芬兰 VAISALA 生产的 MILOS520 和 MAWS 自动监测系统采集。指标包括：总辐射量、净辐射、反射辐射、紫外辐射、光合有效辐射、热通量和日照时数。

2. 数据采集和处理方法

每 10 s 采测 1 次，每分钟采测 6 次辐照度（瞬时值），去除 1 个最大值和 1 个最小值后取平均值。正点（地方平均太阳时）00 min 采集存储辐照度，同时存储曝辐量（累积值）。观测层次为距地面 1.5 m 处。数据获取方法通过总辐射表观测，单位为 MJ/m^2。数据产品观测层次为距地面 1.5 m 处。

3. 数据质量控制和评估

辐射仪器注意事项：①仪器是否水平，感应面与玻璃罩是否完好等。仪器是否清洁，玻璃罩如有尘土、霜、雾、雪和雨滴时，应用镜头刷或麂皮及时清除干净，注意不要划伤或磨损玻璃。②玻璃罩不能进水，罩内也不应有水汽凝结物。检查干燥器内硅胶是否变潮（由蓝色变成红色或白色），否则要及时更换。受潮的硅胶，可在烘箱内烤干变回蓝色后再使用。③总辐射表防水性能较好，一般短时间或降水较小时可以不加盖。但降大雨（雪、冰雹等）或较长时间的雨雪，为保护仪器，观测员应根据具体情况及时加盖，雨停后即把盖打开。如遇强雷暴等恶劣天气时，也要加盖并加强巡视，发现问题及时处理。数据质量控制：①总辐射最大值不能超过气候学界限值 $2000 W/m^2$；②当前瞬时值与前一次值的差异小于最大变幅 800 W/m²；③小时总辐射量大于等于小时净辐射、反射辐射和紫外辐射；除阴天、雨天和雪天外总辐射一般在中午前后出现极大值；④小时总辐射累积值应小于同一地理位置大气层顶的辐射总量，小时总辐射累积值可以稍微大于同一地理位置在大气具有很大透过率和非常晴朗天空状态下的小时总辐射累积值，所有夜间观测的小时总辐射累积值小于 0 时用 0 代替；⑤辐射曝辐量缺测数小时但不是全天缺测时，按实有记录做日合计，全天缺测时，不做日合计。本数据质量较高，可以作为科学研究使用。

4. 数据价值/数据使用方法和建议

太阳光能是形成农业产量的基本因素，采取先进的农业技术措施，最大限度地利用光能资源，提高农业产品产量是农业现代化的重要任务之一。鹰潭属于中亚热带湿润季风气候，太阳能总辐射在 4 006.3～4 736.6 MJ/m²之间，当地积极推进太阳能发电，充分利用荒漠化土地资源。

5. 数据

鹰潭站太阳辐射数据见表 3 - 98。

表 3 - 98　鹰潭站太阳辐射（总辐射量、净辐射量、反射辐射量、光合有效辐射量）数据

年份	月份	总辐射量 (W/m²)		反射辐射量 (W/m²)		总紫外辐射量 (W/m²)		净辐射量 (W/m²)		光量子通量 [μmol/ (m² · s)]		土壤热通量 (W/m²)	
		合计	平均值	合计	平均值	合计	平均值	合计	平均值	合计	平均值	合计	平均值
2005	1	153.4	4.9	23.2	0.7	7.2	0.2	37.9	1.2	240.2	7.7	−16.1	−0.5
2005	2	140.7	5.2	24.2	0.9	6.3	0.2	52.3	1.9	260.5	9.3	−5.8	−0.2
2005	3	284.3	9.2	48.6	1.6	11.5	0.4	122.4	3.9	492.4	15.9	11.9	0.4
2005	4	262.6	13.1	41.4	2.1	10.5	0.5	121.7	6.1	463.9	23.2	16.7	0.8
2005	5	385.8	12.4	68.3	2.2	19.2	0.6	206.1	6.6	723.5	23.3	9.9	0.3
2005	6	510.4	17.3	100.3	3.3	24.1	0.8	267.2	8.9	979.3	32.6	31.2	1.2
2005	7	1 646.3	53.1	131.9	4.3	10.3	33.2	337.3	10.9	2 284.9	73.7	251.3	8.1
2005	8	497.7	16.1	100.1	3.2	23.9	0.8	238.4	7.7	910.3	29.4	29.2	0.9
2005	9	488.7	16.3	91.8	3.1	22.1	0.7	219.8	7.3	832.2	27.7	41.7	1.4
2005	10	355.7	11.5	68.1	2.2	14.3	0.5	141.2	4.5	517.1	16.7	−0.7	0.0
2005	11	213.3	7.1	37.2	1.2	8.8	0.3	67.5	2.3	293.0	9.8	−10.9	−0.4
2005	12	259.3	8.4	44.4	1.4	8.9	0.3	70.2	2.3	296.8	9.6	−13.8	−0.4
2006	1	203.5	6.6	33.6	1.1	7.4	0.2	67.9	2.2	269.3	8.7	−12.6	−0.4
2006	2	170.3	6.1	26.2	0.9	7.4	0.3	63.5	2.3	239.5	8.5	−12.5	−0.4
2006	3	287.3	9.3	44.2	1.4	11.3	0.4	124.7	4.2	−347.8	−11.2	10.8	0.3
2006	4	422.3	14.1	66.4	2.2	17.2	0.6	207.3	6.9	591.4	19.7	19.9	0.7
2006	5	422.2	13.6	69.5	2.2	19.3	0.6	203.8	6.6	648.2	20.9	15.5	0.5
2006	6	482.8	16.1	81.1	2.7	21.8	0.7	256.9	8.6	741.3	24.7	25.9	0.9
2006	7	582.1	18.8	101.3	3.3	26.9	0.9	318.5	10.3	870.3	28.1	36.3	1.2
2006	8	670.2	21.6	119.6	3.9	29.1	0.9	368.2	11.9	973.8	31.4	29.1	0.9
2006	9	435.7	14.5	80.3	2.7	18.1	0.6	206.2	6.9	626.6	20.9	12.5	0.4
2006	10	300.3	9.7	53.1	1.7	11.7	0.4	126.6	4.1	435.8	14.1	7.8	0.3
2006	11	209.8	7.3	41.4	1.4	7.5	0.3	52.3	1.7	326.3	10.9	−5.3	−0.2
2006	12	259.2	8.4	50.2	1.6	8.2	0.3	71.1	2.3	459.7	14.8	−18.1	−0.6
2007	1	211.6	6.8	40.3	1.3	6.9	0.2	60.8	2.4	372.8	12.2	−11.8	−0.4

（续）

年份	月份	总辐射量 (W/m²)		反射辐射量 (W/m²)		总紫外辐射量 (W/m²)		净辐射量 (W/m²)		光量子通量 [μmol/ (m²·s)]		土壤热通量 (W/m²)	
		合计	平均值	合计	平均值	合计	平均值	合计	平均值	合计	平均值	合计	平均值
2007	2	269.2	9.6	47.8	1.7	9.3	0.3	99.9	3.6	484.8	17.3	10.5	0.4
2007	3	264.8	8.5	43.1	1.4	10.6	0.3	117.5	3.8	497.7	16.1	10.3	0.3
2007	4	418.6	14.3	64.7	2.2	16.4	0.5	202.2	6.7	762.8	25.4	8.2	0.3
2007	5	547.9	17.7	82.2	2.6	22.5	0.7	284.2	9.2	1 008.4	32.5	24.7	0.8
2007	6	477.4	15.9	72.9	2.4	21.2	0.7	255.4	8.5	904.2	30.1	16.5	0.6
2007	7	678.8	21.9	105.1	3.4	29.2	0.9	368.3	11.9	1 283.7	41.4	33.6	1.1
2007	8	582.6	18.8	90.3	2.9	25.4	0.8	307.5	9.9	1 120.3	36.1	21.5	0.7
2007	9	374.6	12.5	65.2	2.2	15.8	0.5	177.3	5.9	697.3	23.2	3.7	0.1
2007	10	398.0	12.8	72.4	2.3	14.6	0.5	159.7	5.2	712.1	23.2	−0.7	0.0
2007	11	322.8	10.8	63.5	2.1	10.6	0.4	94.1	3.1	542.6	18.1	−11.4	−0.4
2007	12	—	—	—	—	—	—	—	—	—	—	—	—
2008	1	152.7	4.9	28.7	0.9	5.4	0.2	31.9	1.2	282.3	9.1	−21.5	−0.7
2008	2	286.4	9.9	67.3	2.3	10.9	0.4	97.1	3.3	524.2	18.1	−3.1	−0.1
2008	3	358.2	11.6	57.4	1.9	13.4	0.4	144.8	4.7	657.7	21.2	10.8	0.3
2008	4	392.3	13.1	58.6	2.3	16.5	0.6	190.4	6.3	730.3	24.3	21.4	0.7
2008	5	561.2	18.1	84.7	2.7	23.9	0.8	280.4	9.4	1 034.7	33.4	28.8	0.9
2008	6	441.1	14.7	70.1	2.3	20.8	0.7	219.6	7.3	838.3	27.9	22.1	0.7
2008	7	677.3	21.8	104.6	3.4	30.2	1.5	361.5	11.7	1 271.8	41.2	37.6	1.2
2008	8	580.9	18.7	91.7	3.1	26.3	0.8	285.6	9.2	1 093.3	35.3	26.8	0.9
2008	9	506.0	16.9	84.2	2.8	21.5	0.7	250.9	8.4	930.2	31.2	13.2	0.4
2008	10	354.8	11.4	65.9	2.1	14.4	0.5	142.7	4.6	658.5	21.2	−2.7	−0.1
2008	11	289.3	9.6	57.5	1.9	11.2	0.4	85.9	2.9	503.4	16.8	−20.5	−0.7
2008	12	278.9	9.3	63.1	2.5	9.6	0.3	73.8	2.4	514.7	16.6	−13.1	−0.4
2009	1	255.3	8.2	59.2	1.9	8.6	0.3	70.2	2.3	466.5	15.2	−14.6	−0.5
2009	2	201.9	7.2	40.1	1.4	7.6	0.3	72.8	2.6	401.5	14.3	−0.3	0.0
2009	3	299.6	9.7	50.6	1.6	12.7	0.4	119.3	3.8	601.4	19.4	7.3	0.2
2009	4	451.8	15.1	70.5	2.3	18.5	0.6	215.3	7.2	956.2	31.9	14.9	0.5
2009	5	531.5	17.1	83.1	2.7	22.7	0.7	260.7	8.4	1 115.7	36.2	19.2	0.6
2009	6	558.0	18.6	88.3	2.9	24.9	0.8	288.3	9.6	1 193.7	39.8	30.2	1.3
2009	7	—	—	—	—	—	—	—	—	—	—	—	—
2009	8	490.1	15.8	81.5	2.6	22.3	0.7	251.3	8.1	1 054.3	34.2	7.6	0.2
2009	9	473.6	15.8	84.3	2.8	19.2	0.6	224.5	7.5	992.8	33.1	8.9	0.3
2009	10	427.8	13.8	80.2	2.6	15.9	0.5	169.7	5.5	856.5	27.6	−0.3	0.0
2009	11	246.1	8.2	49.6	1.7	9.5	0.3	73.5	2.4	475.9	15.9	−18.6	−0.6
2009	12	204.6	6.6	45.2	1.5	7.4	0.2	52.5	1.7	397.7	12.8	−16.9	−0.5
2010	1	167.4	5.4	32.6	1.1	6.5	0.2	48.9	1.6	355.5	11.5	−7.6	−0.2
2010	2	220.4	7.9	37.8	1.3	8.5	0.3	85.4	3.5	438.4	15.7	3.3	0.1

（续）

年份	月份	总辐射量 (W/m²)		反射辐射量 (W/m²)		总紫外辐射量 (W/m²)		净辐射量 (W/m²)		光量子通量 [μmol/ (m²·s)]		土壤热通量 (W/m²)	
		合计	平均值	合计	平均值	合计	平均值	合计	平均值	合计	平均值	合计	平均值
2010	3	327.1	10.6	51.9	1.7	12.1	0.4	140.3	4.5	605.7	19.5	4.7	0.2
2010	4	313.7	10.5	46.3	1.5	13.6	0.5	144.3	4.8	594.2	19.8	8.6	0.3
2010	5	424.6	13.7	64.8	2.1	18.8	0.6	208.3	6.7	864.1	27.9	17.9	0.6
2010	6	393.7	13.1	65.6	2.2	18.4	0.6	196.3	6.5	768.5	25.6	12.1	0.4
2010	7	606.2	19.6	100.0	3.2	27.3	0.9	336.5	10.9	1 183.2	38.2	14.1	0.5
2010	8	657.5	21.2	107.2	3.5	28.2	0.9	352.9	11.4	1 335.6	43.1	14.3	0.5
2010	9	466.5	15.6	82.8	2.8	20.6	0.7	228.8	7.6	966.1	32.2	2.8	0.1
2010	10	327.3	10.6	61.8	2.4	13.5	0.4	122.7	4.3	654.8	21.1	−11.1	−0.4
2010	11	300.7	10.4	61.2	2.6	10.9	0.4	100.2	3.3	520.2	17.3	−9.6	−0.3
2010	12	279.2	9.5	77.7	2.5	10.3	0.3	69.2	2.2	449.2	14.5	−16.3	−0.5
2011	1	156.6	5.1	39.4	1.3	6.1	0.2	32.5	1.5	287.1	9.3	−15.8	−0.5
2011	2	140.1	8.2	27.5	1.6	5.7	0.3	54.2	3.2	247.7	14.6	2.3	0.1
2011	3	402.2	13.0	50.5	1.6	14.4	0.5	161.7	5.2	661.7	21.3	5.7	0.2
2011	4	455.6	15.2	72.1	2.4	18.3	0.6	234.2	7.8	751.5	25.1	19.6	0.7
2011	5	494.8	16.0	79.0	2.5	21.9	0.7	269.3	8.7	795.4	25.7	17.6	0.6
2011	6	387.6	12.9	66.8	2.2	19.1	0.6	203.6	6.8	650.8	21.7	14.0	0.5
2011	7	651.3	21.0	112.9	3.6	29.5	1.4	375.7	12.1	1 041.7	33.6	21.7	0.7
2011	8	575.5	18.6	100.1	3.2	26.3	0.8	307.6	9.9	913.2	29.5	13.4	0.4
2011	9	460.6	15.4	83.0	2.8	20.4	0.7	233.9	7.8	747.9	24.9	5.8	0.2
2011	10	349.2	11.3	65.8	2.1	15.4	0.5	139.4	4.5	590.7	19.1	−6.3	−0.2
2011	11	295.3	9.8	57.7	1.9	12.4	0.4	104.2	3.5	455.3	15.2	−6.2	−0.2
2011	12	194.5	6.3	42.8	1.4	7.2	0.2	44.2	1.4	285.4	9.2	−14.5	−0.5
2012	1	90.7	2.9	20.2	0.7	4.3	0.1	15.4	0.5	169.5	5.5	−9.7	−0.3
2012	2	144.3	5.0	27.0	0.9	6.2	0.2	52.7	1.8	251.2	8.7	−3.9	−0.1
2012	3	299.9	9.7	46.0	1.5	11.7	0.4	139.2	4.5	541.9	17.5	7.4	0.2
2012	4	366.3	12.2	55.3	1.8	16.2	0.5	184.8	6.2	649.7	21.7	10.8	0.4
2012	5	403.0	13.0	63.9	2.1	19.3	0.6	212.2	6.8	799.3	25.8	9.0	0.3
2012	6	408.0	13.6	67.5	2.2	19.5	0.6	216.5	7.2	648.9	21.6	11.7	0.4
2012	7	—	23.1	—	3.9	—	1.7	—	13.4	—	38.6	—	0.6
2012	8	560.4	18.1	97.2	3.1	25.8	0.8	310.4	10.2	833.3	26.9	9.9	0.3
2012	9	444.2	14.8	79.6	2.7	19.5	0.7	220.4	7.3	589.7	19.7	−2.0	−0.1
2012	10	339.9	11.0	73.8	2.4	16.9	0.5	181.3	5.8	660.7	21.3	−2.4	−0.1
2012	11	280.2	9.3	42.3	1.4	10.3	0.3	89.8	3.3	462.3	15.4	−9.8	−0.3
2012	12	208.9	6.7	37.2	1.2	7.5	0.2	46.9	1.5	367.0	11.8	−13.8	−0.4
2013	1	226.2	7.3	36.4	1.2	8.1	0.3	66.2	2.1	378.6	12.2	−6.6	−0.2
2013	2	165.5	5.9	23.9	0.9	7.1	0.2	57.5	2.1	297.9	10.6	−0.3	0.0
2013	3	402.2	13.0	50.5	1.6	14.4	0.5	161.7	5.2	661.7	21.3	5.7	0.2

（续）

年份	月份	总辐射量 (W/m²)		反射辐射量 (W/m²)		总紫外辐射量 (W/m²)		净辐射量 (W/m²)		光量子通量 [μmol/ (m²·s)]		土壤热通量 (W/m²)	
		合计	平均值	合计	平均值	合计	平均值	合计	平均值	合计	平均值	合计	平均值
2013	4	415.7	13.9	47.6	1.6	16.3	0.5	177.7	5.9	682.4	22.7	6.5	0.2
2013	5	547.7	17.7	66.8	2.2	23.2	0.7	264.6	8.5	903.7	29.2	13.0	0.4
2013	6	551.6	18.4	73.0	2.4	24.1	0.8	277.2	9.2	937.2	31.2	7.6	0.3
2013	7	773.7	25.0	101.8	3.3	32.3	1.5	395.4	12.8	1 306.5	42.1	14.9	0.5
2013	8	684.1	22.1	89.6	2.9	28.5	0.9	333.5	10.8	1 163.2	37.5	13.4	0.4
2013	9	532.2	17.7	68.1	2.3	21.3	0.7	240.6	8.2	880.9	29.4	2.2	0.1
2013	10	489.4	15.8	66.1	2.1	17.7	0.6	191.9	6.2	757.9	24.4	−5.9	−0.2
2013	11	344.0	11.5	50.1	1.7	11.9	0.4	104.3	3.5	543.6	18.1	−11.8	−0.4
2013	12	335.0	10.8	52.2	1.7	9.9	0.3	72.7	2.3	491.8	15.9	−17.9	−0.6
2014	1	364.5	11.8	55.3	1.8	10.6	0.3	98.1	3.2	515.4	16.6	−7.2	−0.2
2014	2	224.4	8.0	32.8	1.2	8.9	0.3	68.8	2.5	378.5	13.5	−4.1	−0.1
2014	3	346.2	11.2	40.6	1.3	13.6	0.4	137.1	4.4	609.6	19.7	6.8	0.2
2014	4	429.2	14.3	49.4	1.6	17.3	0.6	192.7	6.4	742.6	24.8	10.0	0.3
2014	5	466.4	15.0	55.8	1.8	19.5	0.6	214.1	6.9	804.9	26.0	11.1	0.4
2014	6	471.8	15.7	60.8	2.6	20.5	0.7	237.7	7.9	856.7	28.6	7.5	0.3
2014	7	620.5	20.0	108.6	3.5	32.3	1.2	363.1	11.7	1 360.1	43.9	−10.7	−0.3
2014	8	515.7	16.6	92.7	3.4	27.8	0.9	288.8	9.3	1 108.9	35.8	−7.0	−0.2
2014	9	459.8	15.3	89.1	3.2	23.6	0.8	243.9	8.1	963.5	32.1	−7.5	−0.3
2014	10	476.0	15.4	99.4	3.2	21.2	0.7	188.6	6.1	937.3	30.2	−7.6	−0.2
2014	11	194.4	6.5	34.1	1.1	9.3	0.3	63.5	2.1	386.8	12.9	8.4	0.3
2014	12	300.9	9.7	56.6	1.8	12.5	0.4	79.3	2.6	566.6	18.3	−28.0	−0.9
2015	1	238.3	7.7	43.0	1.4	10.4	0.3	72.8	2.3	459.1	14.8	−19.4	−0.6
2015	2	238.9	8.5	41.6	1.5	10.6	0.4	92.2	3.3	460.3	16.4	−6.3	−0.2
2015	3	288.4	9.3	45.3	1.5	14.4	0.5	137.2	4.4	580.4	18.7	14.4	0.5
2015	4	420.5	14.0	68.1	2.3	20.2	0.7	210.2	7.2	822.8	27.4	28.5	0.9
2015	5	399.8	12.9	60.7	2.3	21.8	0.7	226.3	7.3	813.8	26.3	26.7	0.9
2015	6	441.0	14.7	71.9	2.4	24.6	0.8	246.3	8.2	922.5	30.8	29.0	1.0
2015	7	508.3	16.4	87.9	2.8	27.7	0.9	288.6	9.3	1 012.2	32.7	21.8	0.7
2015	8	526.3	17.0	90.6	2.9	27.7	0.9	289.4	9.3	1 003.2	32.4	13.5	0.4
2015	9	397.1	13.2	69.0	2.3	20.6	0.7	209.4	7.3	720.8	24.0	−2.2	−0.1
2015	10	399.6	12.9	73.9	2.4	19.6	0.6	175.1	5.6	541.1	17.5	−12.5	−0.4
2015	11	185.7	6.2	31.4	1.2	9.7	0.3	68.5	2.3	143.8	4.8	−21.5	−0.7
2015	12	165.2	5.3	28.9	0.9	7.8	0.3	43.4	1.4	19.2	0.6	−23.4	−0.8

3.4.1.7   相对湿度

1. 概述

空气湿度（简称湿度）是表示空气中的水汽含量和潮湿程度的物理量。地面观测中测定的是距离地面 1.50 m 高度处的湿度。相对湿度是空气中实际水汽压与当时气温下的饱和水汽压之比，以百分数（％）表示。本数据集包括 2005—2015 年相对湿度数据，采集地为鹰潭站气象观测场，使用 HMP45D 湿度传感器观测。

2. 数据采集和处理方法

数据采集由芬兰 VAISALA 生产的 MILOS520 和 MAWS 自动气象站采集，中国生态系统研究网络气象报表由自动生成的报表（简称 M 报表）、规范气象数据报表（简称 A 报表）和数据质量控制表（简称 B2 表）组成。数据报表编制时打开"生态气象工作站"，启动数据处理程序，它将对观测数据进行自动处理、质量审核，按照观测规范最终编制出观测报表文件。每 10 s 采测 1 个湿度值，每分钟采测 6 个湿度值，去除 1 个最大值和 1 个最小值后取平均值作为每分钟的湿度值存储。正点时采测 00 min 的湿度值作为正点数据存储。观测层次：距地面 1.5 m。

3. 数据质量控制和评估

数据质量控制：①相对湿度介于 0～100％ 之间；②定时相对湿度大于等于日最小相对湿度；③干球温度大于等于湿球温度（结冰期除外）；④某一定时相对湿度缺测时，用前、后两定时数据内插求得，按正常数据统计，若连续两个或以上定时数据缺测时，不能内插，仍按缺测处理；⑤一日中若 24 次定时观测记录有缺测时，该日按照 2：00、8：00、14：00、20：00 计 4 次定时记录做日平均，若 4 次定时记录缺测 1 次或以上，但该日各定时记录缺测 5 次或以下时，按实有记录做日统计，缺测 6 次或以上时，不做日平均。

4. 数据价值/数据使用方法和建议

相对湿度，指空气中水汽压与相同温度下饱和水汽压的百分比，或湿空气的绝对湿度与相同温度下可能达到的最大绝对湿度之比，也可表示为湿空气中水蒸气分压力与相同温度下水的饱和压力之比。水蒸气时空分布通过诸如潜热交换、辐射性冷却和加热、云的形成和降雨等对天气和气候造成相当大的影响，从而影响动植物的生长环境，其变化是植被改变的主要动力，对农业生产产生一定的影响。因此，了解全球变化背景下相对湿度大变化趋势，对于了解环境的变化及调整生产具有重要的现实意义。

5. 数据

鹰潭站相对湿度数据见表 3 - 99。

表 3 - 99　鹰潭站相对湿度数据

年份	月份	日平均值月平均（％）	日最小值月平均（％）	月极小值（％）	极小值日期
2005	1	88	59	40	10
2005	2	86	61	36	1
2005	3	79	60	18	5
2005	4	83	52	14	15
2005	5	81	57	41	30
2005	6	75	60	31	5
2005	7	67	51	32	7
2005	8	73	48	36	12
2005	9	73	52	34	17
2005	10	74	55	22	18
2005	11	82	57	30	1
2005	12	70	53	13	17
2006	1	79	61	30	9

（续）

年份	月份	日平均值月平均（%）	日最小值月平均（%）	月极小值（%）	极小值日期
2006	2	80	62	30	7
2006	3	81	58	17	2
2006	4	76	51	32	30
2006	5	78	56	29	27
2006	6	82	61	30	11
2006	7	70	50	31	31
2006	8	71	44	33	2
2006	9	76	52	27	26
2006	10	79	54	27	6
2006	11	81	57	17	6
2006	12	79	52	25	17
2007	1	81	61	19	29
2007	2	79	53	19	2
2007	3	82	63	36	22
2007	4	72	45	21	11
2007	5	71	47	24	6
2007	6	82	61	43	8
2007	7	69	48	29	30
2007	8	76	51	34	2
2007	9	79	58	33	25
2007	10	62	39	26	19
2007	11	68	37	22	27
2007	12	76	55	19	6
2008	1	84	70	18	5
2008	2	69	45	18	29
2008	3	77	46	12	3
2008	4	72	50	20	25
2008	5	66	42	17	14
2008	6	71	56	36	3
2008	7	60	43	29	5
2008	8	62	44	31	20
2008	9	70	49	34	29
2008	10	66	47	32	14
2008	11	74	49	20	27
2008	12	77	46	15	5
2009	1	77	51	18	11
2009	2	88	70	23	12
2009	3	79	65	18	10

（续）

年份	月份	日平均值月平均（%）	日最小值月平均（%）	月极小值（%）	极小值日期
2009	4	80	48	10	16
2009	5	78	53	16	8
2009	6	79	54	33	7
2009	7	80	59	46	23
2009	8	81	62	45	21
2009	9	82	58	38	11
2009	10	83	43	25	8
2009	11	80	60	28	3
2009	12	86	63	30	19
2010	1	81	66	38	19
2010	2	71	57	30	21
2010	3	56	43	21	12
2010	4	74	57	25	28
2010	5	77	56	21	2
2010	6	76	60	39	6
2010	7	71	52	42	17
2010	8	65	44	30	14
2010	9	67	50	34	21
2010	10	70	50	29	4
2010	11	79	47	23	9
2010	12	84	49	17	30
2011	1	78	54	19	16
2011	2	81	54	31	14
2011	3	80	49	14	29
2011	4	80	44	16	25
2011	5	82	53	19	18
2011	6	71	52	30	27
2011	7	54	37	25	13
2011	8	51	37	25	21
2011	9	48	35	24	14
2011	10	46	34	18	16
2011	11	47	38	26	20
2011	12	43	31	14	25
2012	1	57	49	29	4
2012	2	58	44	12	19
2012	3	59	44	6	25
2012	4	56	39	16	3
2012	5	60	44	24	17

（续）

年份	月份	日平均值月平均（%）	日最小值月平均（%）	月极小值（%）	极小值日期
2012	6	62	45	26	14
2012	7	—	—	—	—
2012	8	53	36	26	1
2012	9	51	37	20	30
2012	10	57	37	19	2
2012	11	86	58	26	4
2012	12	85	63	31	7
2013	1	—	—	—	—
2013	2	90	75	48	23
2013	3	82	54	16	6
2013	4	81	52	15	15
2013	5	82	58	27	1
2013	6	82	59	40	30
2013	7	68	45	33	30
2013	8	66	40	26	13
2013	9	73	46	18	17
2013	10	72	39	18	13
2013	11	78	44	17	19
2013	12	76	40	15	30
2014	1	72	37	13	22
2014	2	85	65	22	22
2014	3	84	59	23	14
2014	4	81	57	24	9
2014	5	82	57	23	2
2014	6	83	40	21	23
2014	7	84	25	23	13
2014	8	86	24	22	18
2014	9	—	23	20	4
2014	10	72	16	10	15
2014	11	82	12	7	4
2014	12	71	34	3	2
2015	1	79	51	20	22
2015	2	79	54	16	13
2015	3	82	62	35	25
2015	4	77	52	17	13
2015	5	86	63	30	12
2015	6	84	66	50	16
2015	7	81	60	40	14

（续）

年份	月份	日平均值月平均（%）	日最小值月平均（%）	月极小值（%）	极小值日期
2015	8	83	57	33	3
2015	9	84	60	34	17
2015	10	82	54	22	11
2015	11	91	72	29	26
2015	12	88	68	23	17

第4章

鹰潭红壤站特色研究数据集

4.1 旱地红壤质量演变与肥力提升

本研究针对施用不同有机肥的根际土壤和根区土壤，重点研究其土壤理化性质差异（表4-1）。CK（不施肥）和 LM（低量猪粪）处理下，根际和根区土壤呈强酸性（pH4.59～4.97），HM（高量猪粪）处理下，呈弱酸性（pH5.47～5.83），HML（高量猪粪＋石灰）处理下，呈弱酸性近于中性（pH6.78～7.01）。根际土壤的有机质（OM）含量在 HM 和 HML 处理下分别为 17.98 g/kg，19.98 g/kg，显著高于 CK（8.09 g/kg）和 LM（12.75 g/kg）处理。根区土壤的 OM 含量变化趋势同根际土壤。不同施肥处理下，根际和根区土壤中 CK 的全磷（TP）含量和有效磷（AP）含量最低，分别为 0.31～0.37 g/kg，4.12～5.62 mg/kg，明显低于 LM（0.83～1.02 g/kg、60.94～81.82 mg/kg）、HM（1.70～1.93 g/kg、231.13～240.85 mg/kg）和 HML（1.85～2.02 g/kg、223.08～237.70 mg/kg）。全钾（TK）和有效钾（AK）含量在不同土样及不同施肥处理下无显著差异。另外，施用有机肥也明显提高了全氮（TN）含量。铵态氮（NH_4^+-N）和硝态氮（NO_3^--N）含量无显著差异，不受有机肥处理的影响。

表 4-1 红壤理化性质

土壤	处理	pH	Moisture（%）	OM（g/kg）	TP（g/kg）	AP（mg/kg）
RZ	CK	4.81±0.04c	11.59±2.11c	8.09±0.87d	0.37±0.03e	5.62±1.15c
	LM	4.97±0.05c	16.51±0.04ab	12.75±1.19bcd	1.02±0.08c	81.82±10.07b
	HM	5.83±0.11b	15.85±1.69ab	17.98±2.16ab	1.93±0.07a	231.13±23.22a
	HML	6.78±0.34a	15.09±0.38b	19.98±1.81a	2.02±0.10a	223.08±24.56a
BS	CK	4.59±0.06c	16.18±0.55ab	7.60±3.39d	0.31±0.02e	4.12±3.13c
	LM	4.76±0.09c	16.36±0.56ab	11.67±0.22cd	0.83±0.09d	60.94±12.89b
	HM	5.47±0.13b	18.21±0.06a	14.41±1.49bc	1.70±0.01b	240.85±10.84a
	HML	7.01±0.06a	17.51±0.70ab	17.48±2.12ab	1.85±0.04ab	237.70±19.73a

土壤	处理	TK（g/kg）	AK（mg/kg）	TN（g/kg）	NH_4^+-N（mg/kg）	NO_3^--N（mg/kg）
RZ	CK	12.23±0.49a	95.12±21.36ab	0.63±0.03ef	3.64±1.10a	2.45±0.45c
	LM	12.01±0.39a	92.53±9.01ab	0.92±0.09cd	3.39±0.16a	5.09±1.28c
	HM	12.13±0.27a	99.17±8.78a	1.25±0.06ab	3.78±0.74a	9.63±4.80abc
	HML	11.68±0.16a	104.17±14.22a	1.37±0.16a	3.57±0.65a	7.83±4.05bc
BS	CK	12.71±0.54a	68.33±2.89b	0.49±0.05f	3.63±0.95a	5.50±1.22c
	LM	12.38±0.21a	79.17±5.20ab	0.80±0.05de	3.78±0.85a	10.51±3.93abc
	HM	12.09±0.24a	95.01±2.5ab	1.00±0.03cd	4.06±0.49a	17.88±3.95a
	HML	12.10±0.58a	108.33±8.78a	1.17±0.03bc	3.23±0.75a	15.93±4.27ab

注：RZ 为根际土壤，BS 为根区土壤，CK 表示不施肥，LM 表示低肥，HM 表示高肥，HML 表示高肥改良；moisture 为含水量，OM 为有机质，TP 为全磷，AP 为有效磷，TK 为全钾，AK 为速效钾，TN 为全氮，NH_4^+-N 为铵态氮，NO_3^--N 为硝态氮。表中数值为平均值±标准差，a、b、c、d 不同小写字母表示不同处理之间差异显著（$P<0.05$）。

4.2　AMF 的多样性、群落结构和土壤理化性质的相关性

利用土壤采集并风干后测得的理化性质，分析与 AMF（丛枝菌根真菌）群落 alpha 多样性和结构组成的关系。实验结果表明（表 4-2），根际土壤中 AMF 的 Chao1、Richness 和 Shannon 与根际土壤的含水量（Moisture）关系密切，相关系数在 0.766~0.808 范围（$P<0.01$），与根际土壤其他理化性质无显著性相关（$P>0.05$），PC1（第一主成分轴）与 pH、OM、TP、AP、TN 和 $NO_3^- - N$ 存在显著正相关（$P<0.05$），根际土壤中的优势属 Glomus 与 pH、OM、TP、AP 和 TN 存在显著负相关（$P<0.05$），另一种优势属 Paraglomus 与 OM、TP 和 AP 存在显著正相关（$P<0.05$）。

Pearson 相关性分析显示（表 4-3），根区土壤中 AMF 的 Chao1 指数与根区土壤的 OM、TP、AP、AK、TN 和 $NO_3^- - N$ 存在显著正相关（$P<0.05$），与 TK 是和 $NH_4^+ - N$ 显著负相关关系。Richness 与 OM、TN 存在显著正相关（$P<0.05$），Shannon、PC1 和 Glomus 与根区土壤的各项理化性质关系不密切，无显著性相关（$P>0.05$），Paraglomus 与 OM、AK 和 $NO_3^- - N$ 存在显著正相关（$P<0.05$），与 TK 呈显著负相关，与 Moisture、TP、AP、TN 关系密切，存在极显著正相关（$P<0.01$）。

表 4-2　根际土壤理化性质和根际土壤 AMF 群落结构特征的 Pearson 相关性

AMF Community	pH	Moisture (%)	OM (g/kg)	TP (g/kg)	AP (mg/kg)	TK (g/kg)	AK (mg/kg)	TN (g/kg)	$NH_4^+ - N$ (mg/kg)	$NO_3^- - N$ (mg/kg)
Chao1	0.136	0.766**	0.337	0.382	0.343	−0.136	−0.032	0.339	−0.103	0.164
Richness	0.216	0.808**	0.437	0.455	0.402	−0.226	−0.006	0.431	−0.112	0.254
Shannon	0.071	0.783**	0.318	0.333	0.262	−0.187	−0.014	0.355	−0.064	0.267
PC1	0.679*	0.552	0.854**	0.913**	0.934**	−0.197	0.235	0.848**	0.117	0.713**
Glomus	−0.628*	0.064	−0.587*	−0.621*	−0.667*	0.135	−0.342	−0.578*	−0.149	−0.49
Paraglomus	0.401	0.379	0.635*	0.663*	0.739**	−0.034	0.085	0.534	−0.054	0.492

注：moisture 为含水量，OM 为有机质，TP 为全磷，AP 为有效磷，TK 为全钾，AK 为速效钾，TN 为全氮，$NH_4^+ - N$ 为铵态氮，$NO_3^- - N$ 为硝态氮，Glomus 为球囊霉属，Paraglomus 为类球囊霉属。* 表示 $P<0.05$，** 表示 $P<0.01$。

表 4-3　根区土壤理化性质和根区土壤 AMF 群落结构特征的 Pearson 相关性

AMF Community	pH	Moisture (%)	OM (g/kg)	TP (g/kg)	AP (mg/kg)	TK (g/kg)	AK (mg/kg)	TN (g/kg)	$NH_4^+ - N$ (mg/kg)	$NO_3^- - N$ (mg/kg)
Chao1	0.457	0.364	0.795**	0.662*	0.593*	−0.633*	0.646*	0.781**	−0.266	0.605*
Richness	0.263	0.283	0.671*	0.521	0.442	−0.569	0.475	0.663*	−0.094	0.496
Shannon	0.022	0.079	0.428	0.302	0.212	−0.354	0.26	0.463	−0.026	0.347
PC1	−0.38	−0.27	−0.137	−0.178	−0.253	−0.109	−0.193	−0.037	0.399	−0.003
Glomus	−0.498	−0.536	−0.26	−0.447	−0.536	0.244	−0.438	−0.291	−0.121	−0.353
Paraglomus	0.514	0.721**	0.656*	0.781**	0.755**	−0.576	0.647*	0.787**	0.324	0.665*

注：moisture 为含水量，OM 为有机质，TP 为全磷，AP 为有效磷，TK 为全钾，AK 为速效钾，TN 为全氮，$NH_4^+ - N$ 为铵态氮，$NO_3^- - N$ 为硝态氮，Glomus 为球囊霉属，Paraglomus 为类球囊霉属。* 表示 $P<0.05$，** 表示 $P<0.01$。

随机森林模型表明，在根际土壤中（图 4-1），AMF 群落 alpha 多样性和结构组成主要受根际土壤的 AP、TP、TN、pH、OM 和 Moisture 的影响，存在显著正相关关系（$P<0.05$），优势种 Glomus 主要受 TP、AP、TN 和 pH 的影响，贡献率分别为 19.77%、18.33%、7.78%、7.31%，Paraglomus 主要受 pH、AP 和 TN 的影响，贡献率分别为 16.13%、11.67%、10.79%。在根区土壤（图 4-2），AMF 群落结构特征主要受 AP、TP、TN、pH 和 OM 的影响，存在显著正相关

（$P<0.05$），优势种 *Glomus* 主要受 AP、TP 和 TN 的影响，贡献率分别为 20.80%、20.05%、19.83%，*Paraglomus* 主要受 TN、TP 和 pH 的影响，贡献率分别为 10.41%、9.87%、9.25%。

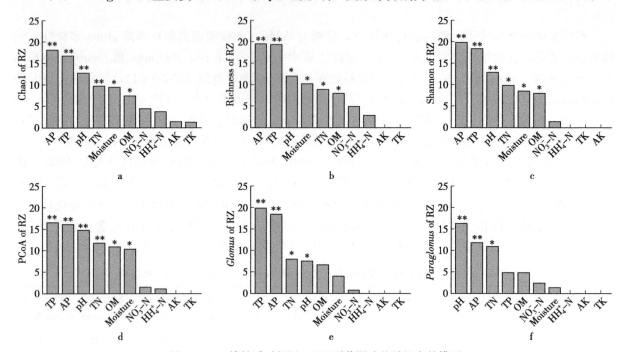

图 4-1　土壤性质对根际 AMF 群落影响的随机森林模型

a. Chao1　b. Richness　c. Shannon　d. 群落结构　e. *Glomus*　f. *Paraglomus*

注：RZ 为根际土壤，BS 为根区土壤，*Glomus* 为球囊霉属，*Paraglomus* 为球囊霉属，* 表示 $P<0.05$，** 表示 $P<0.01$。

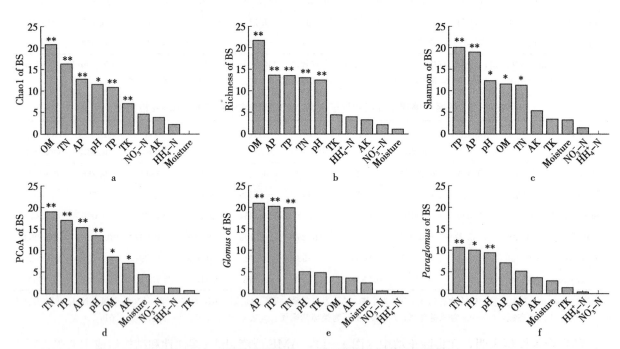

图 4-2　土壤性质对根区 AMF 群落影响的随机森林模型

a. Chao1　b. Richness　c. Shannon　d. 群落结构　e. *Glomus*　f. *Paraglomus*

注：RZ 为根际土壤，BS 为根区土壤，moisture 为含水量，OM 为有机质，TP 为全磷，AP 为速效磷，TK 为全钾，AK 为速效钾，TN 为全氮，NH_4^+-N 为铵态氮，NO_3^--N 为硝态氮，*Glomus* 为球囊霉属，*Paraglomus* 为类球囊霉属。* 表示 $P<0.05$，** 表示 $P<0.01$。

4.3　典型红壤水稻土肥力与微生物演变

本部分主要研究红壤水稻田土壤肥力的变化和土壤微生物群落的演变。数据集主要包括土壤不同形态有机碳含量数据、土壤氮磷钾养分数据、土壤微生物生物量和群落结构数据等。

4.3.1　土壤 pH 和养分含量

红壤荒地淹水种植水稻 5 年，土壤 pH 从 4.94 显著增加到 5.25，之后从 15 年到 100 年变化不大（表 4 - 4）。水稻土有机碳（SOC）和全氮（TN）含量随种植年限的增加而显著增加，溶解性有机碳（DOC）和速效氮（AN）的变化趋势与有机碳和全氮一致。荒地开垦种稻，土壤全磷（TP）含量显著增加，但从 5 年到 30 年，水稻土 TP 含量差异不显著。不同耕种年限土壤速效磷（AP）含量与全磷（TP）含量变化趋势基本一致。随水耕利用年限的延长，土壤全钾（TK）含量呈下降趋势，100 年稻田土壤 TK 含量仅为红壤荒地的 1/2。不同种植年限水稻土间速效钾（AK）含量差异不显著。

表 4 - 4　不同种植年限水稻土 pH 和养分含量

种稻年限	pH	SOC (g/kg)	TN (g/kg)	TP (g/kg)	TK (g/kg)	DOC (mg/kg)	AN (mg/kg)	AP (mg/kg)	AK (mg/kg)
0	4.94±0.07 c	2.01±0.03 d	0.38±0.00 d	0.26±0.03 c	18.27±1.76 a	9.10±2.06 d	23.28±1.23 d	0.54±0.21 d	71.67±14.46 a
5	5.25±0.03 a	11.29±1.7 c	1.11±0.11 c	0.57±0.06 b	15.06±1.70 a	43.55±6.84 c	78.40±9.57 c	19.53±4.31 b	73.33±8.82 a
15	5.14±0.03 ab	12.12±0.36 c	1.27±0.01 c	0.51±0.02 b	10.99±0.10 b	47.39±1.59 c	98.00±5.34 c	12.57±0.58 bc	86.67±24.17 a
30	5.06±0.04 bc	17.35±0.89 b	1.72±0.08 b	0.46±0.02 b	10.50±0.10 b	73.69±7.45 b	123.73±9.57 b	12.03±0.81 c	64.17±7.41 a
100	5.09±0.02 b	26.67±0.64 a	2.66±0.06 a	0.95±0.03 a	9.14±0.13 b	267.75±7.91 a	205.80±9.72 a	74.56±2.40 a	105.83±11.02 a

注：SOC 为水稻土有机碳，TN 为全氮，TP 为全磷，TK 为全钾，DOC 为溶解性有机碳，AN 为速效氮，AP 为有效磷，AK 为速效钾。表中数值为平均值±标准差，a、b、c、d 不同小写字母表示不同处理之间差异显著（$P<0.05$）。

4.3.2　土壤微生物生物量与微生物群落结构

开垦种稻 5 年后土壤微生物生物量碳（MBC）含量较荒地土壤增加 7.9 倍（图 4 - 3）。稻田土壤 MBC 含量表现为随耕种年限的延长而显著增加，其中 30 年到 100 年的增幅最为显著。不同种植年限土壤的微生物熵（MBC/SOC）其变化规律与 MBC 基本一致。

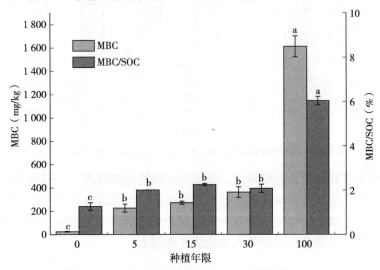

图 4 - 3　不同种植年限水稻土微生物生物量碳（MBC）和微生物熵（MBC/SOC）变化规律

种植年限显著影响土壤中各类群微生物的生物量及总生物量。随着耕种年限的增加，各类群微生物生物量和总微生物生物量一直保持增加的趋势，但耕种30年后增加趋势明显减缓甚至保持稳定，如从15年到30年，细菌生物量增加89.3%，总微生物生物量增加84.1%，而从30年到100年，这两类生物量的增幅仅为8.4%和9.4%。

相比绝对含量，各类群相对丰度的变化更能反映微生物群落组成对种稻年限的响应（表4-5）。所有微生物类群中，细菌的相对丰度最高且变化幅度最小。G^+细菌和G^-细菌的相对丰度相当，但两者均表现为随种植年限的增加而增加。荒地土壤真菌相对丰度是5年稻田土壤的2.7倍，从5年到100年，真菌相对丰度呈降低趋势。种稻5年土壤放线菌的相对丰度比荒地高74%，之后也呈降低趋势。

表4-5 不同种植年限水稻土中各微生物类群的相对丰度

单位：nmol/g

种稻年限	细菌	G^+细菌	G^-细菌	真菌	放线菌	微生物总 PLFA
0	3.56±0.26 c	1.42±0.05 c	1.16±0.17 c	0.40±0.14 c	0.35±0.02 d	4.31±0.36 c
5	39.67±5.79 b	16.13±2.86 b	13.38±1.45 b	1.55±0.17 b	6.99±1.06 c	48.20±7.00 b
15	50.60±2.49 b	19.92±1.31 b	18.40±0.61 b	1.77±0.11 b	8.53±0.33 c	60.89±2.84 b
30	95.81±8.49 a	32.14±2.86 a	40.14±3.53 a	3.85±0.45 a	12.47±1.33 b	112.12±10.22 a
100	103.84±5.02 a	32.95±1.81 a	42.63±2.04 a	2.24±0.20 b	16.55±1.06 a	122.62±6.27 a

注：表中数值为平均值±标准差，a、b、c、d不同小写字母表示不同处理之间差异显著（$P<0.05$）。

不同类群间的比例关系是微生物群落结构特征的直观指示。不同种稻年限土壤的革兰氏阳性菌/革兰氏阴性菌（G^+/G^-）表现为随着耕种年限的增加而降低（图4-4）。真菌/细菌（F/B）荒地土壤最高，而稻田土壤处理间差异不显著。

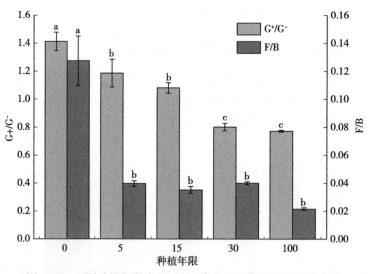

图4-4 不同种植年限水稻土的G^+/G^-比值和F/B比值变化

结论：红壤荒地水耕利用后，黏粒淋失，土壤物理结构逐渐改善。全磷和速效磷含量在5年内快速升高，有机碳、全氮、溶解性有机碳和速效氮含量随耕种年限增加而升高，全钾含量则与之相反。随着种稻年限的延长，土壤微生物生物量碳含量、微生物熵及不同类群微生物生物量增加。G^+/G^-随耕种年限延长而降低，表明富营养型微生物优势逐渐增大。

参 考 文 献

胡波，刘广仁，王跃思，等，2019.中国环境出版集团［M］.陆地生态系统大气环境观测指标与规范.

潘贤章，郭志英，潘恺，等，2019.中国环境出版集团［M］.陆地生态系统土壤观测指标与规范.

吴冬秀，张琳，宋创业，等，2019.中国环境出版集团［M］.陆地生态系统生物观测指标与规范.

袁国富，朱治林，张心昱，等，2019.中国环境出版集团［M］.陆地生态系统水环境观测指标与规范.

图书在版编目（CIP）数据

中国生态系统定位观测与研究数据集．农田生态系统
卷．江西鹰潭站：2005-2015/陈宜瑜总主编；刘晓利，
陈玲，孙波主编．—北京：中国农业出版社，2023.10
ISBN 978-7-109-31281-4

Ⅰ.①中… Ⅱ.①陈… ②刘… ③陈… ④孙… Ⅲ.
①生态系-统计数据-中国②农田-生态系-统计数据-
鹰潭-2005-2015 Ⅳ.①Q147②S181

中国国家版本馆 CIP 数据核字（2023）第 205507 号

ZHONGGUO SHENGTAI XITONG DINGWEI GUANCE YU YANJIU SHUJUJI

中国农业出版社出版

地址：北京市朝阳区麦子店街 18 号楼
邮编：100125
责任编辑：李昕昱 文字编辑：刘金华
版式设计：李 文 责任校对：吴丽婷
印刷：北京印刷一厂
版次：2023 年 10 月第 1 版
印次：2023 年 10 月北京第 1 次印刷
发行：新华书店北京发行所
开本：889mm×1194mm 1/16
印张：13.25
字数：390 千字
定价：98.00 元